Environmental Studies
Liberal Arts in the 21st Century

環境学
21世紀の教養

京都大学で環境学を考える
研究者たち 編

朝倉書店

書籍の無断コピーは禁じられています

　書籍の無断コピー（複写）は著作権法上での例外を除き禁じられています。書籍のコピーやスキャン画像、撮影画像などの複製物を第三者に譲渡したり、書籍の一部をSNS等インターネットにアップロードする行為も同様に著作権法上での例外を除き禁じられています。

　著作権を侵害した場合、民事上の損害賠償責任等を負う場合があります。また、悪質な著作権侵害行為については、著作権法の規定により10年以下の懲役もしくは1,000万円以下の罰金、またはその両方が科されるなど、刑事責任を問われる場合があります。

　複写が必要な場合は、奥付に記載のJCOPY（出版者著作権管理機構）の許諾取得またはSARTRAS（授業目的公衆送信補償金等管理協会）への申請を行ってください。なお、この場合も著作権者の利益を不当に害するような利用方法は許諾されません。

　とくに大学教科書や学術書の無断コピーの利用により、書籍の販売が阻害され、出版じたいが継続できなくなる事例が増えています。

　著作権法の趣旨をご理解の上、本書を適正に利用いただきますようお願いいたします。

［2025年3月現在］

まえがき

　環境問題が，危急の課題として広く認識されて久しい。筆者らが所属する京都大学の理念においても，「地球社会の調和ある共存」という表現で解決に向けた方向性が示されており，研究・教育・社会貢献の各側面からの寄与が必要とされている。とくに，将来社会において活躍する学生諸君にとって，環境問題への対応は，様々な形で必ず求められるものである。また，若者に限らず，生活を営むすべての人にとって，環境問題は誰しもが加害者でも被害者でもありうる，素通りできない問題といえる。まさに，「環境問題を学ぶ」ことは，21世紀に求められる教養といえるだろう。

　しかし，環境問題はその背景やメカニズムを含め，非常に多くの要素がからみ合ったものであり，正確に問題の所在を理解し，解決に向けた対策を打つことは簡単ではない。さらに，様々な情報や視点が存在するため，時に相反する選択肢がある中で主観的に物事を判断していくことを求められるケースもあるだろう。そのような状況で重要と考えられるのが，地球や自然，人間や社会の成り立ちにまで根ざした知識や思考力，それらをベースに環境問題の実態を把握する能力やセンス，そして過去や他の事例を学びつつ環境問題の解決を目指す想いや力などだろう。

　京都大学においても，環境問題に関連する幅広い研究・教育が行われている。その1つとして，俯瞰的に環境問題を捉える視点を得るための講義，「環境学Ⅰ・Ⅱ」を展開している。この講義は，本学の学部生の希望者は誰でも受講可能であり，必ずしも環境問題を専攻する学生だけでなく，毎年，様々な学部・学科からの受講がある。また，講師も本学の10以上の学部に属する教員が務め，まさに分野横断的に環境問題を扱う講義となっている。本書は，その講義で取り扱う内容の概要で構成されている。当然のことながら，講義の時間は限られており，本書では，そこではカバーし切れていない重要項目や，本学ならではのユニークなテーマも盛り込んだ。他方で，多くの人に手軽に入門書として手にとっていただくために，できるだけコンパクトに仕上げた。そのため，限られたページの中で書き尽くせていないこと，取り上げられなかったテーマも多くある。また，決して本書や講義をもって「環境学」が完成したと考えているわけではない。しかし，その必要性を認識し，意欲的かつ謙虚に取り組む決意を込めて記した。今後，実際の教育（講義）や研究・実践の場で，意見や成果を吸収しながら進化・深化させたいと考えている。

　なお，本書の出版にあたり，「限られた時間とページの中で最大限の表現を」との依頼にお応えいただいた寄稿者・執筆者の皆様に厚く感謝申し上げる。

2014年3月

京都大学環境科学センター

酒井伸一・浅利美鈴

執筆者一覧　(五十音順)

浅利 美鈴*	京都大学環境科学センター・助教	(序章, 第1章, 第3章・第4章コラム)
磯部 洋明	京都大学宇宙総合学研究ユニット・特定准教授	(2.4節)
植田 和弘	京都大学大学院経済学研究科・教授	(4.4節)
尾池 和夫	京都造形芸術大学学長, 京都大学名誉教授	(序章)
大森 恵子	京都大学経済研究所先端政策分析研究センター・教授	(4.3節)
門川 大作	京都市長	(序章)
川那辺 洋	京都大学大学院エネルギー科学研究科・准教授	(3.2節)
神崎 護	京都大学大学院農学研究科・教授	(5.2節)
酒井 伸一*	京都大学環境科学センター・教授	(序章, 3.1節, 3.3節〜3.5節)
酒井 治孝	京都大学大学院理学研究科・教授	(2.1節〜2.3節)
柴田 昌三	京都大学大学院地球環境学堂・教授	(3.7節, 3.9節, 3.10節)
宗林 由樹	京都大学化学研究所・教授	(2.6節, 2.7節)
高田 明美	京都大学大学院人間・環境学研究科・技術補佐員	(4.2節)
高月 紘	京エコロジーセンター館長, 京都大学名誉教授	(序章)
月浦 崇	京都大学大学院人間・環境学研究科・准教授	(4.2節)
角山 雄一	京都大学放射性同位元素総合センター・助教	(3.6節)
内藤 正明	滋賀県琵琶湖環境科学研究センター長, 京都大学名誉教授	(序章)
林 達也	京都大学大学院人間・環境学研究科・教授	(4.1節)
藤井 滋穂	京都大学大学院地球環境学堂・教授	(5.3節)
舟川 晋也	京都大学大学院地球環境学堂, 農学研究科・教授	(5.1節)
間藤 徹	京都大学大学院農学研究科・教授	(3.8節)
向川 均	京都大学防災研究所・教授	(2.5節)
本川 雅治	京都大学総合博物館・准教授	(2.8節)

＊印は編者, ( ) 内は執筆箇所

目　次

序章　21世紀の教養としての環境学　　1

21世紀の教養としての環境学について	【酒井伸一・浅利美鈴】	1
地球社会の調和ある共存	【尾池和夫】	4
人類が生き延びるための学問と智恵	【内藤正明】	6
京都で学ぶ，生きた環境学	【門川大作】	8
もったいない・始末の文化	【高月　紘】	10

第1章　環境問題を俯瞰する　【浅利美鈴】　11

1.1　環境問題の全体像	12
1.2　人類・社会と環境問題	14
1.3　地球温暖化の概要と国際的対応	16
1.4　その他の地球環境問題	18

第2章　地球・自然・生態　　21

2.1　固体地球の構成と運動	【酒井治孝】	22
2.2　地球環境の成り立ち—現在の地球環境	【酒井治孝】	26
2.3　地球環境の変遷史—過去の地球環境	【酒井治孝】	29
2.4　宇宙—人類に残されたフロンティア	【磯部洋明】	36
2.5　地球大気の温室効果と地球温暖化	【向川　均】	42
2.6　海と環境	【宗林由樹】	52
2.7　湖と環境	【宗林由樹】	54
2.8　野生動物	【本川雅治】	56

第3章 環境と様々なシステム, 持続可能性　61

3.1	資源・エネルギー・廃棄物	【酒井伸一】	62
3.2	エネルギー	【川那辺洋】	64
3.3	資源循環と循環型社会	【酒井伸一】	70
3.4	廃棄物管理	【酒井伸一】	72
3.5	環境と健康, 化学物質管理	【酒井伸一】	75
3.6	放射線とリスク―放射線に関するリテラシー	【角山雄一】	78
3.7	都市の環境と景観	【柴田昌三】	84
3.8	農業生産と環境	【間藤徹】	86
3.9	林業・木質資源と環境	【柴田昌三】	92
3.10	森里海連環の考え方	【柴田昌三】	96
column	「ごみ」は非常に雄弁だ	【浅利美鈴】	100

第4章 環境と人間・社会　101

4.1	環境と健康・疾患	【林達也】	102
4.2	生活環境と脳・こころ	【月浦崇・高田明美】	106
4.3	環境政策	【大森恵子】	108
4.4	環境と経済・経済的手法	【植田和弘】	112
column	大学と環境問題―京都大学を例に	【浅利美鈴】	114

第5章 アジア・アフリカの環境問題　115

5.1	湿潤・乾燥地域の農業と環境	【舟川晋也】	116
5.2	熱帯林とその消失	【神崎護】	122
5.3	水利用環境―アジアの人々の生活から学ぶ	【藤井滋穂】	128

索引	133
執筆者紹介	136

序章 21世紀の教養としての環境学

21世紀の教養としての環境学について

京都大学環境科学センター
酒井伸一・浅利美鈴

■ **環境学とは** 「環境問題を学ぶ」ことは，21世紀に生きる私たちにとって，必須といえるだろう。

環境問題の捉え方については，第1章においても述べるが，その基礎から背景・実態・対策にわたるキーワードを図1のように整理した。いわゆる環境問題としては，実態や解決に向けた側面がクローズアップされやすいが，それらのベースとして，環境・人間・社会の成り立ちがあることを忘れてはならない。それはまた，とくに大学などの高等教育機関の教育・研究の幅広さや奥深さが活きる点でもあると考えられる。したがって，大学は，環境問題を体系的に学ぶ重要なチャンスといえるだろう。もちろんそれは大学以外の学習を否定するものではない。興味をもち，必要性を認識して学ぶ，その時こそがもっとも有意義な学習機会であることはいうまでもない。

■ **環境学は成立するのか** しかし，そもそも環境学なるものがどのようなものか，1つの学問・科学として成立するのか，議論が続いているのも事実である。武内和彦ら（武内ほか，2008）は，議論や疑問が解消されない理由として次の3点をあげている。

- これまでの個別科学の延長線上に展開される「環境○○学」相互の関連性が希薄であること
- 専門性と学際性の二兎を追うことが，1人の人間にとっては非常に困難であること
- 環境問題が複雑であり，また，要素還元主義を前提に構築された科学技術や社会制度の体系から漏れ出した問題であること（つまり，現象が複雑で，個別科学の領域を逸脱している）

その上で，次のような視点を大切にして取り組むべきとしている。

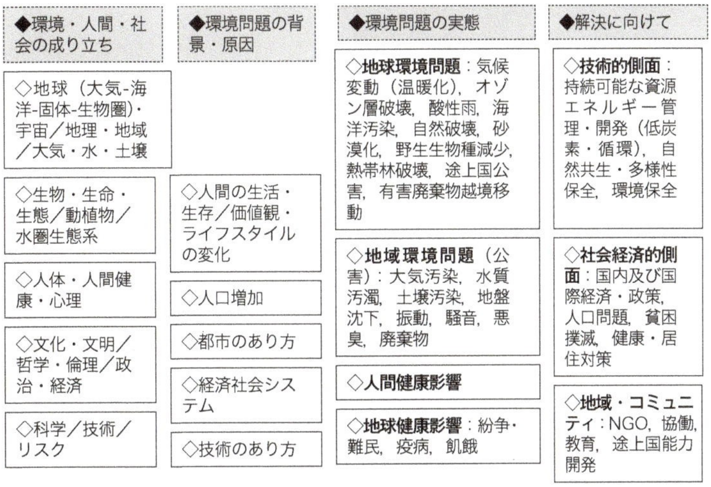

◆環境・人間・社会の成り立ち	◆環境問題の背景・原因	◆環境問題の実態	◆解決に向けて
◇地球（大気-海洋-固体-生物圏）・宇宙／地理・地域／大気・水・土壌		◇地球環境問題：気候変動（温暖化），オゾン層破壊，酸性雨，海洋汚染，自然破壊，砂漠化，野生生物種減少，熱帯林破壊，途上国公害，有害廃棄物越境移動	◇技術的側面：持続可能な資源エネルギー管理・開発（低炭素・循環），自然共生・多様性保全，環境保全
◇生物・生命・生態／動植物／水圏生態系	◇人間の生活・生存／価値観・ライフスタイルの変化		
◇人体・人間健康・心理	◇人口増加	◇地域環境問題（公害）：大気汚染，水質汚濁，土壌汚染，地盤沈下，振動，騒音，悪臭，廃棄物	◇社会経済的側面：国内及び国際経済・政策，人口問題，貧困撲滅，健康・居住対策
◇文化・文明／哲学・倫理／政治・経済	◇都市のあり方	◇人間健康影響	
	◇経済社会システム	◇地球健康影響：紛争・難民，疫病，飢餓	◇地域・コミュニティ：NGO，協働，教育，途上国能力開発
◇科学／技術／リスク	◇技術のあり方		

図1 環境問題にまつわるキーワード

- 他の個別科学と補完関係にあることを十分認識し，個別科学的な環境研究（教育）に従事すること
  - 専門性を獲得する前に，個別科学の成果を網羅的に理解し，それらの環境学における位置づけと意義を十分理解しておくこと（上記とあわせて，いわゆるT字型人材[*1]）
  - 多くの専門分野の集結によって全体像を明らかにしていくというネットワーク型の研究アプローチ（とくに現象解明と問題解決の同時追及）が重要であること
  - 不確実な現象解明であっても，社会における理解や政策選択，合意形成に結びつけるために，工夫・努力して伝達すること

このような検討からも，環境学がいかにハードルの高いものかがわかる。とくに，環境問題は，既存の科学技術や社会システムからの漏れ・歪みであるとの指摘は念頭に置いておくべきであろう。つまり，既存システムの変革，時に否定なしには，解決の糸口は見つからないということである。

■ **環境学の構図と本書の構成**　さて，本書も，多くの節は個別科学に依拠している。しかし，環境学を構成するいくつかのテーマをできるだけ網羅的に扱い，また緩やかではあるがつながり（ネットワーク）も意識した。冒頭から学ぶも良し，専門や興味に近いところから読み解くも良し，自分のスタイルで進めていただきたい。

なお，様々な個別科学の位置づけを理解しつつ，総体としての環境学を捉えながら学ぶため，図2のように，本書の章節におけるキーワードを整理した。本書の各章を大胆に分類するなら，序章は左下，第1章はおおむね全軸の融合，第2章は左上，第3章は右上，第4章および第5章は右下とすることができるだろう。これまで，環境学はともすれば真理探究型と問題解決型が分離して，また自然科学と社会科学が分かれて取り組むことが多く見られた。これからの環境学は，これらの融合型，とくに真理探究型と問題解決型のアプローチを融合した取組みが求められる。

■ **環境学の進化・深化にむけて**　環境学の魅力の1つは，各テーマ（節）を読み解く中で見えてくる問題構造や連環の発見であろう。環境問題の理解は，ともすれば表層・断片的になる。しかし，それでは正しい解決策を導き出すことは難しい。そこで，各節ではまず問題の主要因や構造といった基礎的な知見を扱うことにした。それに加えて，可能な限り最新の研究動向や論点，さらには今後の課題を盛り込むようにしている。日進月歩の研究や取組みも多く，本書を出発点にそれらの動向にも注目していただきたい。

また，環境学を通じた自己や他者との対話の中で，基本的な考え方や生き方に関連する論点があることにも気づかれるだろう。その1つが，人間と自然生態系・地球環境との関係性における哲学・倫理，人間社会のあり方や個々人のライフスタイル，価値観に関わる思想である。今，様々なレベルで求められている。

*1　**T字型人材**：横棒は網羅性，縦棒は専門性を表し，幅広い知識と，専門的な知識・スキルを併せもつバランスのとれた人材像を表す。

ブータンにおける国是「国民総幸福度（Gross National Happiness）」が，世界的に注目を集めていることも一例であろう。現代社会は，経済（金銭）的な豊かさを指標として発展してきたが，その1つの歪みとして環境問題をはじめとする地球規模の問題に直面している。したがって，そもそも何を追及すべきかを考え直さなければならないとの気づきが個人から国レベルまでに広がりつつあると考えられる。

また，社会全体のビジョンとしては，「持続可能性」が世界的なキーワードとなっている（3.1節参照）。しかし，これも，どのような思想のもとで，具体的にどのような将来像やロードマップを描くか，また，何を指標にするか，検討は緒に就いたばかりといえる。

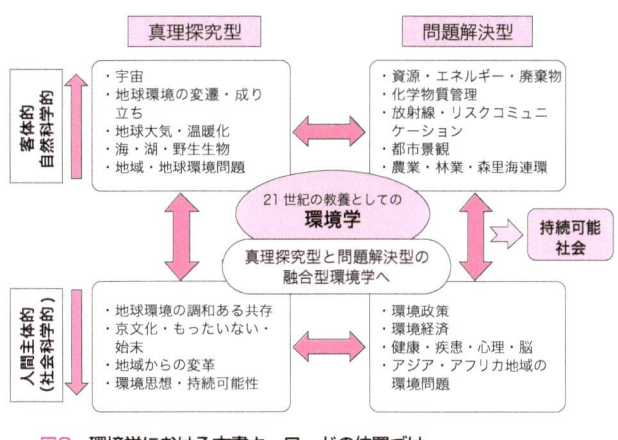

図2　環境学における本書キーワードの位置づけ

■**環境学を志す道標に**　　序章の以降の文章は，「21世紀の教養としての環境学」に向けた寄稿で構成されている。長年，地球科学や環境工学の分野，基礎自治体の政策（京都市）における第一人者として活躍され，また現在も勢力的に活動を続けておられる方々からの示唆とメッセージが込められている。どれも，各専門や経験に根差しつつ，環境問題の本質を捉えたものである。また，時間・地域・生態系などに関する思考スケールを，自在に操りながら学び，取り組まねばならないことが，どの文章からもわかる。

これらのメッセージに背中を押されて括るならば，「21世紀に求められる教養としての環境学」は，20世紀まで，それも人類史だけでなく地球史までを振り返りつつ，21世紀や22世紀の地球社会のあり方をも考えるものでなければならない。その学としての完成までの道のりは長く思えるが，問題・悪影響が手遅れにならないように，スピード感ももって問題解決・改善につなげ，総力をあげて現象解明と問題解決の両輪で挑まねばならない。●

■**参考文献**
武内和彦・住　明正・植田和弘（2008）：環境学序説，岩波書店。

地球社会の調和ある共存

京都造形芸術大学学長，京都大学名誉教授

尾 池 和 夫

　この表題の言葉は，京都大学の基本理念の，「京都大学は，創立以来築いてきた自由の学風を継承し，発展させつつ，多元的な課題の解決に挑戦し，地球社会の調和ある共存に貢献するため，自由と調和を基礎に，ここに基本理念を定める」という前文にある。この基本理念は，2001年12月4日の京都大学評議会において定められた。それまでよく使われていた「進歩」や「持続的発展」や「人類社会」というような言葉を排除して，地球社会の調和ある共存という言葉が選ばれたのを，私はたいへんうれしく思った。

　今から1億4500万年前から6600万年前は，大陸が大きく移動していた白亜紀である。白亜紀の初期には超大陸パンゲアからいくつかの大陸が分裂した。白亜紀末，地球上に生物の大量絶滅という事件が起こった（図）。恐竜や翼竜，アンモナイトなど，多くの生物が6550万年前に絶滅した。

　白亜紀が終わって新生代がはじまった。その中で，アフリカから分かれてインド大陸が北上し4000万年前にユーラシア大陸に衝突し，ヒマラヤ山脈から青海チベット高原の上昇運動が起こり，やがて1600万年前，日本海が拡大して完成した。地球環境は次第に寒冷化して，氷期と間氷期を繰り返す氷河時代になった。

　第四紀は，258万8000年前から現在までの期間で，生物相の大きな変化を境にして定義した他の地質時代とちがって，人類の時代という意味をもっている。地球の気温は上がってピークを超え，また次の氷期に向かって気温が下がりはじめている。

　現在，人類は地球上の生物の中でオキアミや人類が飼う牛などとともに，いちばん目立つ存在となり，重量的に大変な量になっている。この人類が急激に経済活動を進展させて，地球環境のバランスを破壊してきたのであるから，地球は自分を守るために本来の機能を発揮して次の絶滅の準備をはじめているかもしれない。

　人類に与えられている21世紀の課題は，資源の問題，エネルギーの問題，地球環境の問題の困難を乗りこえて，持続可能な社会をつくることであるという認識を多くの人びとがもっている。「持続可能性」は，それぞれの立場から，持続可能な経済発展であったり，国益の持続であったり，快適な生活環境の持続であったりと，さまざまの発言がくり返されている。21世紀の科学の課題である生命と脳の科学，地球外生物の科学なども重要である。

　これらの課題のどれをとっても，人類が恩恵を得ている地球や月や太陽のことを忘れて議論してはいけないと思う。そのことが，地球科学を専門とする私の立場から，いちばん人びとに伝えなければならないことだと思っている。多くの議論を聞いていると，人類が

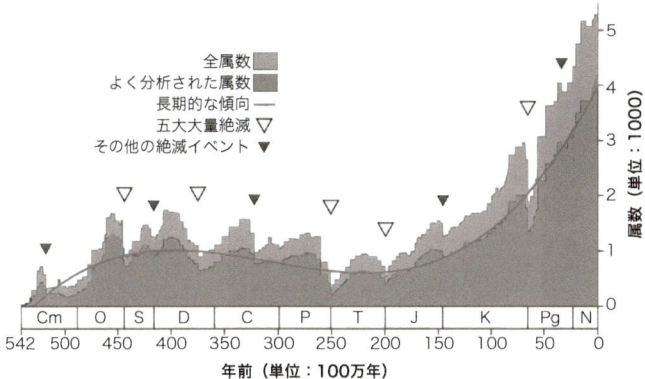

図 カンブリア紀以降の生物多様性の推移
生物多様性を属数の増減で表す。Cm：カンブリア紀，O：オルドビス紀，S：シルル紀，D：デボン紀，C：石炭紀，P：ペルム紀，T：三畳紀，J：ジュラ紀，K：白亜紀，Pg：古第三紀，N：新第三紀。

生活の基盤としている固体地球の表面のことも，地球の内部や大気圏，水圏のことも，ほとんど学習していない状態で議論が進められていると感じることがままある。

よく使われる「地球にやさしい商品」や「地球にやさしい企業」などというようなことばが，地球環境を考える上で意味を持っていないということを知ってほしいと思う。たばこが健康を害するという注意書きと同様に，商品には，「使いすぎると地球環境に悪影響を与えます」という注意書きを付けることも，そろそろ検討した方がいいように思う。●

人類が生き延びるための学問と智恵

滋賀県琵琶湖環境科学研究センター長，京都大学名誉教授
内 藤 正 明

■**人類の持続が難しい状況**　地球環境議論において，「このままでは人類全体としての持続が難しい」という状況について，その認識がまだ社会に共有されていないことが最初の課題です。それを項目として整理してみたのが図1です。

この内で，環境悪化は巨大化した人間活動から生じた出口側の影響ですが，これは同時に入口側の問題，つまり「資源の枯渇」と連動しています。一方，社会の問題は，「世界経済」と「地域経済・社会（文化，伝統，自然環境など）」の崩壊の危機がセットです。問題は，これがどのぐらいの危機状態かという時間スケールですが，それを科学的に証明するのが容易ではないために，それ以降の議論が分かれる第一の原因になっています。環境を研究対象としている者は，おそらく破局の顕在化まで数十年スケールだと見ているのではないでしょうか。もし，それがありうることだと思うなら，この危機に直面する可能性がある今の若い世代こそが，我がこととしてその究明に関わる必然性があるでしょう。

念のために，人類の成長なるものを数世紀のスケールで見ると，この急激な工業文明の発展がふんだんな石油エネルギーに支えられてきたことは明らかです。その石油生産が峠を越えて急速に減退しています。まさに，20世紀は人類史上の最初で最後の物的豊かさを享受できた時代であり，今後それはありえないことを理解するために，数世紀にわたる歴史を改めて深く学んでおくことが大事だと思います。その歴史スケールは必ずしも数万年や数千年ではないでしょう。

■**持続可能社会とは**　持続可能社会については様々な解釈がされていますが，そもそもはこれら4つの危機のすべてを克服できる社会と定義すべきです。ではその持続可能社会とはどんな姿なのかという核心部分ですが，それはこれまでの提案を見ると，大きく2つのタイプに分類されます（図2）。この2つの違いは，「どちらが手段として効果的か」ということ以上に，「科学的に可能性が高いか」という面と，「社会的に正義なのか」という，いわば"真・善"の両側面からの議論が必要です。

以上のことから，人類が持続する社会のあり方は，単に技術や社会経済の仕組みの研究だけで見えてくるものではなく，その根底にある価値観，倫理観，さらにその背景となる歴史，文化，哲学，宗教にまで遡ることが不可欠であると理解されるでしょう。ということでは，これまでのような狭い分野に専門化した学問こそが，現在の危機状態を招いたと考えるべきでしょう。したがって，「環境学」はこれまでの個別の専門分野を深める学問とは対極にあるといえま

①**地球環境問題**
・異常気象（温暖化）
・生態系の崩壊（生物多様性の減少）
②**資源枯渇**
・石油生産量の減衰
・水資源の枯渇
③**経済の危機**
・グローバル経済の危機（投機マネー）
・地方経済の崩壊
④**社会の危機**
・社会経済格差の拡大
・伝統や地域文化の衰退

図1　いま世界が直面している課題（持続不可能な状況）

図2 これまでの2種のシナリオ

しょう。

　幸い現代の若者の多くが，このような状況を感性として認識していて，今後の価値観や倫理観の変革もすでに自然な形で受け入れて，新たな豊かさ社会を目指そうとしている状況があります。なお，その時に変革の大きな障害になっているのが，成長・発展志向の価値観に固執する世代であることに，彼らは気づいています。

■ **人類持続社会への変革は地域から**　持続可能社会に変わるためには，「世界から国，都道府県，地域」までの各レベルでの転換が必要です。しかし「世界レベル」を見ると各国の利害の衝突で動きがとれず，また「国レベル」でも，我が国では経済重視で一貫してきたので，上に定義した持続可能社会に向けての方向変換は難しいことが証明されています。つまり，集団の規模が大きいほど，個人の倫理観によって集団全体を動かすのが難しく，「共有地の悲劇」が起こるということでしょう。

　以上のことからも，人類持続が可能な社会を目指すには地域スケールの集団が適していることが想像されますが，それ以外にも「地域からの変革」に可能性を見いだせる理由がいくつもあります。

　①石油依存の大規模工業生産と引き換えに，一次産業を切り捨ててきた工業先進国では，持続可能社会づくりは，崩壊に瀕した地方を再生することと同義です。

　②持続可能社会は社会全体を新たな理念や価値観を基に創り直すもので，それは地域の歴史や文化，自然と一体になった地域固有のものです。

　③このような持続可能社会は，「エネルギー，食料，福祉，街づくり」などの要素の総体としてなるもので，これは災害などの危機に対する「適応社会」とも一致します。

　もしこのようなアプローチによる社会変革の必然性を理解し，それに関わることを目指すなら，学ぶべき学問は大変幅の広いものになるでしょう。このような拡がりを喜んで受け入れ，そこにこそ興味を見いだす若い世代の輩出を期待したいものです。●

京都で学ぶ，生きた環境学

京都市長
門川大作

　京都で「環境学」を学ぶ皆さんへ。

　DO YOU KYOTO？　私たちは，京都議定書誕生のまち"**KYOTO**"から世界に向けて「環境にいいことしていますか？」と呼びかけています。そして，皆さんの学びの地となる京都には，環境について学ぶための最高のフィールドが用意されています。

　京都のまちは，森林が市域の74％を占め，鴨川など多くの川が織りなす山紫水明の自然に恵まれており，こうした恵みによって，長きにわたり発展し続けるとともに，暮らしや文化が受け継がれてきました。

　梅原　猛先生は，著書『人類哲学序説』の中で，「草木国土悉皆成仏」の意義を説いておられます。自然を克服しようとする西洋社会に対し，日本は共生と循環の根本理念の下に成り立ってきた社会で，そうした日本人の生き方の哲学，暮らしの美学が，京都では今も受け継がれており，今後も，受け継がれなければなりません。

　京都の市民は，「もったいない」，「おかげさま」といった言葉に象徴されるように，ものを粗末にせず大切にし，日常は，つつましく生活しながらも，祭りなどは豪華にとメリハリをつけ，心豊かに暮らす知恵を磨き，高めてきました。

　2013（平成25）年，京都が先頭に立って取り組んできた「和食　日本人の伝統的な食文化」がユネスコ無形文化遺産に登録されました。京都には，長い歴史と四季折々の豊かな自然の中で，旬の野菜などを使った様々な食文化が，家庭や料理屋さんで根付いています。そうした食文化が，世界から高く評価されました。

　和食は，京都の文化であると同時に，季節の食材を余すことなく使い切るという意味で，エコでもあります。大豆は，欧米ではその多くが家畜の飼料として使われます。また，牛などの食肉を育てるには，大量の水を消費します。一方，和食では，大豆は，豆腐や納豆，湯葉など，栄養価が高く，おいしい立派な素材となります。さらに，麹を利用して発酵させることにより，味噌や醤油に姿を変えます。

　加えて，京都には，「大きく使って小さくしまう」文化があります。これは，季節感を大切に，また長く使い続ける創意でもあります。祇園祭がその典型で，山や鉾は，祭りの終わりとともに非常にコンパクトに収納されています。

　扇子や風呂敷も，小さくたためば持ち運びしやすく，屏風，掛け軸も季節ごとに変えられます。着物は仕立て直して，何代にも受け継がれていきます。京町家には，夏の暑さや冬の寒さをしのぐ様々な工夫が施され，メンテナンスをしながら大切に使い続け，住み継

ぐ暮らしや文化が息づいています。

「文化力」だけではありません。京都には，誇り高い自治の伝統を受け継ぐ「市民力」，「地域力」，「歴史力」という大きな財産があります。こうした力を活かし，地域ぐるみで環境にやさしいライフスタイルへの転換を進めるため，平成27年度には市内全学区（222学区）がエコ学区となるよう取り組んでいます。

さらには，個性豊かな大学をはじめ，多くの機関による特色ある研究活動，歴史と文化を背景に発展を遂げてきた伝統的な産業から先端技術産業まで厚みのある産業の集積，産・学・公の連携といった強みを活かし，環境・エネルギー産業の創出に取り組んでいます。

市民の皆さん，事業者，NPO，行政などの着実な努力により，ごみ減量においても大きな成果を見ています。ごみの量は，ピーク時（平成12年度）に82万tであったものが，現在は，4割以上の削減となる48万tに，その結果，クリーンセンター（清掃工場）は5工場から3工場（1工場あたりの建設費用：約400億円）に縮小，ごみ収集経費も94億円（有料指定袋導入前：平成18年度）から40億円削減となる，54億円にまで削減できました。

1人1日あたりの家庭からのごみ量は，全国20の政令市平均が約600gであるのに対し，京都市は約450gであり，政令市中で最少となっています。

また，約20万人が来場される京都学生祭典においても，かつて多くのごみが出ていましたが，リユース食器の導入などにより，ごみ量はピーク時の10分の1にまで削減できました。

しかしながら，この結果に満足しているわけではなく，これからも，更なる「京都力」を活かして，ピーク時からのごみ半減（39万t以下）に向けて取り組んでいきます。

皆さんが学ぶ京都には，こうした共生と循環の生きた教材が，自然の中，まちの中，あらゆるところにあります。ぜひ，外に出て，自分の目で，耳で確かめて，そして五感で感じて，学びに生かし，実践してください。皆さんの活躍を期待しています！●

もったいない・始末の文化

京エコロジーセンター館長，京都大学名誉教授

高月　紘

　最近，浪費生活に慣れ切っていた日本では死語に近かった「もったいない」「始末」という言葉が見直されている。「もったいない」はケニア出身の環境活動家でノーベル平和賞受賞者のワンガリ・マータイさんが，来日し「もったいない」のコンセプトに感銘をうけて，「Mottainai」と広められて一躍注目を集め復活した言葉である。そもそも「もったいない」の語源は「勿体ない，すなわち物の本体を失する，物の本来あるべき有用な姿・形を粗末に扱うこと」であるが，古くから日本では「物を大切に，長く使う」ことを生活習慣として根付かせてきたので，それに反することは「もったいない」と戒めていたのである。

　一方の「始末」は，どちらかといえば関西方面で，昔から使われていた言葉で，「無駄遣いしないこと」「倹約・節約すること」の意味で用いられてきた。「始末」の語源は「始めから末（終わり）のことを考え，浪費しないように気をつけること」であり，いわゆる「ケチ」ではなくて節度のある生活への心構えを指す言葉である。この「始末」の考え方，すなわち「始めから後のことを考えて」対策をすることは，環境問題においては非常に重要になってきている。たとえば，環境アセスメントはある開発行為を行う際に，事前にその開発行為がもたらす環境影響を評価して開発行為の是非を問う制度であり，今や大規模な開発行為では必須の条件となっている。また，廃棄物問題において，製品を作る段階において，その製品が廃棄物になったときに適正に処理ができるように配慮して設計することは廃棄物問題を根本的に解決する重要な対策になるのである。

　さて，「もったいない」「始末」を意識した生活スタイルは，日本の伝統的な建築，茶道，絵画，工芸などに見られる「簡素さを貴ぶ」美意識にもつながっており，不必要なものを沢山ため込むような生活より，むしろ文化度の高い生活スタイルといえるのではないだろうか？　とくに，これから，資源・エネルギー問題が地球規模で大きな問題になるとき，「もったいない・始末の文化」「シンプルライフ」こそが世界をリードするライフスタイルになることが期待される。●

「もったいないな〜」「もっと始末しないと…」

第1章

環境問題を俯瞰する

　「地球環境問題とは何か？」という質問に、一言で答えるのは難しい。よく知られた代表的な現象・影響だけでも、地球温暖化やオゾン層破壊、森林破壊など10に及ぶ。さらに、地域環境問題（公害）も忘れてはならない。それらは複雑に関連しているが、これらの現象や構造を、俯瞰的に見る視点が重要である。

　第1章では、まず、環境問題の原因から、主要な問題、その影響のゆくえをたどる。その中で、人類の歴史、過去の我が国の公害問題などを振り返ると同時に、現在の地球環境問題の実態にも迫る。

　とくに、主要な地球環境問題として、地球温暖化問題については、取組みの歴史や対象となる温室効果ガスなどについて取り上げた。メカニズムや具体的な対策については、他の章で扱っており、ここを出発点にして読み進めていただきたい。

写真：古代文明遺跡にたたずむごみ箱。「人類は、この地を砂漠にしただけでなく、ごみで埋め尽くすのか」とピラミッドはつぶやいているかもしれない（撮影：浅利美鈴、2009年8月）。

1.1 環境問題の全体像

1 環境問題とは

まず,「環境」とは何かという定義を確認する。どの辞典でもほぼ同じように,「あるものをとりまいている外界。周囲。」とある。つまり「あるもの」が存在し,それに対して「それをとりまく外界,周囲」が環境だということになる。この場合「あるもの」は,「人間を含む人間社会」であるとすると,「それをとりまく外界,周囲」とは,「自然や自然生態系,地球環境(本書では宇宙も含めている)」となる。したがって,環境問題とは,「人間社会と自然生態系や地球環境の関係性の問題」といえるだろう。

環境問題の最大の特徴は,複雑性である。それは,自然生態系そのものが複雑であることと,人間社会と自然生態系や地球環境との関わりが複雑であることの両方が原因である。したがって,原因と現象,そして結果が複雑にからみ合って連鎖する。その様子を表したのが図 1.1.1 である。

2 環境問題の原因

図 1.1.1 を下からたどると,環境問題の原因は,都市化や工業化,人口増加といった人類の生存そのものに帰着することがわかる。

大地の変動やそれに起因する自然災害を目の当たりにするたびに,人間の存在の小ささと自然の威力の大きさを感じる。それも事実であるが,その一方で,人間の存在や力が無視できないレベルに肥大してきたことも事実なのである(1.2 節参照)。

3 地域環境・公害問題

まず,先進国において 1900 年代初頭から 1970 年代を中心に社会問題化したのが,図 1.1.1 の下から左上に伸びた矢印の先にある地域の環境問題,いわゆる**公害**である。

我が国の公害対策基本法においては,大気汚染,水質汚濁,土壌汚染,騒音,振動,地盤沈下,悪臭が**典型7公害**と規定されてきた。これらが人の健康や生活環境に様々な悪影響を及ぼしてきたことは,周知の通りである。我が国では,次の**四大公害**が典型であり,関連する訴訟の一部や被害者の苦しみは,今もまだ継続している。これ以外にも,日本の多くの地域が光化学スモッグにさいなまれ,工業地帯では日々黒煙に包まれたといっても過言ではないだろう。

■ **水俣病** 1940 年代から熊本県水俣市不知火海に水銀を含む工場排水が流されたことにより,有機水銀による水質汚染や底質汚染,そして魚類への汚染が進んだ。その魚介類を食べることにより,食物連鎖を通じて,深刻な人の健康被害が生じた(1956 年に正式に認められた)。なお,水俣病(Minamata disease)は,水銀汚染による公害問題の代名詞として,世界的にも知られている。

■ **第二水俣病(新潟水俣病)** 新潟県阿賀野川流域において,水銀を含む工場排水が流され,有機水銀に由来する水俣病と同様の健康被害が生じた(1965 年に正式に認められた)。

■ **四日市ぜんそく** 三重県四日市市と隣接地域に

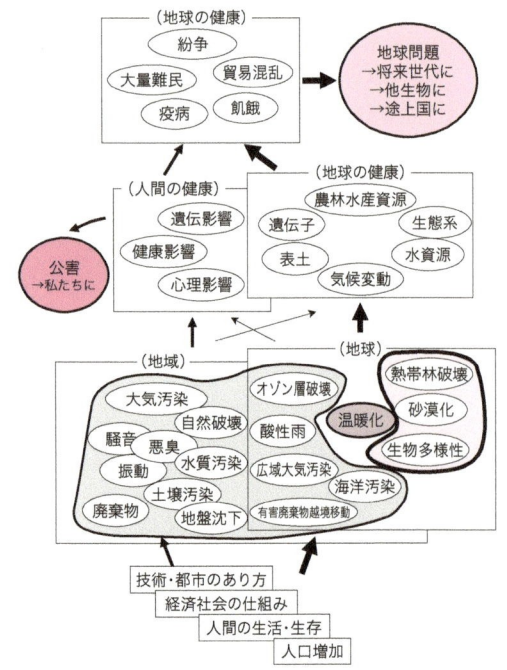

図1.1.1 環境問題の全体像
土木学会環境システム委員会資料より改変。

おいて，1960～1972年にかけて，四日市コンビナートから発生した大気汚染により，集団喘息障害が生じた。おもに亜硫酸ガスによる大気汚染が原因とされる。

■ **イタイイタイ病**　1910年代から1970年代前半にかけて，岐阜県神岡鉱山における製錬に伴う未処理廃水により，神通川下流域の富山県で鉱害が発生した。カドミウムによる水質汚染が原因とされ，コメや野菜，飲用水などを通じて，人の骨などに深刻な被害を及ぼした。

この他に，開発に伴う自然破壊や大量生産・大量消費の末に生じている廃棄物問題も，ここに含めることができるだろう。なお，途上国では，現在，公害に苦しみつつ，同時に，地球環境問題にも直面している国・地域が少なくないと考えられる。

4　地球環境問題

先進国において，公害問題に一定の改善が見られた1980年代から，オゾン層破壊や地球温暖化などの地球規模での問題が次々とあらわになった。地域的な環境問題に加えて，人類生存を脅かしかねないと懸念されている。

地球環境問題は，**地球温暖化**（気候変動），**オゾン層破壊**，**酸性雨**，**森林破壊**（熱帯雨林の減少など），**砂漠化**，**海洋汚染**，**広域大気汚染**，**有害廃棄物越境移動**，**生物多様性の崩壊**（野生生物種の減少）などの総体といわれる。これらは，各現象が互いに密接かつ複雑に関連し合っており，また，地域環境問題ともつながっている。

5　環境問題の被害の行方

図1.1.1を上にたどると，地域や地球環境問題が，人間や地球の健康，つまり人間レベルでは遺伝・健康・心理面に，地球レベルでは生態系や各種資源などに，影響を及ぼすことがわかる。そして，それらがさらには，紛争や飢餓，大量難民などにも結びつく可能性が示唆されている。つまり，回りまわって人間社会に返ってくる，それも，原因となる行動などをしているか否かにかかわらず，すべての地球上の人間や自然が影響を受ける可能性があるのだ。

ここで最後に注目していただきたいのが，図1.1.1の右上に示された最大の被害者である。つまり，地球環境問題やそれに端を発する問題から，もっとも影響を受けるのは，とくに途上国，他生物，次世代といった弱者（他生物や次世代に至っては，発言すら不可能）なのだ。

このような特性があるため，地球環境問題の研究や対策は，非常に難しいものとなる。しかし，私たちの生活が地球環境問題の原因となっていることは確かであり，これらの現象や構造に目を向け，理解や行動を進めなければならない。
　　　　　　　　　　　　　　　　　　　　【浅利美鈴】

■ **column** **水俣条約の採択**

2013年10月10日に，「水俣条約」が採択された。これは，水俣の名前を冠する水銀汚染を減らすための世界の約束事である。

日本では，水俣病などを機に，工場や製品への水銀の利用をなくす努力を続け，かなり減らすことができた（図1.1.2）。しかし，世界では水銀の使用が今でも続いている。貧しい国では，水銀の有害性などを知らないまま，健康被害の懸念される使用を続けているところもある。水銀は金属だが，常温でも液体で，不適切に取り扱われると揮発していく。揮発した水銀は，大気や土，水などを循環し，世界中に汚染が広がる。つまり，水銀汚染は，地域環境問題のみならず，地球環境問題の様相を呈しつつあるのだ。このような状況から，世界的な約束を議論し，採択に至った。

日本では水銀の利用は減ったが，まだ蛍光灯や体温計などに使われている。このような製品がきちんと処理されるように回収に協力することや，水銀を使わない製品（LEDなど）に変えることが求められる。また，国としては，水俣病のようなことが繰り返されないよう，国内外で，教育や技術を広めることも重要である。

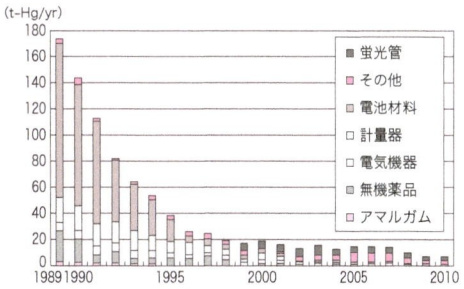

図1.1.2　日本国内における製品などへの水銀需要量

■ **参考文献**

3R・低炭素社会検定実行委員会（2010）：3R・低炭素社会検定公式テキスト，ミネルヴァ書房。

土木学会環境システム委員会（1998）：環境システム─その理念と基礎手法，共立出版。

1.2 人類・社会と環境問題

1 人類と文明・都市

人類の誕生は，約20万年前とされる。当初の食料確保は，狩猟と採集によるものだった。しかし，人口が増加し，対応する食料を確保するため，約1万年前に農耕をはじめた。その後，農耕は世界に広がり，定住社会が生まれ，やがて都市が形づくられ，文明が生まれることとなった。

いわゆる世界四大文明（メソポタミア，エジプト，インダス，黄河・長江流域）は，紀元前5000年から紀元前3000年頃，つまり今から約7000年前あたりから起こったとされる。そこでは，下水管などの一定の都市インフラが整備され，衛生確保が図られていたことが知られている。

その後，世界中で都市が拡大する中で，様々な衛生問題が起こった。たとえば，中世ヨーロッパ都市の汚物問題や，石炭利用に伴う大気汚染，世界中に蔓延したコレラやペストなどがあげられる。

また，汚物とあわせて，ごみも問題となってきた。我が国で，ごみが都市問題となり，記録が残っているのは江戸時代（17〜18世紀）からである。各地で多く発生した問題は，河川や海への投棄である。もともと，ごみの水中投棄は普通に行われていたが，近世都市の発達や産業の発展に伴い，ごみが増えた一方，川や海が流通の動脈として重要度を増したことから問題化した。「江戸時代はエコ時代」との注目も集めており，リサイクルが盛んで，ほとんどごみは出なかったとの見方もあったが，近年の江戸遺跡調査では一括廃棄された多量の陶磁器類なども見つかり，いつでも何でもリサイクルされていたわけではないことがわかってきている。しかし金属類はほとんど発掘されておらず，古着なども大事にリユースされ，現在の中古自動車のような商品であったと考えられる。水運の発達はごみの商品化も促した。江戸では都市ごみの舟輸送による海面埋立て・陸地造成を経て，18世紀初頭からは肥料として流通するようになり，後には，大半のごみが千葉方面に輸送されている。また，リサイクルが組織的かつ大規模に行われていた例もわかっている（3R・低炭素社会検定実行委員会，2010）。

2 産業革命と人口の急増

現在の環境問題に至るルーツをたどる中で，もっとも大きな社会変化の1つは，18世紀半ばにはじまった産業革命といえるだろう。以降，石油や石炭などの消費が本格化し，あらゆる暮らしや物づくりが変容することになる。過去2000年の二酸化炭素（CO_2）などの排出量の変化（2.5節の図2.5.5参照）を見ると，産業革命以降の急激な増加が見てとれる。

人類は急激にその人口と活動を拡大していった。図1.2.1には，紀元前から現在，そして将来にわたる世界人口の推移を示す。19世紀には約10億人だった人口が，とくに20世紀に入って急増し，21世紀の終わりには100億人に達する勢いである。

それに伴い，食料などの需要が増えていることはいうまでもない。1860年からの人口・耕地面積・化学肥料の推移（3.8節の図3.8.2参照）を見ると，とくに20世紀後半に急激に増加していることがわかる。21世紀末，100億人になった世界を考えると，食料確保とそれに関連する環境問題の課題の大きさがうかがえる。

3 大量生産・消費・廃棄の社会

その後，世界中で工業化が進む中で，様々な公害問

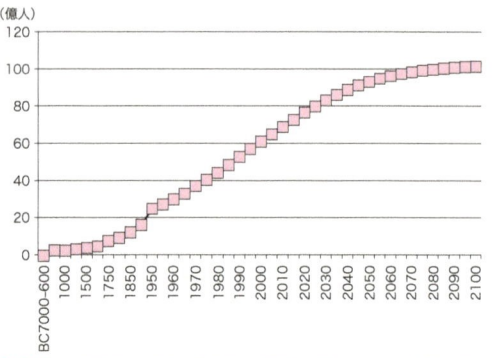

図1.2.1 紀元前から2100年に至る世界の人口の推移（実績および推計）
国立社会保障・人口問題研究所データより作図。

題（1.1節参照）が起こったが，同時に，大きな社会システムの変化が起こっていた。それは，大量生産・大量消費の製品供給システムと対になった経済成長至上主義社会への転換である。

いうまでもなく，それは現在の私たちの物質的に豊かで便利な暮らしを支えているシステムであるが，一方で，過剰な資源・エネルギーの消費を生み出すことになっている。また，大量生産・大量消費の後に発生する大量廃棄の問題にも直面している。

現在の資源・エネルギーの消費量を考える上で，わかりやすい指標として，**エコロジカルフットプリント**という考え方がある。これは，現在消費している資源の量を，それを持続可能な形で生産できる土地・海洋面積として評価する手法である。実際に道路や住宅などで利用している土地以外に，食料生産に必要な土地や，エネルギー消費に伴い排出されるCO_2を吸収することができる森林面積などの他，廃棄時に消費してしまう処分場の面積など，ライフサイクルにわたって必要となる環境負荷も面積として評価される。評価する国や地域を設定することで，そこに住む人々がどれだけの土地を消費しているのかを計算することができる。その結果を用いて，「世界中の人がある国の人々と同じ暮らしをすると，地球はどの程度必要になるか」を計算し，図1.2.2に示した。

これによると，世界中の人が日本人と同じ暮らしをすると，地球は2.3個程度必要であることがわかる。また，米国は4.5個と日本の倍程度であり，欧州各国は軒並み2個程度以上となっている。つまり先進国は，明らかに持続不可能な資源・エネルギー消費生活を送っているのだ。また，世界の平均を見ると，1個を超えてしまっている。これは，すでに地球の供給能力をオーバーしていることを意味している。

4　今後の人類

人類の歴史をたどり，現状に目を向けてみると，地球史や人類史においては，ごく短い期間において，爆発的に人口が増加し，資源・エネルギーの消費や廃棄物が急増してきたことがわかる。これは，長い歴史の中では異常事態といえるのかもしれない。

しかし，仮に短期間とはいえ，その人類による環境負荷は，地球環境の様相を変えるまでのインパクトになりつつある。そして，その悪影響は将来世代へのつけとなる可能性が高いのだ。そのことを念頭に，塵類，いや人類の生き様を考えねばならない。

【浅利美鈴】

■**参考文献**

3R・低炭素社会検定実行委員会（2010）：3R・低炭素社会検定公式テキスト，ミネルヴァ書房。
WWF：生きている地球レポート，2008。

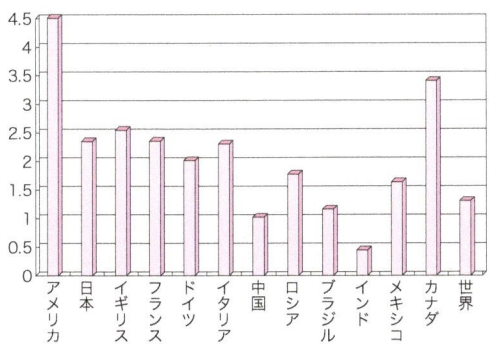

図1.2.2　世界中の人がある国の人と同じ暮らしをすると，地球は何個必要になるか（WWF, 2008）

1.3 地球温暖化の概要と国際的対応

1 地球温暖化に関する国際的な議論・取組みの歴史

大気中の CO_2 などの増加による地球温暖化の可能性は，19世紀の終わりに指摘されていたが，世界的に認識されるようになったきっかけとして，1985年にオーストラリア・フィラハで開かれた会議があげられる。地球温暖化に関する初の世界的な会議といわれ，ここで，科学者が地球温暖化の悪影響を具体的に評価し，提示した。

次に国際政治が動き出したのは，1987年イタリア・ベラジオでの会議であり，初の行政レベルでの会議といわれる。1988年にはカナダ政府がトロント会議を主催し，温室効果ガス排出削減の具体的目標を採択した。

同1988年には国連環境計画（UNEP）と世界気象機関（WMO）によって，地球温暖化に関する科学的評価を目的とする政府間機関として，**気候変動に関する政府間パネル（IPCC）**が設立され，以降の科学的なコンセンサスの集約と国際的な議論に大きく貢献している（2.5節参照）。

この後，一連の国際会議を経てはずみがつき，1990年にIPCC第一次報告書が発表され，いよいよ1991年2月から，国際的な取組みの条約化（**気候変動枠組み条約**：4.3節も参照）に関する交渉がはじまった。5回の政府間会議を経て1992年5月に採択され，同年6月ブラジル・リオデジャネイロで開催された地球サミットで155カ国が署名し，1994年3月に発効した。この条約は，温室効果ガス濃度を，気候システムに対して危険な人為的干渉を及ぼすことにならない水準で安定化させることを目的としている。

その後，条約に基づき，締約国会議（COP：Conference of Parties）が重ねられている。1997年には，京都でCOP3が開催され，**京都議定書**が採択され，2005年2月16日に発効に至った。京都議定書では，2008～2012年の第一約束期間と，2013～2020年の第二約束期間の二段構えで，削減義務や目標をもって取組みを進めることとなっている（それをもって，2008～2012年の5年間の温室効果ガスの排出量を1990年比で平均5%削減する目標である）。しかし，両期間において米国などが不参加・離脱していること，両期間とも中国やインドなどが削減義務を負わないこと，第二約束期間で削減義務をもつ国が限られること（日本やロシアなどももたない）など，非常に難航している。これに対して，2020年から始動するすべての国が参加する新たな枠組みを2015年までに構築することが決定されており，今後の動きが注目される。

2 温室効果ガスの種類と排出源

様々な気体が温室効果をもつが（2.5節参照），国際的な削減対象とされているもの，それらのおもな用途・排出源を表1.3.1にまとめた。**地球温暖化係数**（GWP：global warming potential）は，それぞれの気体が100年間に及ぼす地球温暖化への影響について，CO_2 の影響を1として計算した結果で，IPCCの評価報告書に基づき，第二約束期間では変更されている。

■CO_2　CO_2 はおもに石炭や石油，天然ガスなどの化石燃料の燃焼に伴い発生する（3.2節参照）。その他では，セメント生産時に，炭酸カルシウム（石灰石）など炭酸塩の化学反応により生成される。また，森林

表1.3.1　京都議定書などで扱われる温室効果ガスの概要

温室効果ガス		地球温暖化係数（GWP）		おもな用途・排出源
		第一約束期間	第二約束期間	
二酸化炭素	CO_2	1	1	化石燃料の燃焼，セメントの製造
メタン	CH_4	21	25	消化管内発酵（牛のげっぷ），水田，廃棄物の埋立て
一酸化二窒素	N_2O	310	298	窒素肥料の施用，燃料の燃焼，家畜排せつ物の管理
ハイドロフルオロカーボン類	HFCs	1300など	1430など	冷蔵庫・エアコンなどの冷媒，エアゾール
パーフルオロカーボン類	PFCs	6500など	7390など	半導体製造，溶剤
六ふっ化硫黄	SF_6	23900	22800など	半導体製造，電気の絶縁体
三ふっ化窒素	NF_3	（対象外）	17200	半導体製造

減少など土地利用変化から排出されるものもある（5.2節の図5.2.3参照）。

■ **メタン**（CH_4）　CH_4はおもに廃棄物の埋立処分場（3.4節参照）や水田などの酸素が少ない状態（嫌気的条件下）において微生物活動により生成される。また，天然ガスや都市ガスの主成分であり，それらの漏出などによっても排出される。

■ **一酸化二窒素**（N_2O）　N_2Oは微生物による生物化学的反応（3.8節参照）と工業プロセスなどの化学的反応の両方により発生する。また，物質の燃焼，麻酔用の笑気ガスとしての使用，硝酸の製造などにおいて，生物を介さない化学的反応で発生する。

■ **ふっ素化ガス類**（HFCs, PFCs, SF_6, NF_3）
ふっ素化ガス類は，物質としての安定性を活かし，電気絶縁物質，洗浄剤，冷蔵庫やエアコンの冷媒などとして，様々な工業プロセスで使用されており，それらの製造・使用・廃棄の段階で排出される（1.4節参照）。

3　温室効果ガスの排出実態・対策

世界の人為的活動による温室効果ガス排出量は，2004年でCO_2に換算して490億tにのぼるとされる（IPCC, 2007）。その内訳としては，化石燃料の燃焼によるCO_2排出が大半を占めており，ついで，森林の減少など土地利用変化から排出されるCO_2，そしてメタンとなっている（図1.3.1）。

我が国においては，2011年度の温室効果ガス排出量は，13億800万t（CO_2換算）であった。うち，CO_2の割合が全体の95％を占めており，とくにエネルギー由来のものが多いのが特徴的である（エネルギー一種については，3.2節の図3.2.3参照）。

地球温暖化対策には，次の2つの考え方があり，世界レベルから国・自治体レベルで様々な対策が検討・実践されている。

　緩和策：温室効果ガスの排出量を削減する
　適応策：温暖化（気候変動）に対して脆弱性を低減する

これまでは，緩和策に力が入れられてきた。しかし，厳しい緩和策を行っても，すぐに効果は現れず，すべての影響を回避することは難しい。また，急激な温暖化やすでに現れている影響に対応する必要も生じている。そのため，適応策も重要性であることが指摘されている。さらには，中長期的な視点からの対策も求められる。

4　地球温暖化による影響

地球温暖化による影響は，すでに様々なところで見られる。その影響は，気象や自然環境への影響と，社会や経済の影響の大きく2つに分けられる。

まず，気象や自然環境への影響であるが，世界各地で気候変化による影響の可能性のある熱波やハリケーン，サイクロン，洪水，干ばつなどの災害が顕在化し，自然環境に多くの影響が現れている。とくに気温上昇は顕著で，それに伴う氷雪や氷河および永久凍土の減少，湖沼や川の水温上昇，生態系の変化，海水の酸性化などが観測されている。将来的には，今世紀末までに地球の平均海面水位は，最大82 cm上昇し，平均気温は最大4.8℃上昇すると予測されている（IPCC, 2013）。

社会や経済への影響については，地球の平均気温が2～3℃上昇すると，食糧生産や飲料水への影響，極端な気象現象や気候変化による物理的および人的な被害，生活環境や経済システム，社会制度の変化などが生じ，多くの地域で利益が減少し，コストが増大する可能性が高くなる。地球温暖化の影響は広範囲（水資源，海洋・沿岸域，自然生態系，社会生活，産業，健康への影響など）に及ぶと予測されている（IPCC, 2007）。

〔浅利美鈴〕

■ **参考文献**
3R・低炭素社会検定実行委員会（2010）：3R・低炭素社会検定公式テキスト，ミネルヴァ書房．
IPCC（2007）：IPCC第四次評価報告書．
IPCC（2013）：IPCC第五次評価報告書　第一作業部会報告．

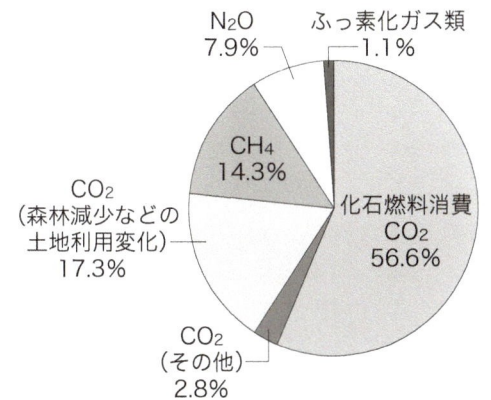

図1.3.1　世界の人為的温室効果ガス排出量（IPCC, 2007）

1.4 その他の地球環境問題

1 その他の地球環境問題

地球環境問題には，地球温暖化以外にも，様々な事象がある。中には，我が国ではほとんど話題にならないものや，解決されたかのように思われているものもあるが，実際には解決を見ていないものが大半である。ここでは，代表的な地球環境問題のおもな原因や影響，対策について概観する。

2 オゾン層破壊

■**生物に不可欠なオゾン層**　オゾン（O_3）は，酸素分子が紫外線を受けることで生成する一方，別の波長の紫外線を吸収することで酸素分子に分解されるため，生成消滅を繰り返しながら，存在している。成層圏には，オゾン濃度が高い部分（オゾン層）があり，紫外線を吸収している。紫外線の減少によって生物の生存が可能となり，5億年前に生物が海から陸地にあがったのは，オゾン層生成によるとされている。

■**オゾン層破壊**　そのオゾン層を破壊するのが，人により作り出された**フロン類**だ。フロン類は，環境中に放出されると成層圏にまで達し，そこで強い紫外線を浴び，塩素を放出してオゾン層を破壊するのである。フロン類は，1928年に冷媒用に開発され，夢の化学物質ともよばれ，第二次世界大戦後に急速に生産量が増加した。使用が進む中，1970年代から研究者らが，フロン類によるオゾン層の破壊を警告・報告しはじめた。1974年にローランド博士らが危険性を警告し，1985年に実際に南極で**オゾンホール**（オゾン濃度が極端に低い部分）が観測され，国際社会において問題視されるようになった。

■**国際的な取組み**　このような事態を受け，国際的なフロン類の使用削減がはじまった。1985年にはオゾン層保護のための**ウィーン条約**が，1988にはオゾン層を破壊する物質に関する**モントリオール議定書**が採択された。これにより，特定フロン（CFCs：とくにオゾン層破壊係数が高い物質）や代替フロン（HCFCs：特定フロンよりはオゾン層破壊係数が低いため，代替物質とされてきたもの）などの生産・消費の規制が国際的に進められている。特定フロンについては先進国で1996年に全廃（途上国では2010年に全廃），代替フロンについては先進国で2020年に全廃（途上国では2030年に全廃）とされている。

■**日本における取組み**　我が国では，モントリオール議定書のもとに，オゾン層保護法を制定し，フロン類の製造規制，排出削減を進めてきた。とくに発泡剤や冷媒などとして使用されているものについては，回収・破壊が重要となるため，自動車リサイクル法および家電リサイクル法において，自動車やエアコン，冷蔵庫の回収にあわせてフロン類を回収・破壊することなどが義務づけられている。

■**問題の現状**　オゾン破壊のもととなる大気中の活性塩素の総量は，2000年前後をピークに減少に転じたことが報告されている。しかし，フロン類は安定しておりオゾン層付近に長い時間とどまる性質もあり，排出を止めてもすぐにオゾンホールがなくなるわけではない。現に南極オゾンホールに関しては，まだ統計的に明らかなレベルで回復に転じたという報告はない。また，2011年の冬には，南極オゾンホールと匹敵する規模のオゾン破壊が北極上空で起こっていたことが，はじめて観測されている（国立環境研究所，2011）。オゾン層の状態が1980年代レベルに戻るのには50年程度の年月がかかるとの見解もあり，問題の収束に向けては長い時間がかかることがわかる。

3 酸性雨

■**酸性雨とは**　工場や自動車における化石燃料の燃焼からの排ガスには，窒素酸化物（NOx）や硫黄酸化物（SOx），塩化水素（HCl）が含まれており，これらが水などに溶けると強い酸性を示す。このような原理で酸性を示す雨や雪，霧を，酸性雨，酸性雪，酸性霧などという。溶け込まず，付着した状態のものも含め，広義に酸性降下物として捉えることもある。酸性・アルカリ性を示す指標pHは，0～14の数値で表され，7を中性として，それより小さい場合が酸性となる。しかし，大気中のCO_2が溶けるだけでpH 5.6となるため，これより値が小さい場合を酸性雨などとしている。

■ **酸性雨の影響** 酸性雨の問題が最初に指摘されたのは，産業革命が頂点に達した19世紀後半の英国とされる。1950年代に入ると，スウェーデンやノルウェーなどの北欧で，湖沼の酸性化による被害（生物の死滅）やブロンズ像表面の劣化などが報告された。1960年代から，ドイツのシュヴァルツヴァルト（黒い森）をはじめ，深刻な森林被害（大量枯死）が報告され，欧州では，「緑のペスト」として，酸性雨が社会問題化した。その後，おもに工業化が進んだ先進国で，類似被害が相次いで報告されるようになった。

■ **国際的な取組み** 1979年には長距離越境大気汚染条約が採択され，欧州諸国を中心に，国際的な取組みがはじまった。ここでは，加盟国に対して，酸性雨などの越境大気汚染の防止対策を義務づけるとともに，被害影響の監視・評価，原因物質の排出削減対策，国際協力，モニタリング，情報交換の推進などが定められている。1983年に本条約が発効した後，1985年にSOxの30％削減を定めたヘルシンキ議定書，1988年にNOxの削減について定めたソフィア議定書，1991年に揮発性有機化合物（VOC：volatile organic compounds）規制議定書，1994年にSOxの削減について定めたオスロ議定書などが採択され，補足・強化されてきている。

■ **日本における実態および取組み** 我が国においては，後述する大気汚染対策として，工場や自動車排ガスへの対策が進められ，NOxやSOxなどの排出量の低減が図られてきた。しかし，1983年から国家規模で続けられている雨水のpHモニタリングによると，ほとんどの地点においてpH5以下となっており，酸性雨問題は解決した問題ではないことがわかる。その一因として，途上国の工業化に伴う影響が指摘されている。原因物質は1000 km以上移動し，影響を与える可能性があると考えられ，対策には国際的な対応が必要となる。このような事態を受けて，2001年から「東アジア酸性雨モニタリングネットワーク」が本格稼働し，国境を越えた国際協力体制が構築されつつある。

4 広域大気汚染

■ **日本における大気汚染とその対策** 大気汚染も，酸性雨と同じく，人為的な排ガスが原因となる。つまり，工場や建築物の解体に伴って排出されるばい煙，VOC，粉じん，有害大気汚染物質，自動車の排出ガスなどである。四大公害の1つ，四日市ぜんそく（1.1節）がその被害の典型であり，我が国においては，その後，1967年の公害対策基本法（1993年の環境基本法の施行に伴い，統合・廃止）や1968年の大気汚染防止法などの法規制導入により，産業活動からの排出は大幅に低減された。しかし，現在でも，自動車などの移動排出源が課題とされている。これに対しても，自動車排出ガス規制，1992年の自動車NOx・PM法の導入，低公害車の普及・促進などの対策が進められている。

■ **日本における実態** 我が国において，大気汚染に関しては，二酸化硫黄（SO_2），一酸化炭素（CO），二酸化窒素（NO_2），浮遊粒子状物質（SPM），光化学オキシダントの5物質について環境基準が設定されている。近年，SO_2，CO，NO_2，SPMについては，モニタリング地点でおおむね環境基準をクリアしており，緩やかな改善傾向にある。しかし，**光化学オキシダント**については，環境基準をクリアしたのはわずかで，汚染が広域化している。光化学オキシダントは，NOxとVOCなどの一次汚染物質が紫外線を受けて光化学反応を起こして生成される二次汚染物質で，オゾンを主成分とする。光化学スモッグの原因となり，健康や農作物，大気放射への影響などをもたらす。しかし，一次汚染物質が増加しているわけではないことから，光化学オキシダントの発生原因は，大陸からのオゾンの移流，地球温暖化やヒートアイランドによる気温上昇がもたらす光化学反応の活発化などが指摘されている。

■ **広域大気汚染への対応** 大陸からのオゾンの移流が，我が国の光化学オキシダントの増加につながっている可能性に代表されるように，地域環境問題であった大気汚染が地球規模の広域大気汚染として，問題となっている。酸性雨について述べたように，原因物質は長距離移動して影響を与える可能性があるのだ。そのため，酸性雨だけでなく，オゾンモニタリングを推進したり，モニタリング（観測）だけでなく，管理を促したりするための検討が進められている。

5 生物多様性

■ **生物多様性とは** 地球上の生物は，長い歴史の中で，様々な環境に適応して進化し，3000万種ともいわれる多様な種が存在する。これらの生命はひとつひとつに個性があり，すべて直接／間接的に支えあって生きている。生物多様性とは，このような生物の豊

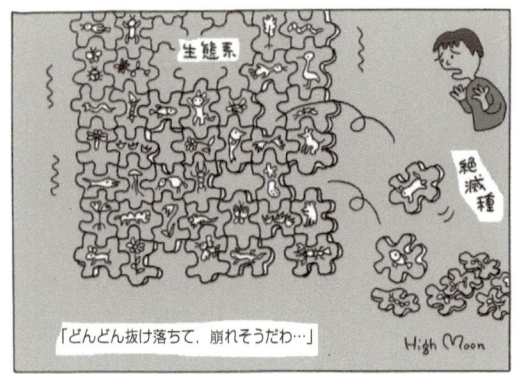
「どんどん抜け落ちて，崩れそうだわ…」

かな個性とつながりのことをいう。生物多様性条約では，①生態系の多様性，②種の多様性，③遺伝子の多様性という3つのレベルで多様性があるとしている。

■ **生物多様性の喪失**　私たち人間も，その生物多様性の中で，昔から自然や生物とつながり，恩恵を受けて生活してきた。しかし近年，人間による森林や熱帯林の乱開発（3.10節，5.2節参照）や生物の乱獲，外来種の侵入などが原因で，貴重な生物が，自然の力では回復しがたいスピードで失われつつある。人間活動の影響により，生物の絶滅スピードは，自然速度の約1000倍になっているといわれている。

■ **国際的な取組み**　生物に国境はなく，国境を越えた取組みが不可欠であるとの認識が高まり，1992年にブラジルで開催された国連環境開発会議（UNCED）で**生物の多様性に関する条約**が採択され，1993年に発効した。本条約の主目的は，①生物の多様性の保全，②生物多様性の構成要素の持続可能な利用，③遺伝資源の利用から生ずる利益の公正で衡平な配分である。国際的な駆け引きなども注目されてきたが，これにより，先進国の資金や技術により，経済的・技術的な理由から生物多様性の保全と持続可能な利用のための取組みが十分でない開発途上国に対する支援が行われることになり，国際的な取組みの足掛かりになった。また2010年には愛知県名古屋市において第10回締約国会議が開催されている。

6　砂漠化

■ **砂漠化**　砂漠化とは，乾燥地域，半乾燥地域および乾燥半湿潤地域における種々の要素（気候の変動および人間活動を含む）に起因する土地の劣化とされる。過去には，気候的要因が中心とされてきたが，近年，人間活動による影響が深刻化していると考えられている。

■ **人間活動の影響**　人間活動としては，行き過ぎた耕作や放牧，伐採，不適切な灌漑（塩分の集積）などがあげられる（5.1節参照）。その背景には人口増加，貧困，貿易条件の悪化など，社会システムの影響がある。砂漠化は，食糧生産基盤の悪化につながり，新たに行き過ぎた耕作などの行為を生み出す悪循環につながる。まさに地球環境問題の縮図といえる。

■ **国際的な取組み**　1996年に**砂漠化対処条約**が発効した。本条約は，砂漠化が深刻な地域，とくにアフリカについて，干ばつや砂漠化に対処することを目的とし，具体的な対処案を提案し，それにかかる資金を援助するという内容になっている。

砂漠化の影響を受けている土地は，地球上の約4分の1に相当するといわれる。サハラ砂漠（アフリカ大陸）では毎年150万haもの勢いで砂漠化が進んでいる。また，中国でも砂漠化が北京に及んでいる。一刻も早く，悪循環の流れを食い止めなければならない。

【浅利美鈴】

■ **参考文献**

3R・低炭素社会検定実行委員会（2010）：3R・低炭素社会検定公式テキスト，ミネルヴァ書房。
国立環境研究所記者発表資料（2011）：http://www.nies.go.jp/whatsnew/2011/20111003/20111003.html
環境省生物多様性サイト：http://www.biodic.go.jp/biodiversity/
土木学会環境システム委員会（1998）：環境システム—その理念と基礎手法，共立出版。

第 2 章
地球・自然・生態

　いわゆる環境問題としては，問題の実態や解決に向けた取組みに目が向かいがちであるが，それらのベースとして，地球や自然環境，自然生態系についての理解が非常に重要である。
　第2章では，まず，固体地球の構成と運動，過去と現在の地球環境の基本を学ぶ。これには，地球全体を見るだけでなく，46億年にわたる長い歴史をたどる視点が求められる。加えて本章では，「宇宙」についても学ぶ。環境学の視点から宇宙について学ぶ際の示唆の深さに，改めて気づかされるだろう。
　次に，主要な地球環境問題の1つである地球温暖化については，そのメカニズムの理解も重要であることから，本章において丁寧な解説を行っている。
　さらに，自然環境・生態系と人間・社会との関係を理解する上で重要な，海や湖，野生動物についても着目する。

写真：パキスタン・中国国境の山々からは大地のうなり声が聞こえてくるようだ。インダス川を見下ろして，その声に耳を澄ます（撮影：浅利美鈴，2013年5月）。

2.1 固体地球の構成と運動

1 固体地球の理解

　古来，大地は不動のものと考えられてきたが，大陸移動説や海洋底拡大説が唱えられ，1960年代にそれらの説は実証され，1970年代にプレートテクトニクスという理論体系にまとめられた。プレートテクトニクスによると地球表層（図2.1.1）は，十数枚の剛体に近似される厚さ100〜150kmの**プレート**から構成されており，中央海嶺で生産された海洋プレートは年間数〜10cmの速度で両側に拡大し，冷却された重い海洋プレートは，大陸縁辺の海溝で大陸下に沈み込んでいく。その時，海洋プレートと大陸プレートに蓄積された歪みは，一定期間経過すると強度限界に達し破壊し，そのエネルギーが波となって伝搬していく。それが**地震**であり，破壊面が**断層**である。一方，海溝に堆積していた大陸起源の堆積物と海洋プレートの上部は，断層に沿って剥ぎ取られ付加体を形成し，一部は地下深所にもたらされ変成帯となる。また沈み込んだ海洋プレートが深度約110kmに到達すると，海洋プレートとその上盤のマントルは融解しマグマを発生させ，それが上昇し地表に噴出して火山となる。

　さらに20世紀の末には，地震波を使って地球内部の三次元立体構造が描けるようになり，地球内部の運動を議論することができるようになった。そこで地球表層の諸現象，たとえば火山や地震，造山運動などを明快に説明してきたプレートテクトニクスはさらに進化し，地球表層と地球内部の構造やマントルの対流を結びつけるプルームテクトニクスが誕生した。プルームテクトニクスにより，それまで知られていた大陸の衝突・合体，および超大陸の分裂・分離の歴史が体系的に説明できるようになると同時に，地球規模の気候・環境の変遷，さらには生物の大量絶滅や進化も固体地球の変動とリンクしていることがわかってきた。

　ここでは，地球環境の成り立ちと地球環境の変動史を理解する上で不可欠な，固体地球の構成と運動に関する基礎知識を概説する。

■ **地球の層構造**　地球の半径は約6400kmであり，その内部は3層に分かれている（図2.1.1）。深部は**核**とよばれており，流体状の外核と固体の内核に分かれている。核の大部分は鉄とニッケルの合金でできており，数％だけ軽元素が含まれている。流体状の外核が運動することにより電磁誘導的に地球磁場が発生しているものと考えられている。また初期地球から進化する過程で重い金属が重力的に分化し，地球中心部に沈降して形成されたのが核だと考えられている。

　地球の体積の83％を占め，核を包んでいるのが**マントル**である。マントルは二酸化ケイ素と酸化マグネシウムを主体とする岩石から構成されている。深さ400kmと670kmの部分に地震波の不連続面が存在

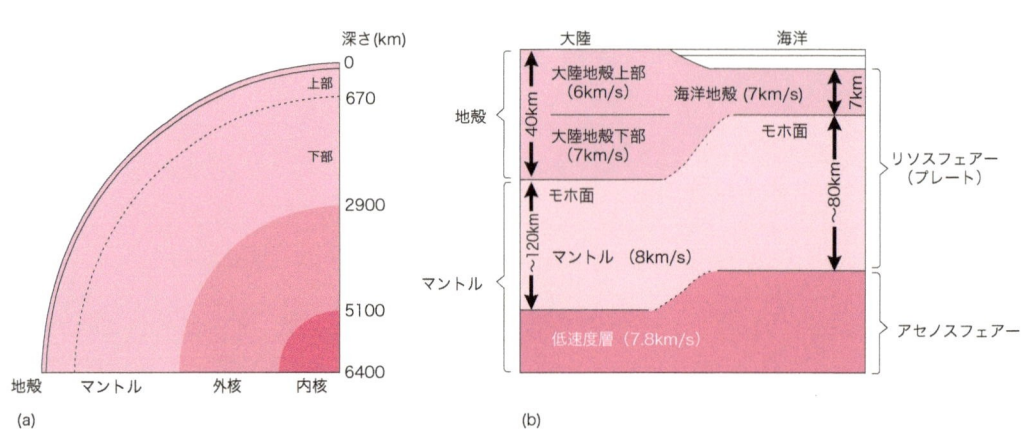

図2.1.1　地球の内部構造（a）と地球表層の構成（b）
　大陸地殻は花こう岩質の上部と玄武岩質（はんれい岩質）の下部に二分される。地殻とマントル最上部の厚さ80〜120kmはプレートとよばれており，その下には低速度層（アセノスフェアー）が分布している。（b）の（　）内は地震波が伝わる速度。

し，前者を境にかんらん石がスピネル構造に，後者を境にスピネル構造がペロブスカイト構造に相変化している。深さ670 kmより浅い部分を上部マントル，深い部分を下部マントルとよんでいる。

地球の表層を構成しているのが**地殻**である。

2 地殻の構成

地球は重力的に分化し，密度の違いによって成層しており，地球の中心から核，マントル，地殻，水圏，大気圏と階層構造をしている。水圏・大気圏の水やCO_2は，もともと固体地球を構成する岩石から脱出した軽い気体分子に起源をもつ。固体地球の中でもっとも軽い物質から構成されているのが地殻であり，大陸地殻と海洋地殻の2つに区分されている。人間と環境，および環境問題を考えるとき重要なのが，地殻である。

■**大陸地殻** 地球の表面積は 5.1×10^{14} m^2 であり，その29.2%を占めているのが陸地で，残り70.8%が海である。大陸の平均標高は840 mであるが，海洋の平均水深は約3800 mである。両者の間には4640 mの差がある。なお大陸棚と大陸斜面は海洋の一部であるが，それを構成しているものは大陸地殻の岩石である。

大陸内部の地殻の厚さは平均40 kmであるが，大陸衝突帯のヒマラヤ山脈やチベット高原では倍の厚さの70〜80 kmに達している。大陸地殻は大陸縁辺で海洋に向かって薄くなっており，日本列島のような古い島弧では35 km，伊豆-小笠原列島のような若い島弧では25 kmとなっている。

大陸地殻は，おもに花こう岩からなる平均密度2.7 g/cm^{3}の上部地殻と，はんれい岩質で平均密度2.9 g/cm^{3}の下部地殻から構成されている。その年齢は約40億年から現在までの様々な値をもつ。大陸地殻の中心を成すのは**クラトン**とよばれる25億年より古い，地殻変動のない安定した地域である。クラトンをとりまくように，若い時代に地殻変動を受けた，あるいは現在も地殻変動の活発な変動帯が分布している。大陸地殻は常時，水圏と大気圏に接し，太陽放射の影響を受け風化変質し，河川により侵食・運搬作用を受けている。

■**海洋地殻** 海洋地殻の厚さは平均約7 kmで，平均密度2.9 g/cm^{3}の玄武岩（上部）とはんれい岩（下部）から構成されており，花こう岩を欠く。最上部には厚さ数百mの遠洋性堆積物が重なっている。世界中どこの海洋地殻も同じような構成からなり，その年齢は中央海嶺から遠ざかり冷却するほど古くなっており，それに伴い海洋底の深度も深くなっている（図2.1.2）。古い海洋地殻は大陸の下に沈み込んでしまっているので，その年齢は約2億年前から現在までに限られている。海洋地殻の最上部を成す遠洋性堆積物が堆積している深海底では，陸上のように強い流れはないので，堆積速度は1000年につき平均1〜数mmである。

■**地殻の鉱物組成と化学組成** 大陸地殻を構成する花こう岩は斜長石，正長石，石英，雲母，角閃石から，また海洋地殻を作る玄武岩はかんらん石，輝石，斜長石からなる。地殻の92%はこのようなケイ酸塩鉱物から構成されており（図2.1.3），ケイ素と酸素からなるSiO$_4$四面体とそれを結びつける陽イオンからできている。残りの多くは石灰岩をはじめとする炭酸塩岩である。

地殻の99%は8つの元素から構成されている。その中でも酸素とケイ素の占める割合が圧倒的に多く，74重量%，95体積%を占める。つまり石英（水晶）の成分であるSiO$_2$が地殻の大部分を構成している。

3 プレートテクトニクス

地球表層は十数枚の硬い岩板（プレート）でできていて，プレートの運動と相互作用によって，プレート境界では地震や火山などの様々な変動が起こる。この概念は**プレートテクトニクス**とよばれている。プレートは，地殻と最上部マントルを含む厚さ100〜150 kmの岩板で，地震波速度が急激に減少する低速度層から下のマントルは含まない（図2.1.1b）。

プレートは中央海嶺で絶えず生産され，海溝で大陸地殻の下に沈み込んでおり，数億年で更新される。プ

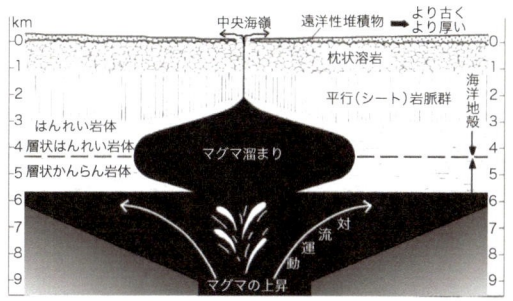

図2.1.2 中央海嶺における海洋地殻の形成モデル（Gass, 1982；酒井，2003より転載）

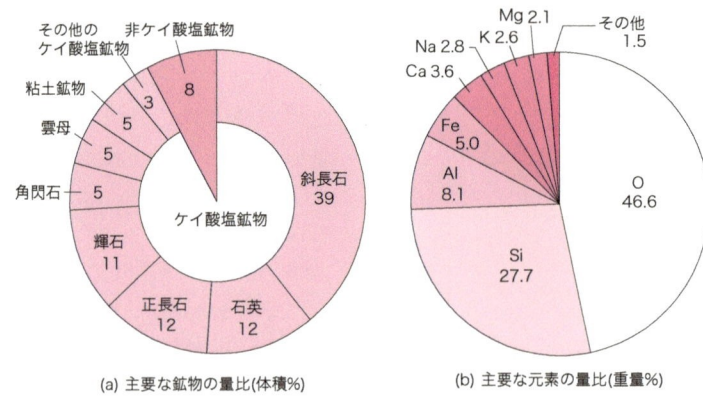

図2.1.3 地殻を構成している主要な鉱物と元素の量比

レートには海洋だけから構成される海洋プレート（たとえば太平洋プレート）と，海洋プレートの上に大陸がのった大陸プレート（たとえばインド-オーストラリアプレート）がある。後者の場合，大陸は軽いため海洋プレートのように沈み込めないので，大陸の衝突が起こる。

プレート境界は，そこで発生している相対運動の種類に従い3つに区分される。すなわち，中央海嶺のような発散境界，海溝のような収束境界，トランスフォーム断層のようにプレート境界がすれ違う境界である。発散境界には引っ張りの力が働き，正断層型の地震が，収束境界では圧縮の力が働き，逆断層型の地震が発生している。またトランスフォーム断層沿いでは横ずれ型の地震が発生している。

プレートテクトニクスの観点から大陸の縁辺は，大西洋の両岸のように地震や火山がなく，厚い地層が堆積している非活動的縁辺と，太平洋の両岸のように地震帯や火山帯が分布し，地殻変動の活発な活動的縁辺に二分される。

4 プレートテクトニクスから見た日本列島

日本列島は太平洋プレートとフィリピン海プレートが沈み込む，活動的大陸縁辺に形成された弧状列島（島弧）である。現在，太平洋プレートは日本海溝に沿って，西北西の方向に年間約9 cmの速度で沈み込んでいる。一方，フィリピン海プレートは南海トラフと琉球海溝に沿って，北西の方向に年間約5.5 cmの速度で沈み込んでいる。両プレートは関東地方の地下では二重の深発地震面を作っており，そのためこの地方では地震が頻発する。

日本列島とその近傍で発生する地震は，以下の4タイプに区分される。

①沈み込むプレート上面に引っ張りの力が発生し，海溝のすぐ外側で発生する正断層型の地震
②海洋プレートの沈み込みにより，上盤プレートが圧縮され蓄積した歪みが解放されて発生する巨大逆断層型の地震
③内陸のプレート表層部に蓄積された歪みが解放されて発生する横ずれ断層型の地震
④内陸のプレート表層部が圧縮され生ずる逆断層型の地震

プレート境界の海溝に堆積した陸源の堆積物と，海洋プレート起源の遠洋性堆積物や海山起源の玄武岩や石灰岩は，海溝内縁で剥ぎ取られ，逆断層で画されたプリズム状の付加体を形成する。一方剥ぎ取られず，地下10～50 kmまで沈み込んだ地層や岩石は，高温・高圧下で再結晶し変成岩となる。さらに110 km付近まで沈み込んだプレートの一部と日本列島下のマントルは部分溶融し，マグマの液滴を生成し，それが集積・上昇し噴火して火山を形成する。

日本列島はもともとアジア大陸の一部であったが，2200万年前頃にリフトが形成され，大陸から分裂・分離して，1500万年前に現在の位置に到達した。日本列島の分離により，大陸との間に形成された海が日本海である。このように大陸の分裂・分離によって生まれた海は，縁海あるいは背弧海盆とよばれ，南シナ海やオホーツク海も同様な起源をもつ。海洋プレートが沈み込み，圧縮場にあった大陸縁辺がなぜ割れて拡大したのか，その成因については未解明な点が多いが，マントルからのプルームに起源をもつと考えられている。

5 プルームテクトニクス

■**ホットスポットとホットプルーム** 中央海嶺以外にも地球内部から湧き上る巨大な上昇流がある。その上昇流が地表に現れた点を**ホットスポット**とよぶ。代表例はハワイ島やタヒチ島であり、玄武岩質の巨大な火山島からなる。これらの火山島の下にはコア-マントル境界から煙突の煙のように湧き上る上昇流、ホットプルーム（図2.1.4）が存在することが、地震波を使った地球を輪切りにしたCT画像（地震波トモグラフィー）からわかっている。ホットプルームの位置は動かないので、地球表層のプレートが運動した方向にホットスポット起源の火山列が形成される。ハワイ島の下のホットプルームによって、過去約7000万年の間に作られたのが、ハワイ島の西北西に並ぶハワイ海山列と、その北方延長の天皇海山列である。

■**沈み込んだプレートとコールドプルーム** 太平洋プレートの平均運動速度は9 cm/yrであったことが、ハワイ海山列の研究からわかっており、それは現在GPS観測から求められた速度とも一致している。9 cm/yrの速度で運動したということは、すなわち同じ速度でアジア大陸の下に沈み込んでいたことを意味する。過去7000万年にわたって同じ速度で沈み込んだとすると、6300 kmのプレートがアジア大陸の下に沈み込んだことになる。地球の半径に相当する長さのこのプレートは、一体どうなってしまったのだろうか？

アジア大陸を横切る地震波トモグラフィーの研究によると、海溝で沈み込んだプレートは、マグマを生成することによってその成分を変化させながら、深度670 kmまで沈み込む。しかしマントルの中には670 kmの位置に物性の境界層があるため、それ以上沈み込めなくなり停滞する。一方プレートは次々に沈み込んできて大きな塊（メガリスとよばれる）となり、約1億年経過したのち、巨大化したメガリスは下部マントルに沈下する。この周囲より冷たい下降流を**コールドプルーム**とよぶ。メガリスが下部マントルを沈下すると、コア-マントル境界からホットな上昇流が発生する。これがホットプルームとなる。

■**超大陸の分裂とスーパープルーム** 大陸が衝突合体を繰り返し形成された、複数の大陸塊が複合した大陸を超大陸という。超大陸をとりまいている広大な海洋を超海洋という。大陸の衝突・合体の過程で海洋プレートは大陸下に沈み込み、その後引き続き超海洋のプレートが沈み込みを続けると、コールドプルームは沈下し、その反流として超大陸の下からプルームが湧き上ってくる。この巨大なホットプルームを**スーパープルーム**とよぶ。スーパープルームの上昇によって、超大陸は分裂をはじめるのである。このようなプルームの運動によって引き起こされる一連の運動を、プルームテクトニクスとよぶ。　　　　　　［酒井治孝］

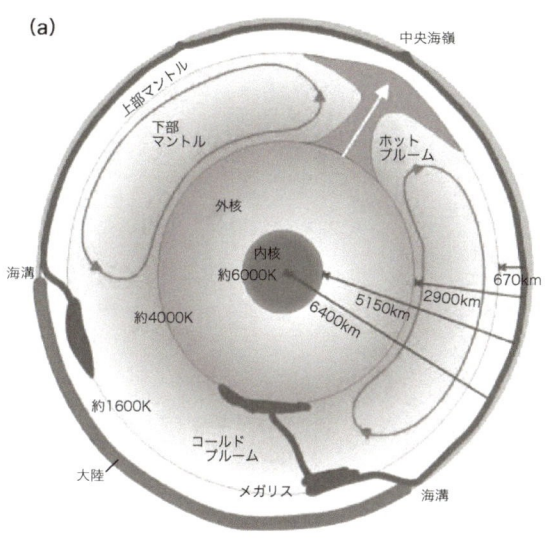

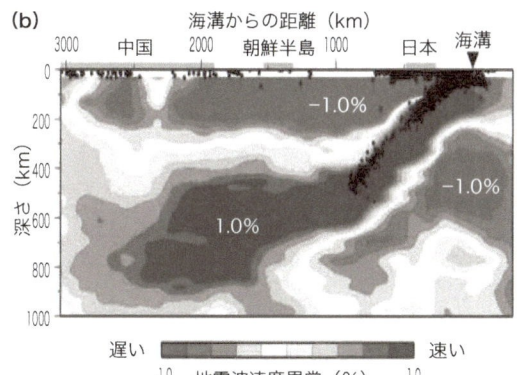

図2.1.4
(a) ホットプルームとコールドプルームの概念図。沈み込んだプレートはいったん上部マントルと下部マントルの境界に滞留した後、コールドプルームとしてコア-マントル境界まで沈下し、その反流としてホットプルームが上昇する（http://www.desc.okayama-u.ac.jp/Geo/Highschool/chikyunaibu.htmlを改変）。
(b) 日本海溝で沈み込んだ冷たい太平洋プレートは、アジア大陸の地下670km付近に滞留している。地震波トモグラフィーによる（日本地震学会Web版広報誌「なゐふる」No.63, 2007）。

2.2 地球環境の成り立ち

現在の地球環境

1 進化を続ける地球の環境

　私たち人類は，酸素21%，CO_2 0.039%（389 ppm[*1]，2012年），平均気温15℃，年間平均降水量約1000 mmの大気圏の底で，有害な紫外線を吸収するオゾン層と高エネルギーの宇宙線を遮断するバンアレン帯に守られて生存している。大気組成や平均気温がほんのわずか変化しただけでも，その生活は制約を受け，一部の地域では存続すら脅かされている。産業革命以前には0.028%（280 ppm）だったCO_2は，過去250年で40%増加し0.039%に達し（2.5節図2.5.5参照），この30年間では10年につき約0.18℃の割合で気温は上昇し続けている。その結果，北極海の海氷は融解し，過去60年でその分布面積を50%以上縮小している。

　このように地球環境要素のわずかな変化で，人間生活は大きな影響を受ける。では他の惑星では，大気の組成や温度，そして降水量はどのようになっているのだろうか。増大する人口の圧力と限られたエネルギー資源から逃れ，他の惑星に移住する計画が立てられているが，それは近未来に実現可能なのであろうか。そこで地球の両隣にある金星と火星の環境を地球と比べてみると，それは著しく地球の環境とは異なり，灼熱と極寒の世界であり，とても人間が生活できそうにない。これまでの惑星探査では生命の存在は認められておらず，生物の痕跡すら発見されていない。

　では生命が発生し，進化を続けている地球の環境は，どのようにして生まれ，どのように変化しているのだろうか。実は地球表層の温度が15℃に保たれている要因は，地球が受容する太陽放射の量と地球大気の温室効果ガスの量にある（2.5節参照）。また地球表層の温度が適当であり，水が気体・液体・固体と三相共存し，形を変え循環しており，その結果，大気中のCO_2の量がコントロールされている。また海洋の水が大気中の気体や風化した物質を運搬・固定すると同時に，熱の貯留槽となっていることが，地球環境の成り立ちのために重要な働きをしている。

　ここでは，現在の地球環境を金星と火星のそれと比較し，地球表層の水とCO_2，および物質の循環システムについて概説する。

表2.2.1 地球型惑星の金星，地球，火星の諸量の比較

	金星	地球	火星
太陽からの平均距離　（10^8km）	1.07	1.49	2.77
質量　　　　　　　　（10^{23}kg）	48.7	59.8	6.4
質量比　　　　　　　（地球=1）	0.815	1	0.107
赤道重力　　　　　　（m/s^2）	8.9	9.78	3.7
大気圧　　　　　　　（気圧）	90	1	0.007
平均表面温度　　　　（℃）	477	15	-47
大気組成　　　　　　（%）			
CO_2	97	0.03	95
N_2	3	78.1	2〜3
Ar	—	0.93	1〜2
O_2	—	21.0	0.1〜0.3
H_2O	雲下 100ppm 雲上 100〜1ppm	400気圧（海水を水蒸気に変換）	0.03 +氷冠に極少量
反射能（アルベド）	0.78	0.30	0.16
放射平衡温度	-46℃	-18℃	-56℃
観測された平均表面温度	477℃	15℃	-47℃
温室効果による温度の上昇	+523℃	+33℃	+9℃

2 惑星表層の環境の比較

■**金星・地球・火星の気温・気圧・大気組成**　地球の両隣にある金星と火星の表層の環境を，地球表層のそれと比べてみると，その違いに驚く（表2.2.1）。金星の平均表面温度は477℃，大気圧は90気圧，その大気組成はCO_2が97%である。

　一方，火星の平均温度は-47℃で，大気圧は0.007気圧で，大気の95%がCO_2からなる。金星にも火星にも水はごくわずかだけしかなく，しかも水蒸気あるいは氷の状態であり，液体の水は存在しない。なぜ，このような違いが生じたのだろうか。その原因は①惑星の質量の違い，②温室効果ガスの量の違い，そして③地球には液体の水が存在し，光合成をする生物が発生・進化したことにある。

　惑星の大気のうち揮発性のガスは，惑星の質量が小さく重力が小さいと，その引力圏内に留まることができず宇宙空間に散逸してしまう。火星は質量が地球の10分の1しかないため，重力加速度は3.7 m/s^{2}しかなく，軽い気体分子は散逸し，CO_2（分子量44）の

[*1] **ppm**：100万分の1（10^{-6}）

ような重い気体分子だけが残ったのである。金星の質量は地球の約81.5%で、重力加速度は8.9 m/s² であるが、表面温度が高いのでCO_2と窒素だけが残った。

惑星表面の温度を決める主要なファクターは、①太陽放射の量、すなわち太陽からの距離、②惑星表面の反射能力、③温室効果ガスの量である。

惑星が受容する太陽放射のすべてが熱に変換するとして、太陽からの距離と反射能力を考慮して理論的に惑星表面の温度（放射平衡温度）を求めると、金星は−46℃、地球は−18℃、火星は−56℃となる。観測された惑星表面温度と計算によって求められた温度との差は、すなわち温室効果ガスによって上昇した温度である。金星の大気はCO_2が97%で、大気圧が90気圧もあるので、その温室効果によって上昇した温度が523℃にも達する。地球表層では、温室効果により33℃温度が上昇することによって、平均温度が15℃に保たれているのである。

3 水と海洋の循環

■ **水の分布と循環**　地球表層には約14億km³の水があり、そのうち97%が海水、3%が淡水である。地球表層の水のうち2%が氷床や氷河のような固体であり、その90%を南極の氷床が占めている。私たちの生活に必要な河川と湖の水は、それぞれ0.0001%と0.01%にすぎない。大気中に水蒸気として含まれる水は0.001%であり、河川水の総量の10倍の水が大気中には含まれている。実は地球の質量の5%は水であると推定されており、造岩鉱物や粘土鉱物にもH_2OやOH^-として水が含まれている。

地球表層の水は、固体、液体、気体の三相に状態を変えながら循環しており、その循環の速度と存在量は、気候システムや海洋の循環に大きな影響を与える。各相の間の循環速度は、平均滞留時間（系の中のその成分の全量を、流出あるいは流入速度で割った値）として示される。海水の平均滞留時間は3750年、氷河や氷床の平均滞留時間は1.5万年であり、大気中の水蒸気は10日である。これはすなわち、大気中に戻った水蒸気は10日間大気に滞留したのち、ふたたび降水となって地上や海洋に戻ることを意味している。一方海水中には、主要な7種類のイオンが含まれており、そのうちNaイオンが31%、Clイオンが54%を占めている。前者の海水中の平均滞留時間は7800万年、後者のそれは1億3100万年である。これはすなわち、海水は約1億年ごとに蒸発・乾固することを意味している。

■ **海水と陸水**　海水と陸水の組成を比べると、陸水はカルシウムや重炭酸イオンなどに富む。また海水中にはほとんど含まれない溶存シリカが陸水には含まれている。これらの陽イオンは石灰岩や造岩ケイ酸塩鉱物が、CO_2が溶け込んだ弱酸性の降水によって溶脱された結果である。

海水中には酸素とCO_2が溶け込んでいる。前者の大部分は水深200 mまでの透光帯で植物プランクトンの光合成によって作られたものである。しかしそれ以深では、微小な有機物の分解のため酸素は消費され、一般には水深800〜1000 mに溶存酸素極小層が存在する。一方、溶存CO_2は光合成のために消費されるので、透光帯では低い値を示す。しかし深度が増すと、水圧が増え水温が低下するので、溶存CO_2量は増加する。

■ **海洋の構造と循環**　海水は温度と塩分濃度に従い密度成層しており、表層、躍層、深層に三分される。表層は海水が充分に混合しているので、水温と塩分濃度がほぼ一定である。水温は表面がもっとも高いので、一般にもっとも軽い。ただし蒸発量が降水量を上回る亜熱帯地域では塩分濃度が高く、密度が大きい。一方、周囲を大陸に囲まれ、河川から大量の淡水が供給される北極海では塩分濃度が低く、28〜32‰となっている。躍層では水深の増加とともに水温は低下するので、密度は急激に増加する。ところが水深1000 m以下の深層水の水温は、−1℃から3℃の間で変動し、その結果、海水全体の平均水温は3.9℃となっている。

海洋の循環システムは2つに分かれている。1つは海流による表層水の循環であり、もう1つは深層水の循環である。表層水の駆動力は大気の流れ、風であり、深層水の駆動力は海水の密度差である。

海流は低〜中緯度では貿易風と偏西風に従い、北半球では時計回り、南半球では反時計回りに流れている。太平洋では貿易風によって駆動された北赤道海流がアジア大陸にぶつかり黒潮となって北上し、高緯度地方で冷却されカリフォルニア海流となって北米西岸を南下している。フィリピンの東方沖合では、北上する黒潮により常時暖水が集積し西太平洋暖水塊を形成し、台風の発生場所となっている。

深層水で形成された冷たく高塩分の海水が、アイスランドの南方海域で沈み込むことからはじまる。大西洋の海洋底を南下した深層水（北大西洋深層水）は、

南極起源の深層水と合流しインド洋と太平洋の海洋底を北上し、最後にアラビア半島沖と北東太平洋で湧き上り（**湧昇**とよばれる），表層水となる。深層水の流速は遅く，北大西洋で沈み込んで湧き上るまでに要する時間は1500〜2000年である。

4　CO_2 の循環

■**CO_2 の貯留槽**　地球表層の CO_2 は5つの異なるリザーバー（貯留槽）に蓄えられており，それらの間を循環している（図2.2.1）。

①最大のリザーバーは石灰岩のような炭酸塩岩であり，炭素に換算して2000万 Gt（ギガトン）貯留されている。初期地球の大気中に含まれていた大量の CO_2 は，水に溶解しイオンとなり，岩石から化学的風化により溶脱された陽イオンと結合し炭酸塩となり，大気から除去された。その結果，地球は金星のような灼熱の惑星にならずに済んだのである。

②2番目のリザーバーは海水である（2.6節参照）。重炭酸イオンや炭酸水素イオンなどの形で3.9万 Gt 貯留されている。

③3番目は石油や石炭のような化石燃料であり，1.2万 Gt が貯留されている。化石燃料を燃やすことにより，毎年5.5 Gt が大気中に放出されている。

④4番目は陸上バイオマス（大部分は森林）であり，2190 Gt が貯留されている。

⑤5番目は大気であり，750 Gt 貯留されている。化石燃料の燃焼により毎年3.2 Gt ずつ増加している。

なお CO_2 の大気中の平均滞留時間は4年，重炭酸イオンの海水中での滞留時間は9万年である。

■**CO_2 の循環とプレートテクトニクス**　CO_2 は，地球表層の5つのリザーバーをどのように循環しているのであろうか。プレートテクトニクスの観点から，その循環システム（図2.2.2）は次のように説明されている。

まず最初に，CO_2 は中央海嶺や沈み込み帯の火山から火山ガスとして大気中に放出される。大気中の CO_2 は降水の中に溶け込み，岩石を風化させながら河川によって海に運ばれる。一方，岩石から溶脱したカルシウムイオンも河川によって海に運ばれ，重炭酸イオンと結合して石灰岩として堆積する。海溝まで運ばれた石灰岩は，大陸下に沈み込み地下深所で融解してマグマ中に溶け込み，解離して火山ガスとなってふたたび大気中に戻る。このように CO_2 は長い地質時代を通して，固体地球と大気・海洋および生物圏を循環しているのである。

もし火山活動が活発化し，大気中の CO_2 が増加すると地球は温暖化し，降水量が増える。その結果，化学的風化作用が活発になり，陸地から溶け出すカルシウムの量が増加し，海中に増加した重炭酸イオンと結合し，CO_2 を除去し，寒冷化を促進する方向に働く。このようにして地球は極端な温暖化が進むのを止めてきたのである。ただし，この自然のプロセスでは，現在の化石燃料の燃焼に基づく温暖化を短期間に食い止めることはできない。それは，最近50年の大気中の CO_2 の増加が，地球史に例を見ないほど加速度的だからである（2.5節参照）。

〔酒井治孝〕

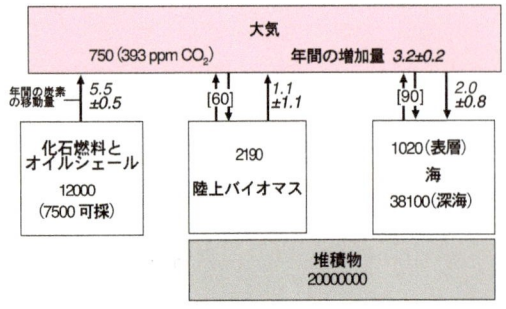

図2.2.1　地球全体での炭素の循環
数字は炭素の量（単位：Gt）。斜体数字は人間活動による移動量。[ ] の数字は自然の移動量（酒井，2013；IPCC，1994を改変）。

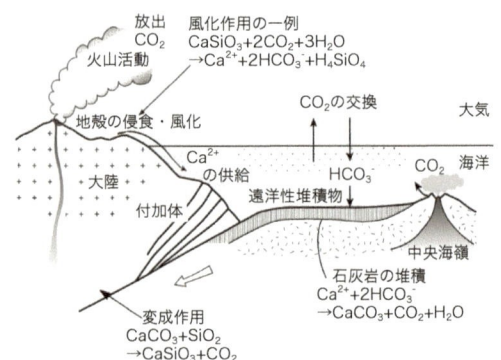

図2.2.2　CO_2 の循環と火山活動，風化・堆積作用との関係
$CaSiO_3$ はカルシウムケイ酸塩でケイ灰石とよばれている（酒井，2003より転載）。

2.3
地球環境の変遷史
過去の地球環境

1 過去は現在と未来を解く鍵

現在の地球とその環境は，過去46億年の地球と生物の進化によって創られた。

現在の地球環境の成り立ちを理解して，近未来の地球環境の保全を考えるとき，過去の地球環境がどのように変動してきたのかを知ることは重要である。実は地球は，長い地質時代の中で，人間の営為による環境変動よりもっと大規模な変動を自然の摂理の中で経験してきたことが知られている。そして地球環境は，固体地球の進化と大気・海洋の進化，および生物の進化が相互に作用しながら形成され，変遷してきたことが知られている。

たとえば最近の1億年については，前半の5000万年は温暖であり温室地球とよばれている。この時代にはプレートの拡大速度が速く，中央海嶺とホットスポット，沈み込み帯での火山活動が活発で，その結果，火山ガスに由来する温室効果ガスが増加したことが地球温暖化の原因だと考えられている。地球温暖化の結果，光合成による植物の生産性は向上し，巨大な恐竜の生存を可能にした。一方，閉鎖的な海には大量の有機物が堆積し，現在の巨大油田の根源物質となった。

一方5000～4500万年前に地球は大変温暖になり，北緯80度付近まで落葉広葉樹林やメタセコイア林が広がり，気温は現在より20℃ほど高かった。しかし，それ以降地球全体の気候は寒冷化に向かい，約3400万年前には急激な寒冷化が進んだ。さらに第四紀とよばれる約260万年以降，地球は氷期と間氷期が繰り返すようになったことが知られている。約2万年前には最終氷期の極大期を迎え，大陸氷床が北米大陸とヨーロッパの半分を覆っていたが，約1万年前以降気候は温暖化し，約6000年前の縄文時代には日本列島周辺の海水温度は現在より約2℃高く，海水面は約2m高かったことがわかっている。このように長い地質時代の間で，地球の気候と環境は激しく変動してきたのである。

19世紀の地質学の祖，ジェームズ・ハットンは，「現在は過去を解く鍵である」と説いたが，「過去は現在と未来を解く鍵」でもある。ここでは，このような視点で，地球環境がどのように変動し，進化してきたのかを概説する。

2 固体地球の歴史

■ **地球の誕生と熱エネルギー** 太陽系の惑星は約46億年前，宇宙空間の塵やガスが集積して形成された微惑星に起源をもつ。初期地球は，その重力エネルギーに引き寄せられた微惑星が，衝突・合体を繰り返すことによって成長し，膨大な熱エネルギーを蓄えた。その熱エネルギーは徐々に減少してはいるが，いまだに火山噴火を引き起こし，プレートを動かす原動力となっている。地球の中心部の温度は5000～6000℃と高温であるにもかかわらず，地球表層の平均温度は15℃に保たれている。

地球中心部と表層のこの温度差を解消するように，地球深部から表層へと熱が運搬され，マントルは対流している。マントルはおもに岩石からなる固体であるが，高温・高圧の状態下では流動しているのである。地球中心部から表層へ運搬されている熱エネルギーの量は，平均すると1 m^2 あたり60～70 MW（メガワット）となり，1年間に地球全体では 10^{21} Jの熱が放出されている。地球深部から熱が放出されている結果，地球表層の温度は100 mにつき1～10℃の割合で上昇することが知られており，これを地温勾配とよんでいる。

■ **超大陸の形成と分裂** 地球上から発見された最古の片麻岩は，約40億年の年齢をもつ。世界の各地から40～35億年の年齢を示す片麻岩が報告されているので，40億年前以降，花こう岩質の小大陸が多数形成され，それらが衝突・合体を繰り返し大陸地殻が成長したものと考えられている。同じ時代の海洋地殻を構成した枕状玄武岩も発見されており，この当時すでにプレートテクトニクスは存在したことを示す。ただし海洋地殻の中にはコマチアイトとよばれる融点の高い，上部マントルと同じ組成の火山岩が知られており，当時のプレートは高温で，現在より高速で運動していたものと考えられている。

大陸が衝突・合体を繰り返した結果，25億年前には**超大陸**が誕生した。この超大陸は，その後4～5億

年ほどの周期で分裂と衝突・合体を繰り返し，現在に至っている。ちなみにペルム紀から三畳紀にかけて存在した超大陸パンゲアでは，約2.6億年前にスーパープルームが上昇し，2.3億年前には分裂がはじまり，約1億年前に分裂は最盛期に達した。しかし，新生代になるとプレートの拡大速度は減衰し，約5000万年前にはインド亜大陸とアジア大陸，アフリカ大陸とヨーロッパ大陸が衝突・合体をはじめた。

3 水圏・気圏の歴史

■**マグマオーシャンと二次原始大気**　太陽系の天体の母体となった原始太陽系星雲ガスと同じ組成の大気が，初期地球に存在していたと仮定して，それを**一次原始大気**という。その大気は水素とヘリウムが主成分であったと考えられており，その組成は現在の大気組成とは著しく異なる。

地球創生期には，地球の引力圏に突入し衝突する微惑星が多く，爆撃の時代ともよばれている。無数の微惑星の衝突の結果，地球表層の岩石は高温になり，すべて溶融した状態にあったと考えられている。この状態を**マグマオーシャン**とよんでいる。この概念は，無数の隕石孔に覆われた月の研究からもたらされた。月では約38億年前まで微惑星や隕石の衝突が続き，月の表面全体が厚いマグマによって覆われたことが判明している。さらに月では，玄武岩質のマグマオーシャンが冷却する過程で結晶分化作用が起こり，地球の花こう岩質地殻に相当する斜長岩質の月の陸地が形成された。これと同様なプロセスを経て，地球では花こう岩質の大陸地殻が形成されたものと考えられている。ただし，月は質量が小さかったため，マグマから解離した軽い気体分子を引力圏内に留めておくことができなかった。しかし，地球は揮発性の気体分子を地球の引力圏内に留めておくだけ充分な質量をもっていたので，その分子は地球の大気となった。その大気を**二次原始大気**とよぶ。現在の大気組成は，二次原始大気の組成とは大きく異なっている。それは地球の進化の過程で，火山活動や生物の働きによって大気組成が変化したことを示している。

■**海水の起源と進化**　マグマオーシャン状態の地球が冷却して大気が生まれ，その中の水蒸気が液体となり，海水が生まれた。その当時の大気圧は30気圧で，大気組成の97%がCO_2であったと推定されている。また原始海水中には塩酸が溶け込んでいたと推定されている。したがって酸性の海水と岩石が反応してカルシウムやナトリウムイオンを溶脱することによって，海水はしだいに中和されて行った。海水が中性になると，大気中に多量に含まれていたCO_2は海水に溶け込み，カルシウムイオンやマグネシウムイオンと結合し，炭酸カルシウムや炭酸マグネシウムすなわち石灰岩やドロマイトを大量に沈殿させた。さらに生物が出現すると，その炭酸塩質の殻や有機体としてCO_2は固定された。その結果，現在の組成をもつ海水が誕生した。現在の海水中の陽イオンの起源は，岩石をつくる鉱物からの溶脱に，陰イオンの起源は火山や温泉から放出された揮発性ガスに求められる。

■**嫌気的大気から酸化的大気へ**　二次大気も原始海洋も嫌気的で，現在の大気のように遊離した酸素分子は含まれていなかった。では大気組成の21%を占める遊離した酸素分子はどのようにして生まれ，増加してきたのだろうか？

大気中の酸素の大部分は，藍藻(シアノバクテリア)の光合成によって生み出されたものであり，その誕生は35億年前に遡る(図2.3.1)。藍藻は光が届く浅い海に生息しており，藍藻類が化石化したものが**ストロマトライト**である。大型の生物が出現する以前の先カンブリア時代の地層の中には，ストロマトライト質石灰岩，あるいはドロマイトからなる地層が多数挟まれており，その延長は数千kmに及ぶものもある。この莫大な量のストロマトライトこそ，酸素が藍藻によって生み出された証拠なのである。

海水の中に少しずつ蓄積された酸素により，海洋は次第に酸化的になっていき，約24億年前から18億年前にかけて「大酸化イベント」が発生した。それは地球上で一斉に起きた縞状鉄鉱層の堆積として記録されている。海水中に増加した酸素が，水溶性の2価の鉄イオンを酸化し，難溶性の3価の鉄に変え鉄鉱層として沈殿させたのである。それは現在，世界中の製鉄の原料となっている。その後，光合成で生産された酸素は大気中に広がり，陸成の酸化鉄の被膜で覆われた砂粒からなる赤色砂岩層が堆積するようになった。

■**温室地球と氷室地球**　地球上に多様な機能をもつ大型の多細胞生物が誕生し，進化しはじめた5.42億年前のカンブリア紀から現在までの地質時代を顕生代という。顕生代の地球環境を概観すると，地球は温暖期と寒冷期を少なくとも2回繰り返していることがわかる(図2.3.2)。温暖な時期の地球は**温室地球**(Greenhouse Earth)，寒冷な時期の地球は**氷室地球**

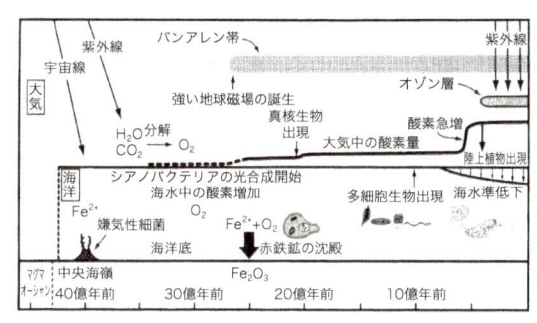

図2.3.1 地球の表層環境の変化と生命の進化（磯崎・山岸，1998；酒井，2003より転載）

(Icehouse Earth) とよばれている。温暖期は5.42億年前から3.6億年前と2.3億年前から5000万年前，一方寒冷期は3.6億年前から2.3億年前と5000万年前以降である。これらに加え約4.5億年前のオルドビス紀後期にも寒冷な時期があったことが知られている。3回の寒冷な時期には共通してCO_2濃度と海水準がともに低く，大陸氷床が存在していた。さらに温暖な時代には大気中のCO_2濃度が高く，海水準が上昇していた。

このように大陸氷床が存在した時代に地球が寒冷であったことは，顕生代以前の先カンブリア時代も同様であり，ことに7～6億年前には赤道近くまで氷床に

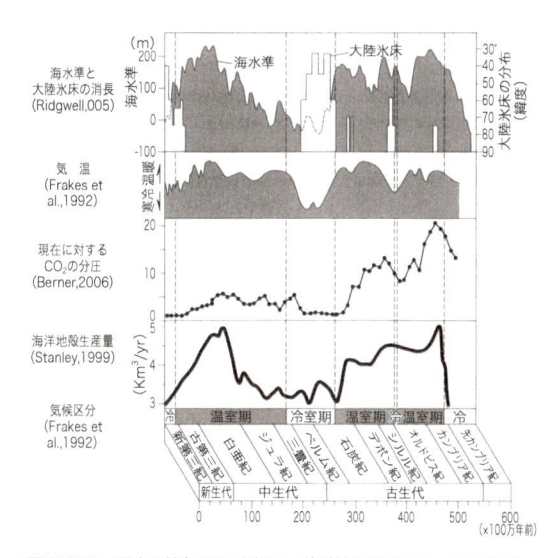

図2.3.2 過去6億年間の古気候，海洋地殻生産量，CO_2濃度，気温，海水準，氷床量の変遷（沢田ほか編，2008；Takashima et al., 2006を改変）

覆われ，地球全体が凍結（全球凍結）していたことがわかっている。このような時期の地球はスノーボールアース（雪玉地球：2.5節参照）とよばれている。

このような地球全体の気候変動とテクトニクスとの相互関係についてはコラムにて概説する。

column テクトニクスと気候変動

数百万年から1億年という長い地質学的時間の中で起こるテクトニクスの変動によって，地球規模で気候が変化することが知られている。以下に4つの主要なテクトニクスと気候変動の関係を紹介する。

(1) 海洋底の拡大速度（海洋地殻の生産速度）
中央海嶺での海洋地殻の生産速度，すなわちプレートの拡大速度と気候変動は相互にリンクしていることがわかっている。海洋地殻の生産活動が活発になると放出される火山ガスが増加する。またプレートの拡大速度が速くなると，大陸縁辺への沈み込みの速度も速くなり，その結果，島弧や陸弧での火山活動も活発になり，大量の火山ガスが放出される。火山ガスの中には水蒸気やCO_2のような温室効果ガスが含まれており，その増加は温室効果による気温の上昇をもたらす。

その代表例は中生代の白亜紀中～後期である。約1億年前，海洋地殻の生産速度は現在より3倍以上速く，その結果，大気中のCO_2濃度は1000 ppm以上になり，地球全体の温暖化をもたらし，深海の温度は現在より約13℃高かったことが知られている。また白亜紀には大陸氷床がなく，海水準は現在より100～200 m高かった。

一方，超大陸パンゲアが形成されはじめた約3億年前，中央海嶺の総延長は短くなり，海洋地殻の生産速度は低下し，その結果火山ガスの放出量が減少し，ゴンドワナ氷床が形成され，地球全体の気候は寒冷であった。このように大陸の分裂と合体という固体地球のテクトニクスは，長い地質時代での地球規模の気候変動をコントロールしているのである。

(2) 大陸の位置と氷床発達
大陸が極の位置に分布していた時代には，大陸氷床が発達し，地球が寒冷化した。岩石でできた大陸は，海水に比べ熱容量は約5分の1であり，極の位置に大陸が分布していると岩石は著しく冷却され，その上空には高気圧が常時形成されることになる。そこに降雪が続くと氷河が形成され，ついには数千mの厚さの氷床となる。大陸の周辺には海氷原が形成され，冷却され重くなった海水は沈降し，深層水となり世界中の海洋を循環して冷却する。また大陸が極点近くに孤立すると，大陸のまわりには冷たい周極環流が形成され，赤道で暖められた海流との熱交換がされなくなる。このようなプロセスを経て，大陸氷床は拡大していったのである。

その代表例が，南極大陸のオーストラリアからの分裂・分離に伴う，南極大陸の南下と南極氷床の発達，そしてドレーク海峡とタスマン海路の形成に伴う周南極環流の形成と5000万年前以降の地球の寒冷化である。深海底から得られた有孔虫の殻の酸素同位体の研究により，

約3400万年前地球は急激に寒冷化し，深海の水温は5℃あまり低下したことが知られている。これは世界中の陸上の植物化石にも記録されており，北米では12℃気温が低下したことがわかっている。この事件は4000万年前以降，南極氷床が拡大した結果引き起こされたものである。このような長い地質学的プロセスを経て，地球は寒冷化の一途をたどり，第四紀の氷河期を迎えたのである。

（3）海峡の閉鎖と地峡の開口

ヨーロッパとアフリカの間のジブラルタル海峡や，南北アメリカ大陸をつなぐパナマ地峡の形成も，実は大陸スケールあるいは地球規模で気候や環境に大きな影響を与えている（図2.3.3）。たとえばジブラルタル海峡が約550万年前に閉じたことによって地中海は干上がり，それまで生息していた海洋生物は絶滅したことが知られている。現在地中海に生息している海洋生物はすべて，ジブラルタル海峡がふたたび開き大西洋の海水が流入することで運び込まれた，大西洋に起源をもつ種である。

パナマ地峡は約300万年前に形成されたが，それによって赤道太平洋海域の海水と大西洋の海水と海洋生物が混じりあうことができなくなった。また，亜熱帯気候下にある閉じた形のカリブ海では，表面海水温度と塩分濃度が高くなり，メキシコ湾流が形成された。それによって暖かい水蒸気が北西ヨーロッパにもたらされ西岸海洋性気候が成立し，グリーンランド氷床が誕生した。またパナマ地峡の完成により，哺乳類の大移動が起こり，北米から南米へ象や馬が，南米から北米へアルマジロやオポッサムなどが移動した。

（4）山脈の上昇とモンスーン気候の成立

チベット高原とヒマラヤ山脈が上昇した結果，アジア大陸の気候システムの中核をなすモンスーン気候が誕生したことはよく知られている。ではヒマラヤ・チベット山塊の上昇がモンスーン気候を生み出した仕掛けは，どうなっているのだろうか。

モンスーンというと降雨というイメージがあるが，実は**モンスーン**とは季節ごとに風向が180度反対になる風のシステム（風系）をいう。東アジアに位置する日本では，夏に南東のモンスーン，冬に北西のモンスーンが吹く。一方南アジアに位置するインドでは，夏には南西のモンスーンが，冬には北東のモンスーンが吹く。日本列島の南には太平洋が，インドでは南にインド洋が在って，大気が海上を吹き渡る際に水蒸気を大量に含み，降雨をもたらすのである。ではなぜ，季節ごとに風向が変化するのだろうか。それはヒマラヤ・チベット山塊が夏には熱源となり，その上空に低気圧を発生させ，冬には冷源となってその上空に高気圧を発生させるからである。

夏にはヒマラヤ・チベット山塊の上空の低気圧に向かって，北太平洋あるいはインド洋から南風が吹く。冬には山塊上空の高気圧から太平洋やインド洋上の低気圧に向かって，北風が吹き出す。それに地球が自転していることによる転向力が働き，北西あるいは北東の風が吹くのである。

インドモンスーンという気候システムが誕生したのは，約1千万年前であり，それが現在のモンスーンのように強化されたのは，約800万年前であったことが各種の地質学的証拠から指摘されている。それはつまり，その頃までにはヒマラヤ山脈は，モンスーンを発生させるに足る標高に達していたことを示唆している。インド亜大陸がアジア大陸に衝突したのは，約5000万年前であり，3500万年にわたる造山運動の結果，世界の屋根ヒマラヤが誕生し，衝突から4000万年を経てモンスーン気候が誕生したのである。

このように数百万年〜1億年という長い地質学的時間の中で，固体地球のテクトニクスと大気・海洋のシステムは相互に関係し合って，地球規模の気候・環境は変動してきたのである。

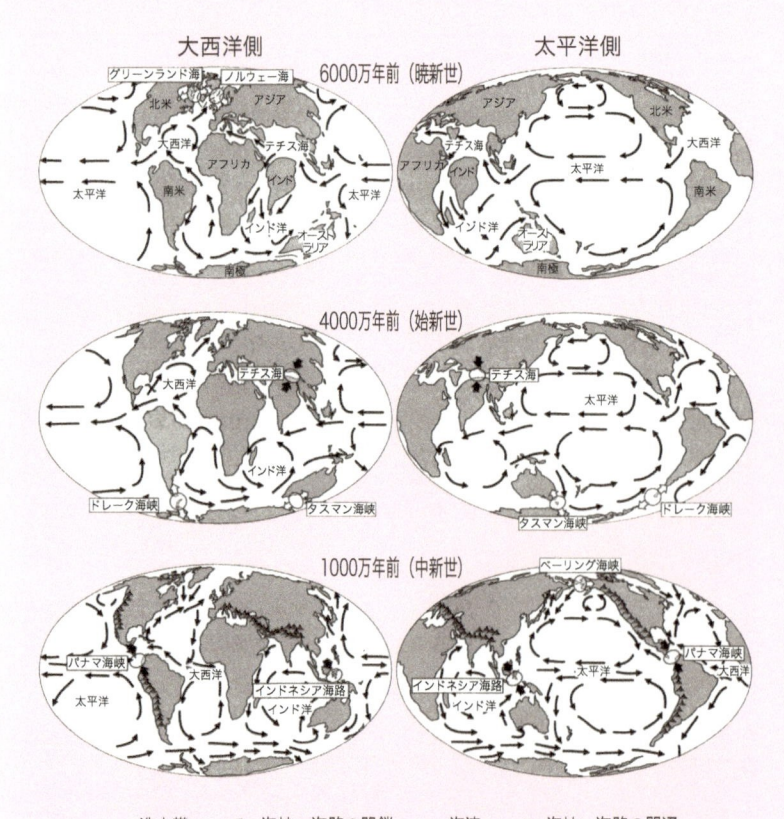

図2.3.3 6000万年前，4000万年前，1000万年前の海陸分布の変化と海峡・地峡の形成に伴う海洋循環の変化（沢田ほか編，2008；Lawyer et al., 2003；Andel, 1985を参考に作成）

4　地球の軌道要素の変動と氷期・間氷期

地球の気候と環境は，10〜1万年という比較的短い時間の中でも周期的に変動してきたことがわかっている。その変動は第四紀の氷期・間氷期にもっともよく記録されており，地球の軌道要素の変化によって引き起こされていることがわかっている。その周期的変動は，原因を最初に突き止めたユーゴスラビアの研究者，ミランコヴィッチの名前にちなみ，**ミランコヴィッチサイクル**とよばれている。

■**第四紀の寒冷化と氷期・間氷期**　地質時代区分の最後の時代は，**第四紀**とよばれている。第四紀は259万年から現在までの時代であり，グリーンランドの北半球氷床が拡大した時期と重なっている。その前の鮮新世という時代は，世界的に比較的温暖な気候であったが，第四紀に入ると温暖な時期と寒冷な時期が周期的に繰り返すようになった。それは，深海底のコアに含まれる浮遊性・底生有孔虫の石灰質な殻の酸素の同位体比変動の記録から詳細にわかっている（図2.3.4）。寒冷化すると大陸氷床に軽い酸素原子（^{16}O）をもつ雪氷が蓄積し，海水の酸素同位体比は重くなる（プラスの値をとる）が，温暖化すると大陸氷床が融解し軽い酸素が海水中に戻るので，同位体比は軽くなる（マイナスの値）。この変動の振幅は若い時代ほど大きくなっている。また酸素同位体比曲線は，ノコギリの刃のように非対称的な形を呈し，それはゆっくりと寒冷化が進み氷床の体積が増加する一方，急激に温暖化が進み，氷床の体積が減少したことを示す。約90万年前からは，ほぼ10万年周期で氷期と間氷期が繰り返すようになったことが知られている。

最終氷期の極大期は約2万年前で，北米の北半分と北西ヨーロッパの北半分が大陸氷床に覆われ，海水準は約120m低下した。日本列島では，大阪湾や東京湾，瀬戸内海が陸化し，河川による侵食と堆積の場となった。しかし1.5万年前以降退氷期に入り，1万年前までには多くの氷床は現在のサイズにまで縮小あるいは消滅した。その後は温暖期（亜間氷期）となり，約6000年前にもっとも温暖な時期を迎えた。日本近海の水温は約2℃上昇し，海水準は約2m上昇（縄文海進）した結果，海岸線は湾の奥まで後退した。

■**公転軌道と離心率**　このような最近の氷期・間氷期の変動周期は，地球の公転軌道の離心率（円軌道からどのくらいはずれた楕円軌道になっているかを示す割合）の変動周期である10万年と同期しているようだ。つまり円軌道で離心率が0%だと太陽からの距離が一定であるが，楕円軌道だと太陽からの距離が遠くなり，地球が太陽から受ける太陽放射の量が減少し寒冷化するはずである。現在，地球の公転軌道の離心率は約1.7%であり，長半径は短半径より480万km長くなっている。

■**自転軸の傾きと歳差運動**　自転軸の傾きの角度は平均23.5度であるが，±1.5度変化し，その周期は4万1000年である（図2.3.5）。傾斜が大きくなると高緯度地方の日射量は大きくなるが，小さくなると日射量は減少する。

また自転軸は太陽と月の引力の影響で約2万5700年の周期でコマの軸の回転のように歳差運動をしている。この2つの運動の周期が合成され，実際には約2万2000年の周期で夏至点と冬至点，および春分点と秋分点の位置が公転軌道上を移動する。現在，夏至点

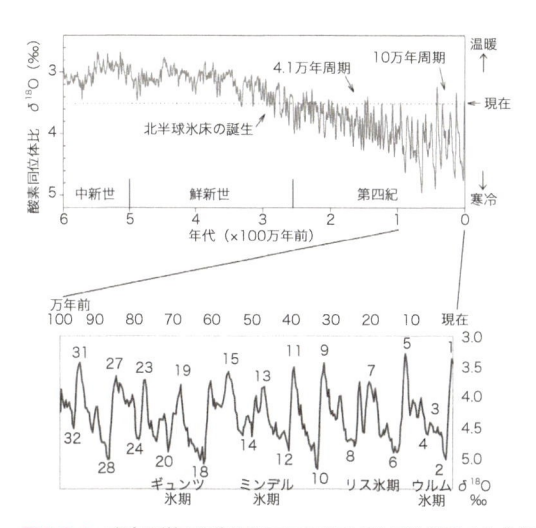

図2.3.4　東太平洋の深海掘削コアに含まれた底生有孔虫から得られた，過去600万年間の酸素同位体比変動曲線（上）と過去100万年間の変動（下）（IODP, 2001）

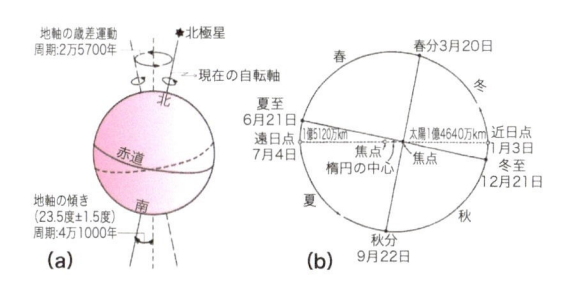

図2.3.5　(a) 地軸の歳差運動と傾きの変化，(b) 地球の公転軌道の分点・至点・近日点・遠日点の位置と日付（Imbrie and Imbrie, 1979；酒井, 2003）

と遠日点は近い距離にあり，冬至点と近日点が近い距離にある。しかし，1万1000年前には両者は逆の位置にあり，夏至点と近日点が近接し，冬至点と遠日点が近接していた。それはつまり夏には現在より暑さが厳しく，冬には寒さが厳しかったことを意味している。

このような変動記録は，地質時代のどの時期にも残っていそうであるが，実際には氷期・間氷期の繰り返しが明瞭であった第四紀の地層や，ゴンドワナ氷床が存在した石炭紀の地層にだけ明瞭に記録されている。

5　地球と生物の共進化

生物は分子遺伝学の観点から，バクテリアのような真正細菌とメタン生成菌のような古細菌，および真核生物に三分される。前二者は一般に，酸素のない高温環境で生息し，単細胞で細胞核をもたない原核生物である。遺伝情報は1本のDNAに記録されているが，核膜で覆われておらず，DNAを分解してしまう紫外線にさらされている。一方，真核生物は酸化的環境で生息し，複数本のDNAは核膜で覆われ，紫外線や他の外界からの刺激に対し保護されている。動物や植物，原生生物や菌類は真核生物に分類され，前二者は多細胞生物であるが，原生生物や菌類の多くは単細胞生物である。

多細胞の真核生物である動物と植物の進化には，地球史における大気中の酸素濃度の変化とオゾン層による有害な紫外線の吸収が決定的な制約条件を与えている。この2つの視点から，地球と生物の共進化と大量絶滅について考えてみよう。

■ **大気中の酸素濃度の変遷と生物の進化**　地球が誕生した46億年前からシアノバクテリアが出現し光合成によって酸素を生産しはじめる35億年前までの期間，大気は嫌気的であった。25億年前に超大陸が形成されたことにより，その縁辺の浅い海の面積が増え，ストロマトライトが増大した。その結果，海水中の溶存酸素が増加し，25〜18億年前には鉄イオンが酸化され，縞状鉄鉱層が沈殿した。また23億年より新しい古土壌には，酸化鉄の痕跡が認められ，それは大気が酸化的になりはじめた証拠である。最初の真核生物グリパニアは約21億年前の海成層から発見されている。この時期には大気の酸素濃度は現在の100分の1に達していたと推定されている。この濃度は**パスツール点**とよばれ，生物が効率のよい呼吸によるエネルギー生産をはじめるのに必要な濃度と考えられている。

7〜6億年前の「全球凍結」直後の温暖期に，エディアカラ生物群とよばれる多細胞生物の化石が世界中の20カ所以上の浅海堆積物から報告されている。最大1mに達する大型の生物群であるが，堅い殻をもっておらず，形態のもつ機能が説明できないものが多い。水深5〜10mより深い海底，あるいは堆積物中に生活していた底生生物とみなされている。当時の大気中の酸素濃度は，現在の10％に達していたと推定されているが，有害な紫外線を防ぐオゾン層はまだ形成されていなかったと考えられている。

カンブリア紀の初期，5.3〜5.2億年前には，バージェス頁岩動物群やチェンジャン（澄江）化石生物群に代表される多様かつ大型の無脊椎動物群が出現した。また石灰質の殻や外骨格・内骨格をもつ生物群が現れた。したがって，海水中の溶存酸素量は増加したものと思われている。

その後，オルドビス紀〜シルル紀（約5〜4億年前）には陸上植物が出現し，デボン紀には森林を形成していたことが知られている。デボン紀末期には，陸上生活できる原始的両生類が出現した。したがってこの時代には，オゾン層が形成されはじめていた。次の石炭紀（約3.5〜3億年前）には大森林が形成され，酸素濃度は35％に達し，爬虫類が出現した。したがって，この時代には現在のようなオゾン層が形成されていたものと考えられている。

■ **史上最大の絶滅と生物界の再編**　約2.5億年前，古生代末のペルム紀と中生代初めの三畳紀の境界（ペルム紀と三畳紀の頭文字をとって，P-T境界とよばれている）では，それまで生息していた海生生物のすべての属の83％が絶滅するという進化史上最大の絶滅が起こった。古生代に多様な進化を遂げた三葉虫やフズリナ，四射サンゴなどが，200〜300万年の間に絶滅した他，陸上動物や植物の多くが絶滅し，中生代型の動植物に進化した。また絶滅後，海生生物は全般的に小型化し，石炭層やサンゴ礁は数百万年間形成されなかった。海生生物の属の数が，ペルム紀末期の総数に回復したのは，約9000万年後であった。

この大量絶滅に伴い，海洋では無酸素〜酸素欠乏状態が約1000万年にわたって続き，有機物の分解が進まず黒色泥岩が堆積した。大気中の酸素濃度はペルム紀には非常に高かったが，P-T境界で急激に減少したことが知られている。一方，CO_2は急増し，急激な地球温暖化が起こったことがわかっている。

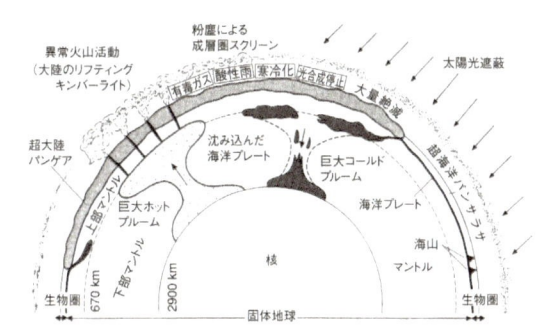

図2.3.6 巨大ホットプルームの上昇に伴う洪水玄武岩の活動により，P－T境界の大量絶滅が起こったという「プルームの冬」仮説の模式図（磯崎，1997；酒井，2003より転載）

　このような大気・海洋，および生物界の大事件の原因として考えられているのが，スーパープルームの上昇による大規模洪水玄武岩の噴出である（図2.3.6）。約2.6億年前からパンゲア超大陸の各地で巨大な洪水玄武岩が噴出したことが知られているが，その活動により温室効果ガスが大気中に大量にもたらされ，地球温暖化が起こり，さらにゴンドワナ氷期に凍結したメタンガスが放出され，極端な温暖化が発生した。地球全体の温度は約6℃上昇したと推定されている。それと同時に火山ガスが溶け込んだ酸性雨により植物が枯死し，光合成が行われなくなった。その結果，酸素濃度が著しく下がり，海洋・陸上ともに酸素濃度が急激に低くなり，大量絶滅を引き起こしたというシナリオが提唱されている。

　スーパープルームの上昇の引き金になったのは，超大陸パンゲアの下に沈み込み停滞していたメガリスが，コア・マントル境界に落下し，その反流として発生したマントル内の上昇流であったと考えられている。このスーパープルームの上昇により，超大陸パンゲアは分裂し，諸大陸の移動がはじまった。このように大量絶滅と大気・海洋の環境激変は，固体地球のテクトニックなイベントと深く関連しているのである。

【酒井治孝】

■参考文献

磯崎行雄（1997）：分裂する超大陸と生物大量絶滅。科学，**67**（7），543-549。
磯崎行雄・山岸明彦（1998）：初期生命の実像－野外地質学と分子生物学からのアプローチ。科学，**68**（10），821-828。
沢田　健ほか編著（2008）：地球の変動と生物進化，北海道大学出版会。
Imbrie, J. and Imbrie, K. P. (1979): *Ice Ages: Solving the Mystery*, Enslow Publishers. [J. インブリー・K. P. インブリー（小泉　格訳）：氷河時代の謎を解く，岩波書店，1982]
IODP (2001): *Earth, Oceans and Life*, International Working Group Support Office.

■推薦図書

J. E. アンドリュース（2012）：地球環境化学入門　改訂版，丸善出版。
W. ブロッカー（2013）：気候変動はなぜ起こるのか（ブルーバックス），講談社。
掛川　武・海保邦夫（2011）：地球と生命－地球環境と生物圏進化，共立出版。
川幡穂高（2011）：地表層環境の進化，東京大学出版会。
北野　康（2006）：化学の目で見る地球の環境　改訂版，裳華房。
熊澤峰夫・丸山茂徳編著（2002）：プルームテクトニクスと全地球史解読，岩波書店。
丸山茂徳・磯崎行雄（1998）：生命と地球の歴史（岩波新書），岩波書店。
大谷栄治・掛川　武（2005）：地球・生命－その起源と進化，共立出版。
酒井治孝（2003）：地球学入門－惑星地球と大気・海洋のシステム，東海大学出版会。
沢田　健ほか編著（2008）：地球の変動と生物進化，北海道大学出版会。
住　明正ほか編著（1998）：気候変動論（岩波講座地球惑星科学11），岩波書店。
田辺英一（2009）：地球環境46億年の大変動史，化学同人。
平　朝彦ほか編著（1998）：地球進化論（岩波講座地球惑星科学13），岩波書店。
東京大学地球惑星システム科学講座編（2004）：進化する地球惑星システム，東京大学出版会。

2.4
宇　宙
人類に残されたフロンティア

1　環境としての宇宙

「環境」が，私たちをとりまいて何らかの影響を及ぼし，また私たちがなんらかの影響を及ぼしうる世界を表す言葉だとすれば，その範囲は宇宙にまで広がらざるをえない（1.1節参照）。環境というキーワードから宇宙を考えるとき，そこには2つの側面を見いだすことができる。1つは，私たちが今住んでいる地球の環境そのものが宇宙に開かれており，宇宙からの影響を絶えず受け続けているということである。2つ目は，人間の活動する場そのものが，宇宙空間および他の天体へと広がりつつあるということである。

2　宇宙に開かれた地球環境

地球外にその起源をもち，地球環境に影響を与えうるものには，太陽からの電磁波，太陽風，宇宙線，小惑星の衝突，月の重力などがある。これらは様々な時間スケールで変動する。その地球環境への影響に関しては，比較的よく理解されているものもそうでないものもあるが，1つずつ見ていきたい。

■**太陽の長期変動**　太陽からの電磁波は地球上のほぼすべての気象現象と生命現象の源である。太陽からは電波からガンマ線まで幅広い波長の電磁波が届くが，エネルギーのほとんどは可視光が担っている。太陽系の年齢は約46億年だが，恒星進化の理論によれば，生まれたばかりの太陽は現在の約70％の明るさしかなく，年齢とともに徐々に明るくなる。初期の太陽がそのように暗かったとすると，地球は液体の水が存在できないくらい寒かったと予想される。これは地質学的な知見に反しており，「**暗い太陽のパラドックス**」とよばれ，今よりも強い温室効果などいくつかの説が提唱されているが，まだ最終的な解決は見ていない。

数十億年の時間スケールで起きる太陽自身の進化とは別に，太陽光から地球が受け取るエネルギー，とくにその緯度分布は，地球の公転軌道や地軸の傾きの変化などによって数万年程度の準周期的に変化し，地球気候に影響を与えているといわれている。これは提唱者の名をとって**ミランコヴィッチサイクル**（2.3節参照）とよばれており，天体の運行という天文学的現象が地球環境に影響を与えている例である。

■**太陽の磁気活動と地球気候**　太陽は地球と同じように磁場をもっている。磁場は黒点や太陽フレアなどの活動現象を引き起こし，地球周辺の宇宙空間やそこを利用する人類の活動に影響を与える。「宇宙天気」とよばれるこれらの短期的影響は後で述べるとして，ここではより長期的な地球気候との関係について述べる。

黒点とは可視光で太陽面に見える黒いシミのようなものだが，その正体は磁場の強い領域である。強い磁場の影響により対流運動が抑えられるため，内部から対流が運ぶエネルギーが小さくなり，温度が周囲より低くなって暗く見える。黒点の数は通常約11年の周期で変動する。図2.4.1に黒点が少ない時期（極小期）と多い時期（極大期）の太陽全面像と，ガリレオ・ガリレイがはじめて望遠鏡で黒点を観測した1609年から現在に至るまでの黒点数の変動を示す。11年周期以外に特徴的なのは，17世紀の数十年間ほとんど黒

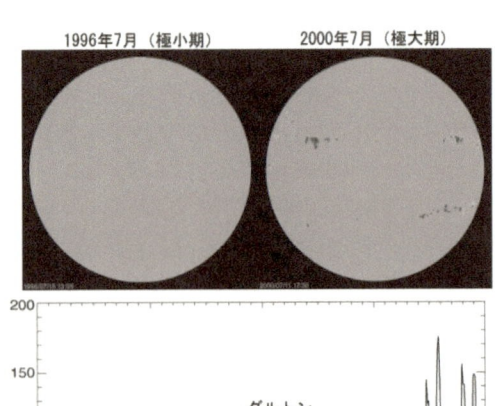

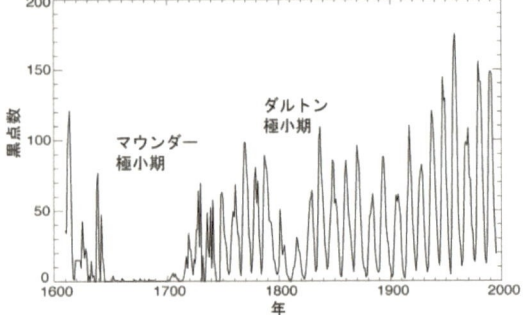

図2.4.1　上：太陽活動極小期（1996年）と極大期（2000年）の太陽全面像（SOHO衛星MDI）
極大期の太陽には黒点周辺に白斑も見えている。下：太陽黒点数の年変化。

点がなかった時期（マウンダー極小期）である。この時期の地球の平均気温は低かったことが知られている。また太陽活動と地球気候のより古い時代の指標も，両者の間に相関があることを示している。

黒点数がどのようなメカニズムでどれほど地球気候に影響を与えるのかについては今も論争がある（多田, 2013）。ここでは提唱されている3つのメカニズムの概要のみ記す。

1つ目は太陽活動に伴う総放射量（太陽が電磁波として放出する全エネルギー）の変動である。黒点があるとその分太陽は暗くなりそうだが，実は黒点が多い時期には**白斑**とよばれる明るい領域（図2.4.1）も多く，トータルで見ると総放射量は大きくなる。ただし極大期と極小期の違いはわずか0.1％ほどで，記録に残っているような気候変動を引き起こすほどではないという見方が有力である。

2つ目は紫外線の変動である。太陽活動に伴う総放射量の変動幅は小さいが，紫外線やX線などの波長が短い電磁波は，総放射量への寄与は無視できるほど小さいものの変動幅は数％以上と大きい。紫外線はオゾン層など高層大気で吸収されるため，高層大気の温度や化学組成は太陽活動の影響を受けて大きく変動する。これが何らかのメカニズムで下層大気へも影響を与えている可能性が指摘されている。

3つ目は太陽活動の変動に伴い地球に降り注ぐ銀河宇宙線の量が変動することである。

■ **宇宙線**　宇宙線とは宇宙空間を飛び交う高エネルギー粒子のことであり，太陽活動に起源をもつものと，よりエネルギーが高く，超新星爆発や銀河系外の超高エネルギー現象に起源をもつもの（銀河宇宙線）がある。銀河宇宙線はつねに地球大気に降り注いでいるが，その量は黒点数と逆相関を示す。宇宙線は電荷を帯びているため磁力線のまわりを回る運動をする性質があり，このため黒点が多く磁場が強いと，銀河宇宙線が太陽系内へ侵入しにくくなる。

地球に降り注ぐ銀河宇宙線は大気と衝突して雲の核となるエアロゾルを作る。したがって黒点が減ると銀河宇宙線が増え，雲が増えて太陽光を反射し，地球が寒冷化するという説を，1997年にデンマークのスベンスマルク（Svensmark）らが提唱して大きな議論をよんだ。太陽系に起源をもつ現象が地球に影響を与えうるメカニズムとして興味深いが，気候に対して実際にどれほど影響を与えるのかはまだよくわかっていない。

■ **小惑星の衝突**　小惑星は太陽系全体に分布しているが，多くは火星軌道と木星軌道の間にある小惑星帯にある。現時点で位置と軌道がわかっているものは30万個以上あり，このうち地球に接近する軌道を持つ地球近傍天体は約1万個ある。直径1 km以上の小惑星が地球に衝突すれば，大規模な地震や津波，そして巻き上げられた塵が長期間にわたって太陽光を遮ることなどにより地球全体の環境に甚大な被害を及ぼす。100 m程度の天体の衝突でも局所的な被害は大きい。

恐竜の絶滅が直径10 km程度の小惑星の衝突によるものであるという説は有名だが，10 kmの大きさの小惑星衝突は1億年に1回，100 mでは1万年に1回程度の頻度で起きると推定される。現時点で100 mを越えるような小惑星の衝突が近い将来に起きる可能性はほとんどないが，継続的な観測は重要である。事前に予測された衝突を回避する技術の基礎研究はいくつかあるが，映画などであるように核爆弾で破壊するのは，コントロールできない大量の破片が地球に飛来するリスクが高く，あまりよい方法ではない。

■ **月**　月と太陽が地球に及ぼす重力は潮の満ち引きを引き起こし，それを通じて地球環境や生命，人間の活動に様々な影響を与えている。地球との重力を介した相互作用により，月は現在のところ年間数cmのペースで地球から遠ざかっている。月までの距離は約38万kmだが，地球と月ができたばかりの頃は今よりずっと近くにあり，したがって潮の満ち引きも今より激しかったはずである。これが生命の進化にどのような影響を与えたかは興味深い問題である。

日食，とくに太陽コロナを見ることのできる皆既日食は，もっとも劇的な天文現象の1つとして人類の精神活動や知的探求心に大きな影響を与えたと想像されるが，これは月と地球の距離が絶妙で月の視直径が太陽とほぼ同じになる時期に人類が誕生したという，不思議な偶然のおかげである。

3　人類活動空間としての宇宙環境

次に人類が直接利用し，活動する場としての宇宙環境を見ていこう。日本語の「宇宙」はこの世界全体（ユニバース）をさすこともあるが，ここでは人間が利用しうる空間，すなわちスペースに限定する。この意味での宇宙の明確な定義はないが，慣例的に地上100 km以上が目安だとされている。

■ **人類は宇宙で何をしているのか**　人類が宇宙空

間へモノを飛ばして地球を周回する軌道に載せたのは，1957年のソ連によるスプートニク1号の打ち上げが最初である。初期の宇宙開発は米ソの軍事競争の側面が大きかった。現在でも安全保障分野は宇宙利用の大きな部分を占める。たとえば衛星による測位システムであるGPSはもともと米国が軍事用に開発したシステムである。

一方で宇宙の民生利用は進んでおり，GPSを使った測位やナビゲーションは広く社会に浸透している。地球観測衛星は偵察目的だけでなく，気象予報，災害監視や農林水産業などにも活用されている。また衛星通信・衛星放送は宇宙利用の中でももっとも商業化が進んでいる分野である。人工衛星による測位，通信・放送，地球観測は，もはや現代文明に必須の社会インフラになったといえるだろう。

天文学用の宇宙望遠鏡や，月・惑星探査機など，純粋に科学的な目的のミッションも数多く行われている。有人宇宙活動としては，米国，ロシア，欧州，日本，カナダの5カ国・地域が参加している国際宇宙ステーション（ISS）があり，常時数名の宇宙飛行士が滞在して科学実験などを行っている。また近年は中国が独自の有人宇宙開発を行っている。将来的な宇宙利用の可能性としては，宇宙観光や弾道飛行による地球上2点間の高速輸送，宇宙空間での太陽光発電，小惑星での資源開発などがある。

なお日本は例外的に非軍事に徹した宇宙開発利用を行ってきたが，2008年の宇宙基本法制定により，安全保障利用もすることになった。20世紀の宇宙開発はおもに先進国が国家プロジェクトとして行うものであったが，新興国や民間企業が急進するなど，宇宙開発利用を取り巻く社会状況は大きく変わりつつある（鈴木, 2011）。

■ **地球周回軌道**　現時点で人類が利用している宇宙空間とは，おもに地球のまわりを回る軌道である。このうち高度1400 kmまでは**地球低軌道**とよばれ，ISSや地球観測衛星の多くが用いている。ISSの宇宙飛行士が無重力状態になるのは地球から遠いためではなく，地球の重力と回転の遠心力が釣り合うためである。

赤道上空で高度約36000 kmの軌道は**静止軌道**とよばれ，軌道周期がちょうど地球の自転周期と同じになる。つまり静止軌道上の衛星は地上から見ていつも同じ場所にあることになり，通信・放送や気象衛星などに利用されている。低軌道と静止軌道の間は中軌道とよばれ，測位衛星などが利用している。

■ **他の天体**　月，惑星，小惑星などの太陽系内天体では，無人の探査機による科学的な探査が行われており，とくに火星には米国を中心として多くの探査機が送られている。2010年には日本の小惑星探査機「はやぶさ」が小惑星の岩石サンプルを世界はじめて地球に持ち帰って話題になった。

有人の天体探査は月へ行った米国のアポロ計画のみで，27名が月周回軌道まで行き，このうち12名が月面に降り立った。宇宙へ行った人間は2013年の時点で500人を越えているが，1972年のアポロ17号以降，地球周回軌道を離れた人間はいない。

次に宇宙環境の物理的性質を見ていきたい。

■ **地球磁気圏と太陽圏**　宇宙空間は決して何もない領域ではない。上空100 km以上を宇宙とよぶと述べたが，高度数百km程度までは**電離圏**とよばれ，太陽の紫外線により一部が電離（正の電荷を帯びたイオンと負の電荷を帯びた電子に別れること）した希薄な大気が存在し，その外側には地球磁場の影響下にある**磁気圏**が広がる。磁気圏は電離したごく希薄なガス（プラズマ）が満たしている。また磁気圏中にはとくに高エネルギーのプラズマが存在する放射線帯（ヴァン・アレン帯）が存在している。

磁気圏の外は，太陽から秒速数百kmの超音速で流れだすプラズマ，太陽風が満たしている。太陽風が恒星間ガスと衝突するまで，半径200億kmほどの領域を**太陽圏**とよぶ。もっとも地球から遠くに離れた人工物であるボイジャー1号は2013年9月に太陽圏を脱している。

■ **太陽活動と宇宙天気**　宇宙環境は様々な時間スケールで変動する。主要な要因は太陽の磁気活動である。黒点の強力な磁場のエネルギーは上空のコロナ（太陽の外側にある高温大気）に蓄積され，ある時突発的に解放されて**太陽フレア**とよばれる爆発を起こす。太陽フレアが起きると，電波からガンマ線までほぼすべての波長域の電磁波が急激に増光する。またコロナ中のプラズマが惑星間空間に放出され（コロナ質量放出），高エネルギー粒子（太陽宇宙線）も生成される（図2.4.2）。コロナ質量放出や太陽宇宙線が地球へ向かってくると，地球周辺の宇宙環境や人類の活動に様々な影響を与える。以下で概説する宇宙環境の変動を総称して**宇宙天気**とよぶ（柴田・上出, 2011）。

まずフレアで増光する電磁波のうち，重要なのは波長の短い紫外線やX線で，電離圏の電子数を変化さ

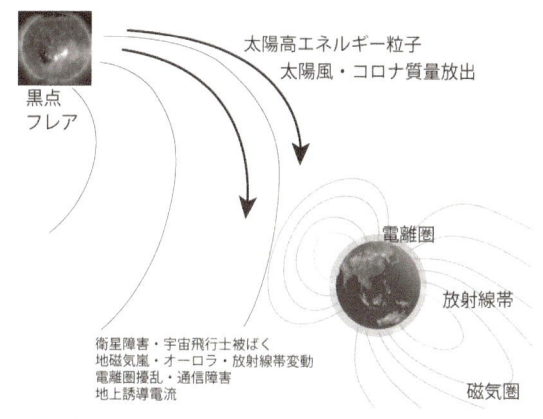

図2.4.2 太陽活動と宇宙天気

せることで、衛星と地上をつなぐ電波の信号を乱し、通信・放送や測位の障害の原因となる。また急激な加熱により大気が膨張することで、低軌道の密度が増大して衛星に対する空気抵抗が増大し、衛星の姿勢や軌道が乱れる原因にもなる。

地球磁気圏は、大気が太陽風に直接さらされるのを防ぐバリアの役割を果たしている。しかし太陽風が乱れたりコロナ質量放出が直撃したりすると、プラズマとエネルギーが磁気圏に侵入し、地磁気嵐や放射線帯の変動、オーロラなどを引き起こす。放射線帯粒子の増大は衛星障害の原因に、地磁気の擾乱は電磁誘導の原理により誘導電流を流すことで、とくに高緯度地方の発電所の故障やパイプラインの腐食などの原因になる。

太陽宇宙線は衛星の故障や、宇宙飛行士の被ばくの原因になる。宇宙空間で人間が長期滞在する際に、もっとも障害となるのがこの宇宙線（宇宙放射線）による被ばくの問題である（3.6節参照）。

■ **新しい環境問題「宇宙デブリ」** 近年急速に注目を集めている宇宙の新しい環境問題が宇宙デブリである。ここでのデブリ（debris：破片やがれきの意味）とは地球周回軌道上にある不要になった人工物で、役目を終えた衛星やロケットとその部品、破片などがある。**デブリの速度は秒速数 km にもなるので、大きさ 1 cm 程度の小さなものでも衛星などに衝突した場合は深刻なダメージを与える。大きさ 10 cm 以上のデブリはカタログが作られており、人工衛星などに近づく場合は回避などの対策をとることができるが、1 cm 以上 10 cm 以下のデブリは観測が難しく、対処は現時点では困難である。

デブリの数は年々増えつつあり、2011 年の時点で大きさ 10 cm 以上のものは約 16000 個登録されている（図2.4.3）。2007 年には中国による自国の衛星を弾道ミサイルで破壊する実験のため、2009 年には米国とロシアの人工衛星の衝突のため、デブリが急増している。デブリの密度が一定以上になると、衝突によって生じたデブリが連鎖的に次の衝突を起こすことでデブリの数が急激に増大する（**ケスラーシンドローム**）と懸念されており、デブリ発生の抑制と除去技術の開発は持続的な宇宙開発利用のための重要な課題である。

4 宇宙の中の地球と人類の位置づけ

ここまで、地球環境や人類の活動と宇宙の関わりについて述べてきた。最後に、宇宙全体の歴史の中で地球や人類がどのように位置づけられるかを俯瞰してお

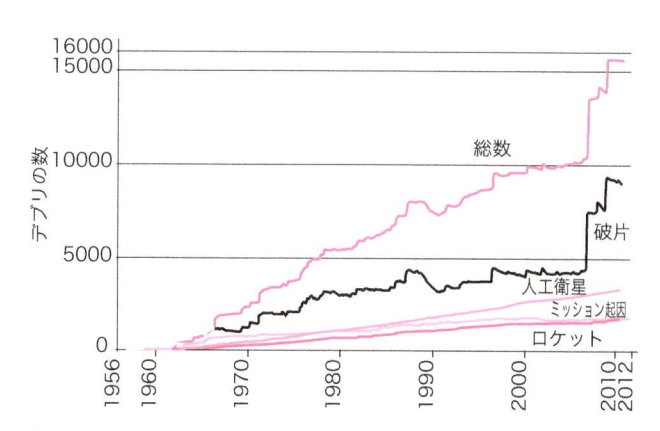

図2.4.3 デブリの数の年変化（出典：NASA）

く。なお宇宙の歴史については参考文献に挙げたもの（佐藤, 2010）など良書が多く出版されているのでそちらも参照されたい。

■**宇宙創世から地球と生命の誕生まで**　今から138億年前とされる宇宙のはじまりについてはまだわからないことばかりだが，現在の理論では私たちの宇宙は「無」から生まれたと考えられている。日常的な感覚では理解しづらいが，「無」といってもそこには「ゆらぎ」があり，素粒子が生成と消滅を繰り返しているような状態である。私たちの宇宙はこの状態から誕生し，インフレーションとよばれる急激な膨張を経て，誕生から10^{-34}秒ほどで真空の相転移による莫大なエネルギーが解放されて高温高圧の初期宇宙が誕生した。これがいわゆる**ビッグバン**である。インフレーションから後の過程に関しては比較的強固な理論と観測的サポートがあり，現在ではおおむね正しい描像として受け入れられている。

　誕生したばかりの宇宙はある意味単調な世界であり，元素は水素とヘリウム，それにごく微量のリチウムとベリリウムしかなく，宇宙全体にほぼ均一に分布していた。しかしこの平坦な宇宙にもわずかなムラムラがあり，やがて重力によって集まって星や銀河が誕生する。星の中心部では核融合によりエネルギーが解放されると同時に，炭素，酸素，ケイ素など，やがて地球や生命の材料となる元素が合成され，その星が死を迎えるときに宇宙空間に放出される。その過程が何度も繰り返されて宇宙の中に様々な元素が増えてきた今から約45億年前に，太陽系が形成され，そこには岩石の地面と生命の材料を携えた惑星が誕生した。

　なお，太陽以外の恒星系における惑星の探査は天文学の世界で近年急速に進展している分野であり，2013年11月の時点で系外惑星の候補天体は3500個を超え，質量や中心星からの距離が地球に似ていると思われる天体も見つかりだしている。おそらくこの宇宙に地球のような惑星は，文字通り星の数ほどあるのだろう。だがそこに生命や文明が誕生することが奇跡なのか，ありふれた出来事なのかはまだわからない。少なくとも私たちの地球では生命が生まれ，それが進化してやがて人類とその文明が生まれた。このようにして見ると，宇宙の歴史とは，複雑さと多様性を増してきた歴史といえるのかもしれない。

■**太陽系と宇宙の未来**　次に未来にも目を向けておこう。この先も太陽はごくゆっくりと明るさを増し続け，約70億年後には今より2倍程度明るくなる。その後急激に膨れ上がって赤色巨星とよばれる状態になるが，この時太陽の大きさは現在の約200倍となる。これはちょうど地球が太陽に飲み込まれてしまうかどうかギリギリのところである。大質量の星が死ぬときには超新星爆発とよばれる大爆発を起こすが，太陽程度の大きさの星は外層から徐々に宇宙空間に流れ出し，白色矮星という高密度で小さな天体を中心に残して最期を迎える。かつて太陽系とそこに住む生命を形づくっていた物質はふたたび宇宙空間に広がり，新たな星系の材料となる。人類の遠い子孫が生き延びるためには，遅くともこの時までに他の恒星系へ移住するか，恒星のエネルギーに依存せずに生きる術を獲得する必要がある。

　太陽系がこのように終焉を迎えることはほぼ確実にわかっているが，この宇宙全体の遠未来についてはまだ確実なことはわかっていない。最新の観測では，ビッグバン以降今に至るまで続いている宇宙の膨張は，加速度的に速くなると示唆されており，そうするとやがて分子や原子までもがお互いに相互作用しえずバラバラになってしまう「**ビッグリップ**」という状態になるという説もある。いずれにせよ私たちの直接的な延長上にある生命的なものが存在できなくなってしまう可能性は高い。

■**人間にとっての宇宙環境**　以上のように宇宙史的な視点から俯瞰してみると，ある種の視点の逆転が起こる。人間にとって宇宙がどのような「環境」であるかという人間中心の視点から，地球や人間の存在が宇宙史の中で生じた1つの「現象」であるという視点への転換である。そしてその視点を未来へ投げかけたとき，人類の存在は宇宙の一生の中でどのような役割を果たすのか，あるいは果たしたいと思うのか，というなかば哲学的な問いへと私たちはいざなわれる。

　宇宙空間であれ他の天体であれ，この先地球を離れて生きることになれば，異なる重力や宇宙線など，極端に異なる環境にさらされることになる。人間とその社会がそこに適応するには，相当の身体的，精神的な変容を伴うことは避け難いだろう。同時に，人間は自らの意思と技術をもって，地球はもちろんのこと，地球外の宇宙環境さえも能動的に変えうる能力を手にしつつある。それはある種の希望とそれ以上のグロテスクさを伴って，私たちに未来をどのように描くのかと問うてくるのである。

【磯部洋明】

column スーパーフレアで地球の危機？

1859年に英国のキャリントンが黒点をスケッチしている最中に観測したのが太陽フレアの最初の発見である。このフレアが現在に至るまで観測史上最大の太陽フレアだと考えられている。当時も巨大磁気嵐が発生して誘導電流により電信所で火災が発生するなどの報告はあったそうだが，人工衛星などの宇宙インフラがなかったため大きな被害はなかった。だが現代社会で同規模のフレアが起きたならその被害は1～2兆ドルにもなるという試算もある。

では太陽で起こりうる最大のフレアはどれほどの規模なのだろうか？　これに関する興味深い研究が2012年に京都大学大学院理学研究科附属天文台のグループによりNature誌に発表された。太陽ではなく，質量や回転速度などの物理的性質が太陽によく似た恒星の明るさの変動データを大量に調べた結果，知られている最大級の太陽フレアの1000倍もの巨大なフレアを起こしている星がいくつも見つかったのである。もしこのようなスーパーフレアが今の太陽で起きれば，人工衛星などの宇宙インフラが全滅するだけでなく，航空機程度の高度でも深刻な被ばくがおきたり，オゾン層が破壊されて長期にわたって有害な紫外線が地上に降り注ぐなど，全地球的に甚大な被害を及ぼす可能性が高い。そしてその恒星あたりの発生頻度を計算すると，5000年に1回程度の頻度となる（柴田，2013）。

私たちの太陽で本当にスーパーフレアが起こりうるのかどうかを確かめるには，理論，恒星観測，過去の地質学的な証拠の探査など様々な側面からさらなる研究が必要であるが，地球環境の未来と人類の長期的な生存を考えるには，宇宙に目を向けないわけにはいかないことを示す1つの例だろう。

■参考文献

佐藤勝彦（2010）:宇宙137億年の歴史（角川選書），角川学芸出版。

柴田一成・上出洋介編著（2011）：総説 宇宙天気，京都大学学術出版会。

柴田一成（2013）：太陽 大異変―スーパーフレアが地球を襲う日（朝日新書），朝日新聞出版。

鈴木一人（2011）：宇宙開発と国際政治，岩波書店。

多田隆治（2013）：気候変動を理学する，みすず書房。

2.5
地球大気の温室効果と地球温暖化

1 進行する地球温暖化

現在，世界の地表面付近の年平均気温は，100年あたり約0.68℃の割合で上昇している。この上昇率は，産業革命以前の1000年間で生じた変化率の10倍以上の大きさであると推定されている（IPCC, 2007, 2013）。また，地球大気に温室効果をもたらす主成分である大気中のCO_2濃度も，産業革命以降，人間活動に伴う化石燃料の燃焼などによって増加し，2010年の世界の平均濃度は389 ppm（0.0389％）と，産業革命以前の平均的な値と考えられる280 ppmに比べ39％も増加している（気象庁, 2012）。最近の気候モデルを用いた実験で，観測されるような急速な地球温暖化は，CO_2などの温室効果ガス濃度の増加を加味しないと再現できないため，ほぼ確実に，人為起源によるCO_2濃度の増加が近年の地球温暖化の原因であると考えられている。また，CO_2濃度の増大は全世界で一様な気候変化をもたらすのではなく，北極海周辺のように温暖化しやすい地域や，ヨーロッパや北米のように干ばつが生じやすい地域，あるいは降水量が増加しやすい地域が出現するなど，地域によって異なる気候変化をもたらす可能性が最近の研究で指摘され始めている。このように，地球温暖化に伴い，異常気象や自然災害をもたらす集中豪雨など，極端な大気現象の出現頻度が変化する可能性はきわめて大きい。

ここでは，地球温暖化の仕組みを正しく理解するため，まず地球大気の組成や構造を説明し，地球大気の温室効果について詳しく解説した後，CO_2濃度の増加がもたらす地球温暖化について概観する。

2 地球大気の組成と温度構造

■ **気圧と地球大気の質量**　まず，地球大気の全質量を考えてみる。これは，地球の平均地表面気圧（1気圧 = 1013.25 hPa[*1]）からニュートンの第二法則を用いて求めることができる。まず，**気圧**（Pa）とは単位面積（1 m^2）の平面に垂直に働く力を意味するので，1気圧は，

$$1気圧 = 1013.25 \text{ hPa}$$
$$\approx 10^5 \text{ Pa} = 10^5 \text{ N/m}^2$$
$$= 10^5 \text{ kg} \cdot \text{m/s}^2/\text{m}^2 = 10^5 \text{ kg/m/s}^2 \quad (1)$$

となる。ニュートンの第二法則により，（力）=（質量）×（加速度）であるため，式（1）を地球の重力加速度$g = 9.8 \text{ m/s}^2$で割ると，地表面1 m^{2}あたりに存在する空気全量Mが

$$M = 10^5 \text{ kg/m/s}^2 \div 9.8 \text{ m/s}^2$$
$$\approx 10^4 \text{ kg/m}^2 = 10 \text{ t/m}^2 \quad (2)$$

と求まる。このように地球には多量の大気が存在していることがわかる。ちなみに，地球大気の量は，金星大気の約100分の1，火星大気の約100倍である。また，地表付近の大気密度は，約1 kg/m^{3}なので，式（2）から，地球大気はおおよそ，10^4 kg/m^2 ÷ 1 kg/m$^3 = 10^4$ m = 10 kmの高さまで広がっていると見積もることができる。この「大気柱」の高さは，次に述べる対流圏界面の高さとほぼ等しい。また，水の密度が10^3 kg/m^{3}であることを考慮すると，1気圧は水深10 mに相当するため，平均水深約3800 mの海洋がすべて蒸発して水蒸気になったとすると大気圧は260気圧（海洋の面積は地球表面の約7割なので，3800 m ÷ 10 m × 7/10 ≈ 270）になり，金星の大気量とほぼ同じになることがわかる。実際，地球の形成期には海洋が存在せず，地表面はこのような分厚い大気に覆われていたと考えられている。

さて，地球には，このように多量の大気が存在するにもかかわらず，私たちは日常その「重さ」を感じることはない。これは，気圧が物体のあらゆる表面に垂直に働くという性質をもつためである。このため，たとえば，腕を差し伸べたとき，腕の上からも下からも1気圧という力が働き，上下方向に働く正味の力はゼロになる。言い換えると，気圧によって正味の力が生じるのは，気圧差が存在するときのみである。たとえば，天気図に高気圧（地表面気圧が周囲よりも高い領域）と低気圧が存在するとき，高気圧と低気圧の気圧差に伴う力が大気や物体に働く。これを気圧傾度力とよぶ。

■ **地球大気の組成**　次に，地球大気の組成を概観してみる。表2.5.1に示すように，地球大気の78％は窒素，21％は酸素で，この2つの組成が大気の99％

[*1] **hPa（ヘクトパスカル）**：ヘクトは100倍という意味。

2.5 地球大気の温室効果と地球温暖化

表2.5.1　地球大気の組成

組成	分子記号	分子量	体積混合比
窒素	N_2	28	78.1%
酸素	O_2	32	20.9%
アルゴン	Ar	40	0.934%
水蒸気	H_2O	18	時空間変動大（0～3%程度）
二酸化炭素	CO_2	44	389 ppm（0.0389%）
オゾン	O_3	48	時空間変動大（0.3 ppm程度）

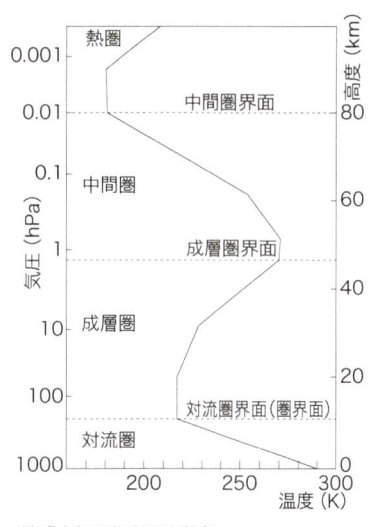

図2.5.1　地球大気の鉛直温度分布

を占めている。残り1%が，アルゴンなどの化学的に不活性な気体と，水蒸気（H_2O），CO_2やオゾン（O_3）などの温室効果やオゾン層形成と関係する大気微量成分から成り立っている。水蒸気とオゾンは，その生成消滅の時間スケールが大気運動の時間スケールに比べ大変短いため，生成源の近くで濃度が高く，そこから離れるに従い濃度が低くなる。逆に，生成消滅がほとんどない，あるいはその時間スケールが長い成分は，大気運動によって充分かき混ぜられるため，その濃度の時空間変動は大変小さくなる。たとえば，水蒸気はおもに海洋からの蒸発によって生じ，凝結して雨などの降水となって消滅するので，気温が高く蒸発が盛んな，冬季よりも夏季，高緯度よりも低緯度でその濃度は一般的に高くなる。また，生成源に近い地表面付近にのみ存在し，生成源から遠い高さ10 km以上の成層圏では，水蒸気はほとんど存在しない。同じように，オゾンはその生成領域である成層圏に主として存在する。オゾンは生命にとって有害な太陽からの紫外線を成層圏ではほぼ吸収するが（1.4節も参照），その濃度は約0.3 ppm程度である。これは，オゾンを地表付近に集めたとき，その高さは約3 mmでしかないことを意味する。大気柱の高さが約10 kmであることと比較すると，オゾンの存在比率がいかに少ないか実感できる。

また，表2.5.1で示した大気組成比率は地表から高さ約100 kmまでほぼ一定である。このため，高さ100 kmまでの大気領域を**均質圏**（homosphere）とよぶ。重力場に存在する大気中では，たとえば窒素に比べ重い酸素は上層ほどその割合が小さくなるとも考えられるが（実際に遠心分離機は，組成の重さの違いを利用して血液成分などを分離する），実際はそうではなく，ほぼ一定の割合で存在する。これは，大気の運動（乱流）により，大気がつねによくかき混ぜられているためである。しかしながら，エベレストなどの高山では酸素が少なくなるため登山家は酸素マスクを使用しているではないか，との疑問を抱くかもしれないが，それは後述するように，大気の密度自体が高さとともに指数関数的に減少するため，酸素の組成比率は一定でも，酸素の絶対量が高さとともに少なくなるためである。

■ **地球大気の温度構造**　次に，地球大気の鉛直温度分布について説明する（図2.5.1）。この図は，地球表面全体で平均した年平均温度分布を示している。この温度分布をもとに地球大気は，対流圏，成層圏，中間圏，熱圏と，いくつかの層（sphere）に区分されるが，ここでは，地表面の環境と関連性の高い対流圏と成層圏について説明する。また，この図より，気圧は高さとともにほぼ指数関数的に減少することがわかる。したがって，ボイル・シャルルの法則により，大気密度もほぼ指数関数的に減少する（高さ80 km以下では，温度変化はさほど大きくない）。

■ **対流圏**　地表面から高さ約11 kmの対流圏界面（圏界面）までの大気領域を対流圏（troposphere）とよぶ。対流圏界面での気圧は約200 hPaである。したがって，大気全量の約8割（800 hPa）が対流圏に存在している。一方，地表面付近の気温は約288 K[*2]（15℃）で，高さとともに6.5 K/kmの割合（この割合を**温度減率**とよぶ）で大気温度は低くなる。また，対流という名前が示すように，対流圏では雲，雨など

[*2] **K（絶対温度，ケルビン）**：0℃＝273.15 Kで，絶対温度と摂氏温度の目盛幅（1度の温度差）は同じ。

の対流現象を伴う天気現象が存在する。後述するように，太陽から入射する可視光線は，地球大気をほぼ素通りし，地表面で吸収されて地表面を加熱する。このため，対流圏では大気温度は下層ほど高くなる。実際には，放射のみで決定される鉛直温度分布は不安定で，大気中に鉛直運動を伴う対流が生じる。この対流に伴う上昇流によって空気が上昇すると，気圧の低下に伴う断熱膨張で気温が下がり，大気中の水蒸気が凝結し，解放された潜熱が空気を暖める。その結果，温度減率は，放射のみで見積もられる値よりも小さい 6.5 K/km という値になる。

■ **成層圏**　高さ約 11 km から 50 km までの大気領域が成層圏（stratosphere）である。成層圏には，大気全量の2割の大気が存在する。また，図 2.5.1 より，成層圏では高さとともに温度が上昇することがわかる。これは，成層圏にはオゾンが存在し，太陽から入射する紫外線を吸収し大気を加熱するためである。ちなみに，酸素がほとんど存在しない金星や火星ではオゾン層も存在せず，成層圏は温度が高さに依存しない等温層となることが知られている。また，地球大気でも，紫外線が届かないためオゾンによる加熱が生じない成層圏下部は等温層となっている。成層圏はこのように安定した鉛直温度構造をもち，しかも，ほとんど水蒸気も存在しないため，対流現象は存在しない。しかし，成層圏では，極域冬季の温度が2週間で40℃以上も急上昇する「成層圏突然昇温現象」とよばれる顕著な地球規模の大気現象なども存在し，成層圏という名前から抱く静穏な大気層という印象は間違っている。

3　地球大気の放射平衡温度

■ **放射の法則と放射平衡**　図 2.5.1 より，大気全量の8割を占める対流圏では，下層の温度が約 290 K，上端の対流圏界面での温度が約 220 K であるため，地球大気の平均温度は約 255 K 程度と見積もることができる。ここでは，この温度がどのように決まっているかを考えてみる。図 2.5.2 に示したように，地球を暖めている熱源はほぼすべて太陽からの放射エネルギー（太陽放射）である。一方，あらゆる物体はその温度で決まる放射エネルギーを電磁波として射出することが知られている。このため，太陽から地球に入射するエネルギーと，地球自体が宇宙空間へ射出する放射（地球放射）エネルギーとが等しくなるように，地球の温度が決まる。また，このような放射バランスにより決定される温度（T_e）を**放射平衡温度**とよぶ。以下ではこの放射平衡温度を求めるが，それにはまず，放射に関する次の2つの基本法則を知っておく必要がある。

■ **シュテファン・ボルツマンの法則**　シュテファン・ボルツマンの法則によると，物体の温度（絶対温度）を T（K）とすると，その物体が射出する放射エネルギー総量 E（W/m^2）は

$$E = \sigma T^4, \quad \sigma = 5.67 \times 10^{-8}\,\text{W/m}^2/\text{K}^4 \quad (3)$$

で与えられる。

■ **プランクの法則・ウィーンの法則**　プランクの法則は，ある温度の物体が射出する電磁波エネルギーの波長依存性を与える。この法則から，物体の温度が高いほど波長の短い電磁波を放出することがわかる。一方，ウィーンの法則は，物体の温度（K）と，その物体の射出するエネルギーが最大となる電磁波の波長とが反比例することを示している。このため，表面温度が約 6000 K の太陽が射出する放射エネルギーのほとんどは，人間の眼に見える可視光線の領域（波長 0.4〜0.7 μm[3]）に集中しているが，平均温度が 255 K の地球が射出するのは，波長 10 μm 付近の，眼には見えない赤外線である。このように，太陽と地球が射出する電磁波の波長帯は明瞭に異なっている。

ちなみに，静止気象衛星「ひまわり」は可視光に感度をもつカメラ以外に，赤外線を観測できるカメラも搭載している。可視光用カメラでは，日本付近が夜になると，太陽放射を反射して光る雲を観測できなくなるが，赤外線用カメラは，雲（物体）が宇宙に向けて射出する赤外線を撮影するので，夜中でも雲を観測することができる。また，雲頂高度が高く，しかもある程度以上の厚さをもつ雲の場合には，雲頂から放射された赤外線だけが宇宙に届く。これは，そのような分厚い雲があると，雲頂より高度の低い領域から射出さ

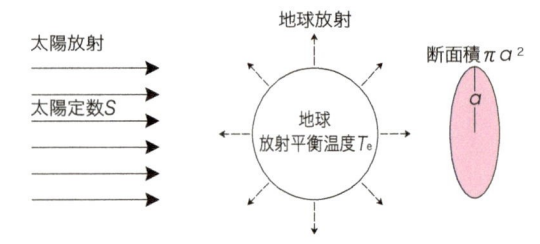

図2.5.2　地球の放射平衡

＊3　μm（マイクロメートル）：10^{-6}m。

れた赤外線は，雲によって吸収され宇宙に到達しないためである。このため，そのような分厚い雲が射出する赤外線エネルギー量は，雲頂高度の大気温度でほぼ決定される。さらに，図 2.5.1 からわかるように，高度が高いほど大気温度は低くなるため，射出する赤外線のエネルギーも少なくなる。このような原理から，「ひまわり」で観測される赤外線エネルギー量を用いて雲頂高度，すなわち（雨の強さと関係する）対流活動の強さを推定することができる。

■ **地球の放射平衡温度**　次に，地球の放射平衡温度を求める。まず，地球に入射する太陽放射の一部は，雲や地球表面に存在する氷床により反射され，地球には吸収されないことに注意する。この反射される割合（反射率）を**アルベド**[*4]（albedo：A）とよぶ。地球の場合 A の値はほぼ 0.30 で，季節によらずほぼ一定の値をとる。このとき，地球の放射バランスは，太陽定数を S (=1370 W/m^2)，地球半径を a (= 6370 km)，地球の平均温度を T_e とすると，図 2.5.2 より次の式で表現できることがわかる。

$$\pi a^2 S - \pi a^2 SA = 4\pi a^2 \sigma T_e^4 \quad (4)$$

ここで左辺第一項は地球に入射する全太陽放射量を表す。太陽定数 S は地球軌道で太陽に垂直な単位面積に入射する太陽放射量を意味するので，地球の断面積（πa^2）に太陽定数 S を掛けると地球に入射する全太陽放射量が計算できる。左辺第二項は太陽放射の反射量で，左辺全体で地球が吸収する正味の太陽放射量を表現する。一方，右辺は全地球放射量で，地球の表面積（$4\pi a^2$）に，単位面積あたりの射出量（σT_e^4）を掛けた値となる。さて，式 (4) の両辺を地球の表面積で割ると，

$$\sigma T_e^4 = \frac{S}{4}(1-A) \equiv I_E \quad (5)$$

と書ける。ここで I_E は単位面積あたり地球に入射する正味の太陽放射量で，$I_E = 241$ W/m^2 である。式 (5) に σ の値を代入すると，地球の放射平衡温度は

$$T_e = 255 \text{ K} \quad (6)$$

と求まる。なおこのようにして求められた放射平衡温度は，地球大気の平均温度にほぼ等しい。また，この放射平衡温度は，地表面付近の平均気温 288 K に比べ 30 K 以上も低い。これは，この計算では地球大気が赤外線を吸収する効果を考慮していないためである。すなわち，次に述べる地球大気の「温室効果」により，

地表面付近の気温は放射平衡温度より 30 K も高くなっているのである。

4　地球大気の温室効果

■ **温室効果ガス**　表 2.5.1 に示した組成からなる地球大気は，可視光線である太陽放射（短波放射）はほとんど吸収しないが，赤外線である地球放射（長波放射）を吸収するいわゆる温室効果ガスを含んでいる。水蒸気（H_2O），CO_2，メタン（CH_4），一酸化二窒素（N_2O），CFC-11，CFC-12 などのハロカーボン類，オゾンなどが温室効果ガスである。とくに，水蒸気はほとんどの波長帯で地球放射を吸収し，しかも温室効果ガスの中ではもっとも豊富に存在するため，もっとも重要な温室効果ガスである。しかし，大気中の水蒸気量は温度分布などの大気の状態によって決定され，人間活動によって直接的にはほとんど変化しないため，人為起源の温室効果ガスとは考えない。次に重要な温室効果ガスは CO_2 で，CH_4 など他の温室効果ガスと同様に，産業革命以降，その濃度は急激に増加している。

■ **温室効果**　では，大気の温室効果を加味した場合に地表面温度がどのように決まるのかを考えてみる（図 2.5.3）。ここでは問題を簡単にするため，地球大気はある層にだけ存在し，空間的に一様と仮定する。また，以下では，放射収支，つまり放射エネルギーの出入りを単位面積あたりの量で考え，地球に入射する正味の太陽放射（$I_E = 241$ W/m^2）は，地球大気を完全に透過して，地表面ですべて吸収されると仮定する。一方，平衡温度 T_g の地表面が上向きに射出した地球放射（エネルギー量は σT_g^4）は，大気層（大気層の

[*4] **アルベド**：ラテン語で白度を意味する単語。アルプス（alps），アルバム（album），アルブミン（albumin）に共通する alp (alb) は白を意味する。

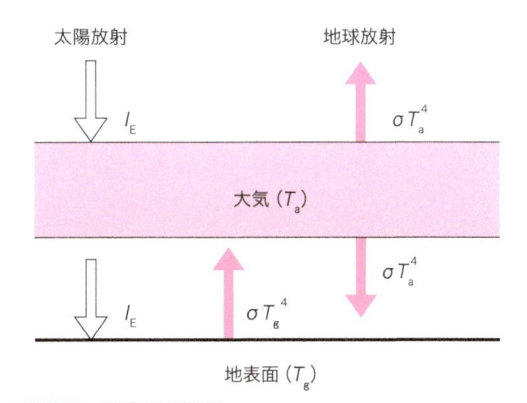

図 2.5.3　地球の温室効果

温度 T_a）によって完全に吸収され，宇宙には直接射出されないと仮定する．すると，大気層は，その温度に相当する放射エネルギー（σT_a^4）を上下方向に射出する．また，この下向きに射出された赤外線は地表面で完全吸収されると仮定する．このとき，地球大気上端では

$$I_E = \sigma T_a^4 \tag{7}$$

で示されるように，入射する太陽放射と，大気層が上向きに射出する地球放射とが等しくなる必要がある．これは，大気上端で放射収支に過不足があると，地球は放射平衡状態にはならないためである．また，式(7)より，大気層の温度 T_a は，地球の放射平衡温度

$$T_a = T_e = 255 \text{ K}$$

となることもわかる．一方，地表面では，

$$I_E + \sigma T_a^4 = \sigma T_g^4 \tag{8}$$

という放射バランスになる．ここで，式(7)を用いると，

$$\sigma T_g^4 = 2\sigma T_a^4 \tag{9}$$

なので，結局

$$T_g = 2^{\frac{1}{4}} T_e = (\sqrt{2})^{\frac{1}{2}} T_e \approx 1.2 \times T_e = 303 \text{ K} \tag{10}$$

となり，大気が存在することにより地球の表面温度 T_g は放射平衡温度 T_e に比べ 48 K も高くなることがわかる．このように，赤外線を吸収する大気の存在により，放射平衡温度に比べて地表面の温度が高くなる現象を**温室効果**とよぶ．

余談ではあるが，太陽放射を完全透過し地球放射を完全吸収する同様の大気層が n 層存在した場合の地表面温度 T_g は数学的帰納法を用いて，

$$T_g = (n+1)^{\frac{1}{4}} T_e \tag{11}$$

と求まる．また，下層の大気層ほど温度が高くなることも導くことができる．この下層ほど温度が高くなる[*5]という放射平衡温度の特徴は，より厳密な放射モデルでも確かめることができる．一方，式(11)が示す，大気層が分厚くなればなるほど，いくらでも地表面温度は上昇できる，という結果は物理的な矛盾を含んでいる．というのは，物理的に考えると，地球の根本的な熱源である太陽の表面温度 6000 K 以上に地球の温度が上昇することは不可能であるためだ．では，この矛盾はどこから生じたのであろうか？　それは，地球大気が太陽放射は透過するが地球放射は吸収するという仮定に起因する．つまり，地球大気の温度が上昇すると，地球が射出する電磁波の波長は短くなり，太陽と同じ可視光線となるはずである．すると，地球の温

[*5] このことが，地球大気で対流が生ずる原因である．

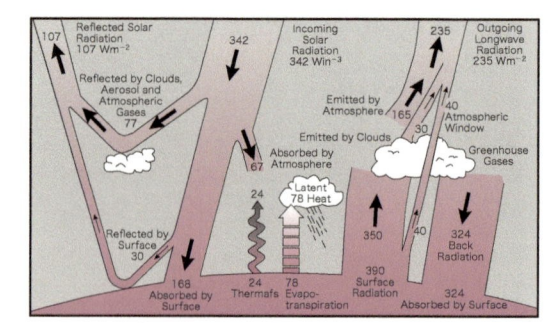

図2.5.4　地球全体で平均した年平均エネルギー収支（IPCC, 2007）

度が低く，地球放射が赤外線の場合にはよい近似であった「地球大気は地球放射を完全吸収する」という仮定が成り立たなくなり，地球放射も地球大気に吸収されなくなる．このため，温室効果が働かなくなり，地球の温度はいくらでも上昇することはできない．

■ **地球大気の放射収支**　さて，地球大気の実際の放射収支はもっと複雑だ（図2.5.4）．この図から，地表面で吸収する放射エネルギーは 168 + 324 = 492 W/m² であるのに対し，地表面から射出される放射エネルギーは 390 W/m² であるため，地表面は正味 102 W/m² の放射エネルギーを過剰に吸収していることがわかる．一方，地球大気は，吸収する放射エネルギーが 67 + 350 = 417 W/m²，射出するエネルギーが 165 + 30 + 324 = 519 W/m² なので，正味 102 W/m² の放射エネルギーを失っている．このため，大気は放射によりつねに冷却され，地表面は加熱されている．この冷却率は約 1 K/day という大きな値となるが，実際には，大気（地表面）はこのように強く冷却（加熱）されていない．このことは，地表面から大気へ，放射とは異なる過程でエネルギーが輸送されていることを意味する．実際，熱伝導や対流による熱輸送（顕熱輸送）と水蒸気の蒸発と凝結に伴う潜熱輸送が，このエネルギー輸送を担っている（図2.5.4）．とりわけ，雨や雪などの降水過程で水蒸気が凝結することで解放される潜熱（latent heat）によって大気が加熱されるプロセスの役割が重要である（78 W/m²）．ちなみに，この加熱量は，地球全体で平均して年間約 1100 mm の降水で解放される潜熱に相当する．これは約 1000 mm という，世界で平均した年間降水量の観測値（Kiehl and Trenberth, 1997）にほぼ等しい．

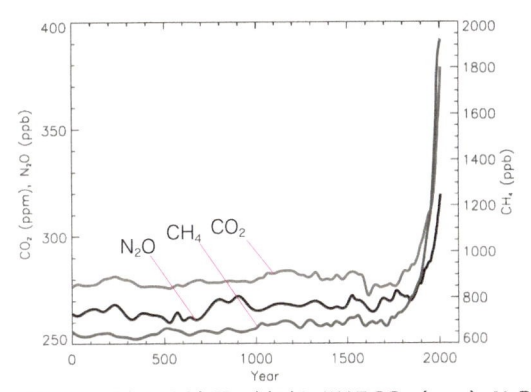

図2.5.5 過去2000年間の大気中におけるCO_2（ppm），N_2O（ppb），CH_4（ppb）濃度の変化（IPCC, 2007）
ppmは100万分の1（10^{-6}），ppbは10億分の1（10^{-9}）の比率を示す．

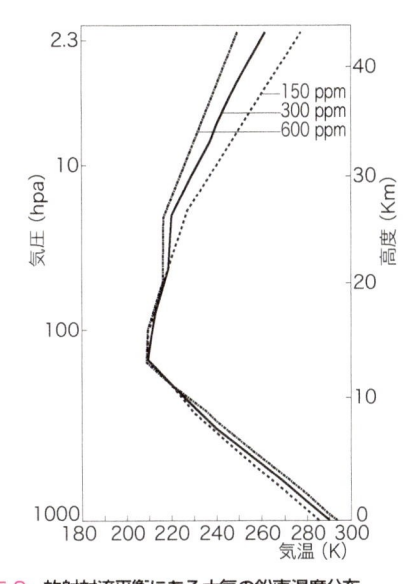

図2.5.6 放射対流平衡にある大気の鉛直温度分布
大気中のCO_2濃度が600 ppm（一点破線），300 ppm（実線），150 ppm（破線）の場合について示す．Manabe and Wetherald（1967）をもとに作図した．

5 地球温暖化と温室効果ガスの増加

■**地球温暖化のメカニズム** 地球全体で平均した地表面付近の気温が，産業革命以降100年あたり0.68 Kという，過去の自然変動で生じたと推測される気温変動の約10倍の速度で上昇していること（**地球温暖化**）と，人間活動に伴う化石燃料の消費によりCO_2などの温室効果ガスの濃度が急上昇している（図2.5.5）ことは，紛れもない観測事実である．ただし，地球の気候システムは様々な素過程が複雑に結合した複雑系であるため，人為起源の温室効果ガスの増加が地球温暖化の原因であることを証明するのは不可能である．しかし，以下に説明するような様々な状況証拠は，近年の地球温暖化の原因が，太陽活動の変化などの自然変動ではなく，人為起源の温室効果ガスの増加であることをほぼ確実に示している．

まず，温室効果ガスの増加がもたらす地球大気の温度構造の変化について，対流を加味した鉛直一次元の放射対流平衡モデルを用いて最初に検討した真鍋とウェザラルド（Manabe and Wetherald, 1967）の結果を紹介する（図2.5.6）．彼らは，このモデルでCO_2濃度を現在とほぼ同じ300 ppmとした場合と，倍増（半減）させて600（150）ppmとした場合について，大気温度の鉛直分布を求めた．その結果，CO_2濃度が倍増した場合には，地表面付近の気温が約2.4 K上昇することが明らかになった．一方，図2.5.6から，CO_2濃度が増大（減少）すると成層圏は寒冷化（温暖化）し，下部成層圏の高度25 km（30 hPa）付近の大気温度はCO_2濃度が倍増すると約4 K程度低下することがわ

かる．このように成層圏の寒冷化するのは，成層圏での放射バランスが対流圏とは異なるためにである．実際，近年の気象衛星による観測から，放射過程が支配的となる夏季北半球極域の高度25 km付近の下部成層圏での温度は，10年あたり約0.5 Kの割合で低下していることが明らかにされている（Randel et al., 2009）．すなわち，地球温暖化に伴う地表面付近の気温の上昇率の約10倍の速さで下部成層圏は寒冷化している．この成層圏の寒冷化も，地球温暖化の原因が温室効果ガスの増大であることを示す重要な証拠の1つである．

温室効果ガスの増加に伴う地球温暖化のメカニズムは，図2.5.3で大気層の数を増やした場合の考察から理解することも可能ではあるが，真鍋（1985）が導入した**有効放射源高度**という概念を用いるとより直感的に理解できる（図2.5.7）．ここで有効放射源高度とは，地球の放射平衡温度に相当する赤外線を宇宙空間に実質的に射出している高度（図2.5.7で点A）として定義される．地球の表面温度288 K，対流圏中の温度減率は6.5 K/kmなので，地球の放射平衡温度$T_e = 255$ Kとなる有効放射源高度は約5 kmとなる．すなわち，地球から宇宙へ放射される赤外線はおおよそ高度5 km付近の大気が射出していると考えることができる．これは，温室効果ガスを「霧」のようにイメージする

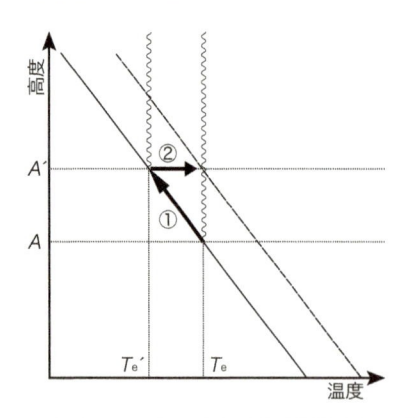

図2.5.7 大気中のCO₂濃度の増加が有効放射源高度と対流圏の温度に及ぼす影響を示す模式図
真鍋（1985）をもとに作図した。

と理解しやすい。霧の中で，こちら（宇宙）から見通せるもっとも遠くの点が図2.5.7の高度Aに相当する。それよりも遠く（低高度）から射出した光（赤外線）は途中の霧（温室効果ガス）によって反射・散乱（吸収）されて，こちら（宇宙）には直接届かない。さて，温室効果ガスが増えると，大気は赤外線に対しより不透明となり，いわば霧が深くなった状況になる。すると，有効放射源高度は宇宙により近い（すなわち高高度の）高度A'に移動する（図2.5.7で①の矢印）。なお，こ

の有効放射源高度の上昇は，CO₂が倍増した場合150m程度と見積もられている（北海道大学大学院環境科学院，2007）。すると，温度の鉛直分布が変化しないと仮定すると，新しい有効放射源高度A'の大気温度T_e'は約254 Kで，地球が射出する放射エネルギーは入射する太陽放射に比べ少なくなり，入射エネルギーが過多となる。したがって，放射平衡バランスを保つためには，高度A'の大気温度は放射平衡温度である255 K（T_e）まで1 K昇温しなければならない（図2.5.7で②の矢印）。これに伴い，対流圏での温度減率が不変とすると，地表面温度も1 K[*6]昇温し，289 Kとなる。これが，温室効果ガスの増加による地球温暖化の基本的メカニズムである。言い換えると，温室効果ガスの増加によって，地球大気は宇宙へ赤外線を射出しにくくなるため，地表面付近の気温は上昇するのである。

■ **地球温暖化予測実験** 地球温暖化の基本的なメカニズムは前述した鉛直一次元の放射対流平衡モデルで十分理解できるが，地球温暖化に伴う大気や海洋の循環の変化や，地域的な気温や降水量の変化，台風や干ばつ，集中豪雨などの顕著現象，あるいは異常気象の発生頻度の変化などを予測し，地球温暖化の社会・経済的影響を評価するには，「気候モデル」の利用が必須となる。気候モデルは，三次元空間での大気や海

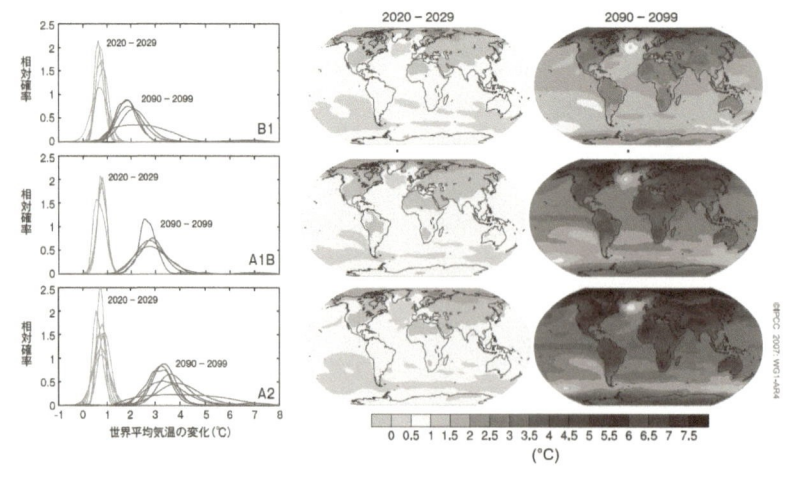

図2.5.8 1980～1999年を基準とした21世紀初頭および21世紀末における地表面付近の気温変化量の予測
中央と右の図は，2020～2029年（中央）と2090～2099年（右）について求めた，CO₂排出シナリオB1（上），A1B（中央），A2（下）に対する複数の気候モデル予測値の平均（℃）。（左）同じ期間について，複数の気候モデルで予測された世界平均気温の変化量の出現頻度分布。
気象庁（2008）より引用。

[*6] 水蒸気が増加することも加味すると，地表面付近の気温の昇温は2.4Kとなる（Manabe and Wetherald, 1967）。

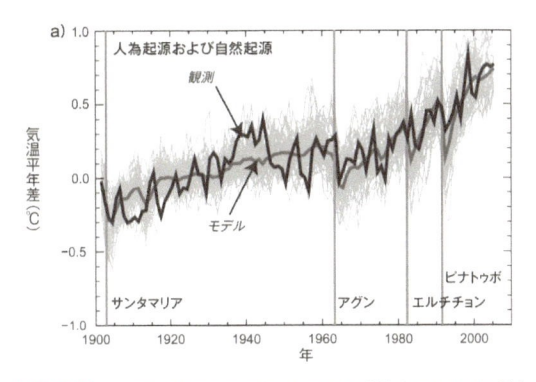

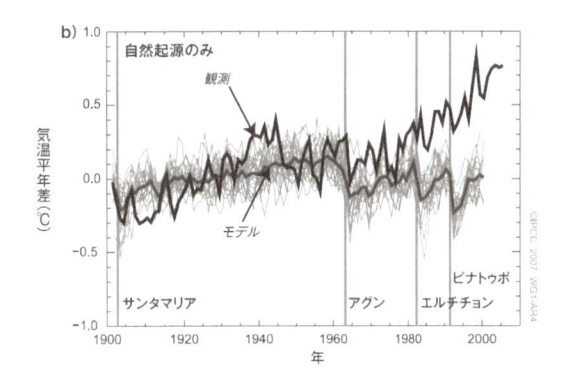

図2.5.9　気候モデルを用いて行われた20世紀気候再現実験結果
1901～1950年を基準とする世界平均気温の偏差を示す。太い実線は観測値，多数の細い実線は気候モデルの結果，淡い実線は気候モデル予測値の平均。4本の縦線は，大規模な火山噴火が生じた時期を，火山名とともに示す。(a) 火山噴火や太陽活動の変動などの自然変動要因と人為起源のCO_2濃度の増加を加味した場合。(b) 自然変動要因のみを加味した場合。気象庁（2008）より引用。

洋の循環を表現する数値モデルで，その基本的な構造は，気象庁などの現業機関が日々の天気予報を行うために用いている「数値天気予報モデル」と同じである。しかし，気候モデルには，海氷や植生など，地球の気候システムを構成する様々な要素も表現されている。また，気候モデルを用いて100年以上に及ぶ予測計算を実施するには，スーパーコンピュータの利用が必須である。

実際には，社会経済活動の将来予測に基づいてCO_2排出量の将来予測（排出シナリオ）を気候モデルに与えて将来の気候を予測する。このような地球温暖化予測実験は世界各国の気象研究機関で実施され，その結果は，**IPCC**（Intergovernmental Panel on Climate Change：気候変動に関する政府間パネル）が発表する評価報告書にとりまとめられる。この報告書作成には全世界の気候学研究者が協力し，これまでに第一次評価報告書（1990），第二次評価報告書（1995），第三次評価報告書（2001），第四次評価報告書（2007）が公表されている。さらに，2013年には第五次評価報告書第1作業部会報告書（自然科学的根拠）が公表された。IPCCは，気候変動や気候システムに関する最新の研究成果を取り込み，スーパーコンピュータの性能向上によってより詳細な温暖化予測実験が可能となるため，このように5年に一度程度，評価報告書を出版公表している。このような活動を通して，地球温暖化がもたらす社会や自然への影響の深刻さと，その防止策を取りまとめ実行することが急務であることを世界に知らしめた功績により，IPCCが2007年のノーベル平和賞を受賞したことは記憶に新しい。

図2.5.8は，このような地球温暖化予測実験の結果で，1990年（1980～1999年の平均）を基準としたときの，2020年代（2020～2029年）および2090年代（2090～2099年の平均）で平均した地表面付近の気温の変化量の分布を示している。左の図は，全世界で平均した年平均気温の変化量の出現頻度分布を示し，予測に用いたそれぞれの気候モデルの結果を示している。この図で分布が広がるほど，変化量の予測は不確実性であることを意味している。また，予測で用いられたCO_2排出シナリオは，B1（上段：低排出），A1B（中段：中排出），A2（下段：高排出）シナリオである。まず，2020年代の予測結果は，排出シナリオやモデルに対する依存性が少ないことがわかる。世界平均気温の上昇は0.8K程度であるが，北半球の高緯度域や大陸内部の乾燥域では2K程度上昇することが中央の図からわかる。一方，21世紀末の2090年代の予測では，排出シナリオやモデルに対する依存性が格段に大きくなるが，右の図で示される気温変化量分布の特徴は2020年代とよく似ていることがわかる。また，すべての領域で気温は上昇する。とくに，A2の高排出シナリオでは，北極海沿岸の年平均気温の上昇は7K以上になる。この極域での顕著な温度上昇によって，北極海の海氷が大幅に減少することが懸念されている。実際，最近の北極海での海氷の融解は予測以上に拡大しているとの指摘（島田ほか，2010）もあり，CO_2排出量を規制しないで放置すると，予期しない気候変動が生じる可能性も懸念されている。

■**気候システムに内在するフィードバック効果**

このような地球温暖化予測で重要となるのは気候シス

テムに内在するフィードバック効果である．地球の気候システムには，大気，海洋，陸面，雪氷，雲や降水，放射など，様々な要素（サブシステム）が存在し，それぞれはフィードバック効果とよばれる相互作用によって互いに影響を及ぼしている．つまり，地球の気候システムには様々なフィードバック効果が存在する．

たとえば，代表的なフィードバック効果として，温度-水蒸気フィードバック効果がある．その重要性は，真鍋とウェザラルド（Manabe and Wetherald, 1967）が用いた鉛直一次元放射対流平衡モデルの結果からも認識できる．彼らは，CO_2濃度が倍増しても大気中の水蒸気量は気温によらず一定と仮定した場合の地表面付近の気温の上昇は1.3 Kで，水蒸気の増加を加味した場合（2.4 K）に比べほぼ半減することを示している．したがって，気温が上昇して水蒸気量が増加すると，水蒸気がもつ温室効果も増大し地球温暖化が加速されるのである．このようにシステムの変化傾向を促進する（システムを不安定化させる）効果を**正のフィードバック効果**とよぶ．反対に，逆の変化傾向をもたらす（システムを安定化させる）効果を**負のフィードバック効果**とよぶ．

氷-アルベドフィードバックも地球温暖化予測で考慮すべき重要な正のフィードバック効果である．これは，気温が上昇すると，極域の氷床や海氷が解け，太陽放射をよく反射する白い雪氷面積が減少するため地表面のアルベドが減少し，地球が太陽放射をより吸収しやすくなるため（式（4）参照），気温上昇が促進されるという効果である．実際，7億年前頃に地球全体が氷に覆われた状態となった全球凍結イベント（スノーボールアース事件）の開始・終了時にも，氷-アルベドフィードバックが重要な役割を担ったと考えられている．また，人間活動に伴って放出される煤煙や亜硫酸ガスなどの大気浮遊物質が雲形成を通じて気温に及ぼすフィードバック効果も地球温暖化予測では考慮する必要がある．このような様々なフィードバック効果が気候モデルの中でどの程度正しく表現されているのかを吟味する必要がある．

このため，IPCCの第四次評価報告書では，気候モデルを用いて行われた20世紀気候再現実験の結果も公表している（図2.5.9）．その結果から（図2.5.9（a）），火山噴火や太陽活動の変動などの自然変動要因と，人為起源のCO_2濃度の増加を加味すると，気候モデルは20世紀に観測された世界平均気温の変化をかなりよく再現することがわかる．このことは，気候モデルによる21世紀の地球温暖化予測結果もおおよそ信頼できることを示唆している．一方，同じ気候モデルで人為起源のCO_2濃度の増加を考慮しないと，1980年以降の気温上昇を再現できないことも示された（図2.5.9（b））．この事実は，近年の地球温暖化の主要因が人為起源によるCO_2濃度の増加であることを明瞭に物語っている．

■**将来気候の予測可能性**　また，気候モデルを用いた地球温暖化実験で何が予測可能か（予測可能性）も正しく認識する必要がある．それは，日々の天気予報では高々2週間先までの天気変化しか予測できないにもかかわらず，なぜ，気候モデルを用いて100年先の大気状態が予測できるのかという問題意識である．これには，何を予測するかによって予測可能な期間も異なるという事実を認識することが重要である．このことは，たとえばガスコンロでヤカンに入れた水を沸かすとき，激しく対流するヤカンの中での水温分布（日々の天気変化に対応）の将来予測と，水のおおよその平均温度（地球の気候状態に対応）の将来予測の違いとして認識できる．水の平均温度は燃焼したガスの熱量から簡単に推測可能なのに対し，ヤカンの中の水温分布を予測するには，ヤカンの中で生じる複雑な（カオス的な）対流を再現する必要がある．しかも，このような対流や大気運動のようなカオス的な運動では，予測モデルがいくら正確でも，初期値に含まれる観測誤差が指数関数的に増大するため，長期間（大気運動では2週間以上）の予測は無意味となる．すなわち，地球温暖化予測では，日々の天気変化ではなく，ヤカンの水の平均温度に相当する10年程度平均した気候状態の変化を予測対象としていることに注意すべきである．このため，地球温暖化に伴う台風や異常気象などの気象イベントについては，その頻度分布の変化しか予測できない．このように，気候モデルを用いた予測の限界を知り，予測を正しく活用することが重要である．

【向川　均】

column 地球が温暖化すると西日本の初冬は寒くなる!?

　地球温暖化時に，地球上のすべての領域が温暖化するとは限らない。地域や領域を限定すると，とくに近未来の21世紀前半では，逆に寒冷化することも考えられる。このような可能性を見いだすため，筆者の研究室に属する修士課程の馬渕未央さんは，西日本の気温変動について最近の50年間ほどの気象データを用いた解析を行った（馬渕, 2012）。その結果，近年，初冬に西日本が平年より寒くなりやすいことが明らかになった。しかも，地球温暖化に伴うフィリピン付近の北西太平洋やベンガル湾付近の海面水温の上昇がその原因であることも指摘された。このように，ある地域の温暖化が他の地域の寒冷化をもたらす可能性がある。地球温暖化は，このような気候システムに内在する相互作用をより明瞭に発現させる可能性もあるため，これまで認識できなかった地球システムに内在する興味深い相互作用を発見できる場合がある。

■ 参考文献

北海道大学大学院環境科学院編（2007）：地球温暖化の科学，北海道大学。
IPCC（2007）：IPCC第四次評価報告書。
IPCC（2013）：IPCC第五次評価報告書。
Kiehl, J. T. and Trenberth, K. E. (1997) : Earth's annual global mean energy budget. *Bull. Amer. Meteor. Soc.*, **78**, 197-208.
気象庁（2008）：IPCC第四次評価報告書第1作業部会報告書技術要約。http://www.data.kishou.go.jp/climate/cpdinfo/ipcc/ar4/ipcc_ar4_wg1_ts_Jpn.pdf
気象庁（2012）：二酸化炭素濃度の経年変化。http://ds.data.jma.go.jp/ghg/kanshi/ghgp/21co2.html
Manabe, S. and Wetherald, R. T. (1967) : Thermal equilibrium of the atmosphere with a given distribution of relative humidity. *J. Atmos. Sci.*, **24**, 241-259.
真鍋淑郎（1985）：気候研究の新しい波—9—二酸化炭素と気候変化。科学, **55**, 84-92。
馬渕未央（2012）：冬季極東域で卓越する温度偏差パターンとそれに伴う大気循環場の特徴。平成23年度 京都大学大学院理学研究科地球惑星科学専攻修士論文。
Randel, W. J., et al. (2009) : An update of observed stratospheric temperature trends. *J. Geophys. Res.*, 114, D02107, doi:10.1029/2008JD010421.
島田浩二ほか（2010）：2008年度春季大会シンポジウム「海洋観測が切り拓く気候システム科学」の報告。5. 北極海のカタストロフ的な変化。天気, **57**, 26-31。

2.6 海と環境

1 植物プランクトン

海洋は地球表面の70%を占め，物質と熱の循環を通して，地球気候に大きな影響を及ぼしている（日本海洋学会編，2001；野崎，1994）。最近の42万年で，大気中CO_2濃度は，氷期の180 ppmから間氷期の280 ppmの間で変動した。これによる温室効果の変化が，気候変動の要因となった。氷期には陸上の植物量は減少したので，大気中CO_2を減少させた原因は海にあったと考えられる。海水中ではCO_2は水と反応し，炭酸水素イオンや炭酸イオンとして溶解する。海洋は，大気のCO_2の50倍に達する炭酸物質を擁している巨大な炭素貯蔵庫である。

海洋において，**光合成**（photosynthesis：3.8節参照）により有機物を生産する主役は，単細胞生物の**植物プランクトン**（phytoplankton）である。森林が形成される陸上に比べて，海洋の生物量（乾燥重量）は1000分の1にすぎない。しかし，植物プランクトンは日単位で増殖し，ほとんどすべての海域に分布しているため，海洋の1年あたりの**生物生産**（biological production：生産される有機物の量）は陸上の約半分に達する。植物プランクトンによって生産された有機物は，動物により消費され，バクテリアによって分解されて，無機物に戻される。有機物が海洋深層に沈降し，分解されると，再生された炭酸物質は数百年の間，海水とともに深層を循環する。また，分解をまぬがれた一部の有機物は堆積物中に蓄積される。これらの過程は，CO_2を大気から隔離する。したがって，植物プランクトンは，氷期のCO_2濃度を減少させた原因の有力な候補である。では，何が植物プランクトンの成長を変化させたのだろうか？

2 マーチンの鉄仮説

海水は約3.5%の塩類（塩化物，ナトリウム，硫酸，マグネシウム，カルシウム，カリウムなどのイオンが主要成分）を含んでおり，主要成分の比率は全海洋で一定である。海水には，地球上に存在するすべての元素が溶存している。植物プランクトンは，光合成を行い成長するために様々な無機物を海水から吸収する。これらを**栄養塩**（nutrients）とよぶ。海洋では，窒素，リン，ケイ素が不足しやすい。一般に，植物プランクトンは溶存している栄養塩を使い尽くすまで増殖するので，表層水における栄養塩濃度はほとんどゼロとなる。しかし，南極海，赤道太平洋などでは，窒素，リンなどが豊富にあるにもかかわらず，植物プランクトンの生物量が小さい。これらの海域において何が生物生産を制限しているのか？　これは海洋学の長年の謎であった。1980年代末，マーチンは微量栄養塩である鉄の不足が原因であるという仮説を提出した。

鉄は多くの酵素やタンパク質に含まれ，様々な生理機能を担っている。鉄は，光合成や窒素固定に不可欠である。植物プランクトンは，栄養塩元素をほぼ一定の比率で取り込む。世界の海洋で観測された平均値は，リン1原子に対して，窒素16原子，炭素106原子である。この関係を**レッドフィールド比**（Redfield ratio）とよぶ。鉄の必要量は，リン1に対して100分の1から1000分の1である。水素を除くと，鉄は地殻中で4番目に豊富な元素である。しかし，酸素を含む海水では，鉄の溶解度はきわめて小さい。そのため，現在の海洋では，鉄は窒素やリンより先に枯渇しやすい。

マーチンの鉄仮説（Martin's iron hypothesis）は，次の3つの内容からなる。

①現代の広い海域において，鉄の不足が生物生産を制限している（図2.6.1）。
②氷期には，強風により南極海に多量の塵が降り，植物プランクトンは塵に含まれる鉄を利用して

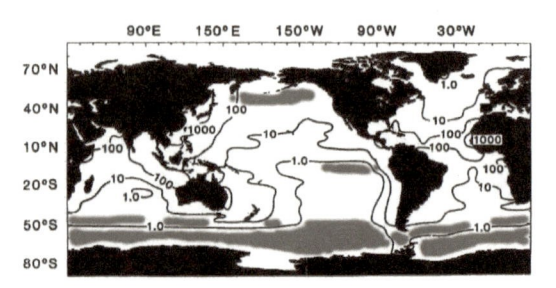

図2.6.1　鉄が制限因子となる代表的な海域（灰色）
等高線は，大気からの鉄フラックス（mg/m^2/yr）の推定値。

増殖した。その結果，大気中CO_2濃度が減少した。③鉄の不足している南極海に人為的に鉄を散布すれば（鉄肥沃化，iron fertilization），植物プランクトンを増殖させ，大気中CO_2の吸収を促進できる。毎年30万tの鉄（大型タンカー1隻分）を散布すれば，1.8 Gt[*1]（毎年大気中に蓄積されている人為起源CO_2の約半分）を吸収できる可能性がある。

3 海洋鉄肥沃化に対する議論

マーチンの鉄仮説は，海洋学にセンセーションを巻き起こした。その真偽を調べるために，外洋の数十km^2の海域に数百kgの鉄を散布する中規模鉄添加実験（mesoscale iron enrichment experiments）が企画された。1993年から2005年までに12回の中規模鉄添加実験が，赤道太平洋，亜寒帯北太平洋（藤永監修，2005），南極海などで実施された。これらは，人類が行った最大規模の実験である。その結果，マーチンの鉄仮説①の妥当性が確かめられた。しかし，マーチンの鉄仮説の②および③については，いまなお議論が続いている。

海洋鉄肥沃化は，エネルギー効率のきわめて高いCO_2隔離策として，注目を集めた。アメリカでは，いち早く海洋鉄肥沃化に基づくベンチャービジネスが考えられた。しかし，多くの科学者は，海洋鉄肥沃化には未知の点が多く，慎重を期すべきであるという意見である（Wallace et al., 2010）。鉄肥沃化は，海洋生態系に深刻な影響を及ぼす恐れがある。国連の関連機関は，予防原則（precautionary principle）に基づいて，当面の鉄肥沃化を法的に禁止しようとしている。

4 海洋生態系と微量元素の相互作用

鉄肥沃化が物質循環や生態系に及ぼす影響について正確な科学的知見を得ることは，緊急かつ重要な課題である。しかし，生物は鉄のみで生きているわけではない。遺伝子情報の伝達および多くの生理機能の発現には，様々な**微量金属**（trace metals）が必要である。海洋の微量金属は種々の化学形（スペシエーション），分布，循環をとり，それらすべてが生物による微量金属の利用可能性を規定する要因となる。このような金属の全体像をゲノム（すべての遺伝子情報），プロテオーム（タンパク質の総体）にならって**メタローム**

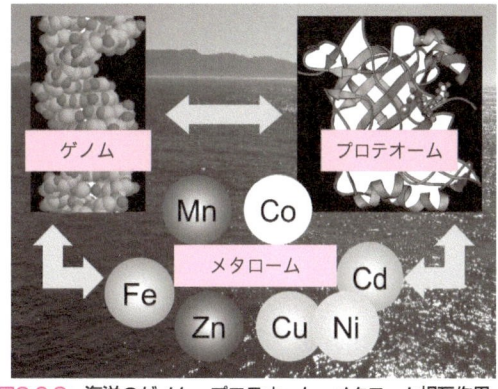

[*1] Gt（ギガトン）：10億t。

図2.6.2 海洋のゲノム・プロテオーム・メタローム相互作用

（metallome）とよぶ（図2.6.2）。陸上の土壌は様々な微量金属を蓄えているが，海洋の微量金属は粒子の沈降に伴って表層から除かれる。そのため，外洋表層は微量金属が低濃度であり，この点で生物にとってきわめて過酷な環境である。一方，微量金属は高濃度では毒性を現す。人間活動は，様々な微量金属を環境に放出してきている。おそらく，その影響は海洋の微量元素の循環にもすでに及んでいると懸念されるが，その実態はほとんどわかっていない。海洋生態系と微量元素の相互作用を理解するために，学際的研究の推進が必要である。

【宗林由樹】

■ 参考文献

日本海洋学会編（2001）：海と環境—海が変わると地球が変わる，講談社。
野崎義行（1994）：地球温暖化と海—炭素の循環から探る，東京大学出版会。
藤永太一郎監修，宗林由樹・一色健司編（2005）：海と湖の化学—微量元素で探る，京都大学学術出版会。
Wallace, D. W. R. et al. (2010): *Ocean Fertilization: A Scientific Summary for Policy Makers*, IOC/UNESCO.

2.7 湖と環境

1 生物地球化学サイクル

湖や海における物質循環には生物が深く関与しており，その作用を総称して**生物地球化学サイクル**（biogeochemical cycle）とよぶ（Horne and Goldman, 1994；日本化学会編，2007）。その主題は，光合成による有機物の生産と呼吸（respiration）・分解（decomposition）による有機物の消費である。光合成では太陽の可視光線のエネルギーが，還元体である有機物に蓄えられる。呼吸と分解は，有機物を酸化することによりこのエネルギーを取り出し，生命維持と増殖に利用する反応である。

光合成は，太陽光線の届く表層の有光層で行われる。植物プランクトンの元素組成を表すレッドフィールド比（2.6節参照）に基づいて，光合成は次式で表される。

$$106 CO_2 + 122 H_2O + 16 HNO_3 + H_3PO_4$$
$$\rightarrow (CH_2O)_{106}(NH_3)_{16}(H_3PO_4) + 138 O_2 \quad (1)$$

ここで$(CH_2O)_{106}(NH_3)_{16}(H_3PO_4)$は有機物を表す。式（1）では5つの元素だけが表現されているが，植物プランクトンが健全に成長し，増殖するためには，様々な元素を適当な比率で取り込むことが必要である。植物プランクトンには，炭酸カルシウム（$CaCO_3$）や含水シリカ（$SiO_2 \cdot nH_2O$）の殻を作るものがある。

ある元素がレッドフィールド比以下に減少すると，それが生物の成長・増殖を制限する。通常の環境水では，窒素ならびにリンが制限元素（limiting element）となりやすい。**富栄養化**（eutrophication）は，制限元素である窒素やリンが過剰に供給され，植物の異常増殖を引き起こす現象である。

光合成で生産された有機物の多くは，表層で動物プランクトンや魚に消費され，細菌に分解されて無機物に戻る。分解をまぬがれた一部の有機粒子は，深層の無光層へ沈降し，水中または堆積物中でさらに消費・分解される。その際使われる酸化剤は，酸素，硝酸イオン，マンガン酸化物，鉄酸化物，硫酸イオンである。これらの過程をそれぞれ酸素還元（呼吸），硝酸還元，マンガン還元，鉄還元，硫酸還元とよぶ。このうち酸素還元は，式（1）の逆反応であり，もっとも大きなエネルギーが得られる。適当な酸化剤がなくなると，メタン発酵が起こる。

2 温帯湖の季節変化

成層（stratification）とは，密度の高い水の上に密度の低い水が存在し，層をなすことである。淡水の密度を決める第一の要因は温度である。純粋な水は，4℃で密度が最大となる。おもに太陽光が熱を供給し，湖沼は表面から温められる。十分に深い湖沼では，暖かく軽い表水層が冷たく重い深水層の上に形成される。この2つの層の間で，温度が深さとともに急に変化する領域を**温度躍層**（thermocline）とよぶ。温度躍層は密度躍層でもあり，その上下の水の混合を妨げる。

温帯の湖沼では，温度躍層は春に形成され，秋に消失する。表層水が熱を失い，密度を増すと，鉛直混合が起こる。氷結しない湖沼は，冬を通して1回の循環期をもち，**一循環湖**（monomictic lake）とよばれる。氷結する湖沼では，冬に表水層は0℃以下にまで冷却されるが，この冷たい水は4℃の水より密度が小さくなるので成層する。そのため，晩秋と早春に循環期がある**二循環湖**（dimictic lake）となる。

湖沼の成層と循環は，生物地球化学サイクルや水質に大きな影響を及ぼす。冬の循環は，表水層に栄養塩を，深水層に酸素を供給する（図2.7.1）。栄養塩に富む春の表水層で，植物プランクトン（とくに珪藻）

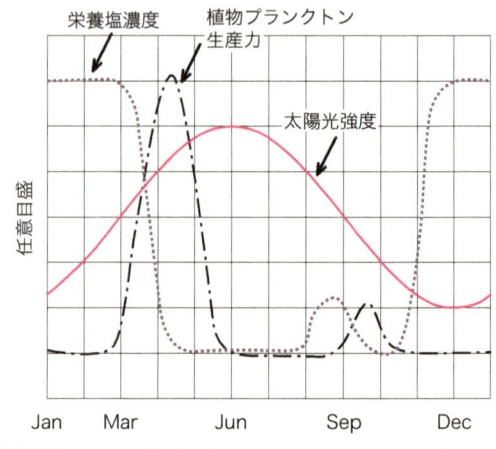

図2.7.1　北半球温帯湖における表層の季節変化の模式図

は大きく増殖する。これを春の**ブルーム**（bloom）とよぶ。温度躍層の発達する夏は，表水層の栄養塩濃度は低く保たれる。深水層では有機物の分解のために酸素が消費され，減少する。秋になり温度躍層が弱まると，深水層から表水層に栄養塩が供給され，秋のブルームが生じる。冬に向かって循環が活発になると，植物プランクトンは水とともに有光層下に運ばれるため，光合成による生産は減少する。

3 琵琶湖の環境変動

琵琶湖の富栄養化と水質汚染は昭和時代に急速に進行した（藤永監修，2005；宗宮編，2000）。1960年代，農薬汚染による魚の大量死，富栄養化が原因と考えられる水道のろ過障害と異臭味，コカナダモの繁茂などが発生した。1977年に淡水赤潮，1983年にアオコ（水の華），1989年にピコプランクトンの異常繁殖がはじめて観察された。現在，北湖は中栄養湖，南湖は富栄養湖となっている。

富栄養化の原因物質である窒素とリンが湖水中でどのように変化したかを見ることは，実は難しい。その原因の1つは，これらの元素が様々な化学種として存在することである。たとえば，窒素は，硝酸，亜硝酸，アンモニアのイオンの他，溶存有機化合物，粒状有機化合物などとして存在する。もう1つの原因は，窒素やリンの溶存無機化学種は，植物によって速やかに取り込まれるので，表層水には蓄積されないためである。窒素やリンの長期的な変動は，むしろ深層水で見出される。

琵琶湖北湖は，一循環湖である。冬の混合は，表面から水深104mの最深部まで達する。滋賀県は50年以上に及ぶ貴重な観測結果を有している。それによれば，安曇川～彦根間の水深80mの底層水では，晩秋に見られる年最低酸素濃度が$-1.6\ \mu mol/kg/yr$の速度で減少している。この傾向が続けば，酸素は後80年で枯渇する。一方，硝酸イオンの平均濃度は$0.39\ \mu mol/kg/yr$の速度で増加している。北湖底層水における酸素濃度の減少は，局地的な富栄養化による有機物供給量の増加，ならびに地球温暖化に起因する冬季循環の弱体化による酸素供給量の減少の相乗効果であると考えられる。

酸化的な堆積物には，マンガンや鉄の酸化物が多く含まれる。これらは，様々な元素を吸着・共沈させ，湖水から除去・固定する。現在，北湖底の堆積物では，表面酸化層はわずか2～3mmの厚さしかない。この酸化層に，マンガン，鉄，ニッケル，亜鉛，リン，ヒ素，アンチモンなどが濃縮されている。北湖底層が無酸素状態になれば，マンガンや鉄の酸化物が溶解し，濃縮されていた元素が放出され，水質は大きく悪化するであろう。

酸素枯渇による水質の変化は，南湖では1994年にすでに観測されている。この年，記録的な異常渇水により，琵琶湖の水位は$-123\ cm$まで低下した。南湖のあちこちで多量の藻類が枯れ，湖底直上に無酸素水が出現した。この年の表層水中のリン，ヒ素の濃度変化を図2.7.2に示す。とくに8月30日に，南湖全体でリンとヒ素の濃度が著しく高くなった。リン濃度は例年より1桁高く，ヒ素濃度は環境基準の18%に達した。これらのリンやヒ素は，湖外から供給されたものではなく，湖底堆積物から溶出したものである。その量は，水質を大きく変えたが，毎年琵琶湖に蓄積される量の1%にも満たないものであった。北湖底層の無酸素化は，これとは桁違いの影響を水質に及ぼすおそれがある。

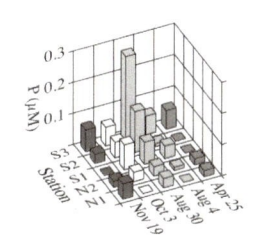

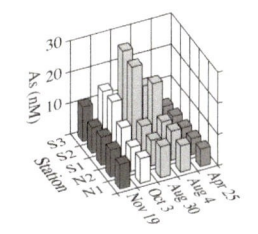

〔宗林由樹〕

図2.7.2　1994年琵琶湖表層水中のリンとヒ素の濃度変化
N1は北湖近江舞子沖，N2は北湖和邇沖，S1は南湖堅田沖，S2は南湖坂本沖，S3は南湖矢橋帰帆島沖の測点。

■ 参考文献

Horne, A. J. and Goldman, C. R.（1994）: *Limnology*, 2nd ed., McGraw-Hill.［A. J. ホーン・C. R. ゴールドマン（手塚泰彦訳）陸水学，京都大学学術出版会，1999］

日本化学会編（2007）：環境化学（第5版実験化学講座20-2巻），丸善出版．

藤永太一郎監修，宗林由樹・一色健司編（2005）：海と湖の化学—微量元素で探る，京都大学学術出版会．

宗宮　功編（2000）：琵琶湖—その環境と水質形成，技報堂．

2.8 野生動物

　野生動物は，人間の影響を大きく受けながら，あるいは人間に対して大きな影響を与えながら，生息している．しばしば，人間が野生動物に与える影響ばかりが注目され，また人間が動物の生存や生態系に最近になって大きな影響を与えるようになったといわれることがあるが，正確な認識とはいえない．野生動物の個体数や種多様性（図2.8.1）の減少の現状認識が急速に進んできたのは確かだが，人間と野生動物の問題は今にはじまったことではない．

　人間が野生動物に与える影響の一方で，人獣共通感染症（たとえばペスト，SARSなど）の媒介，食害をはじめとした農林業被害など野生動物が人間に与える影響も少なくない．人間-野生動物，野生動物-人間の関係はおそらく人類誕生までさかのぼり，そこから野生動物をめぐる環境問題がはじまったといえる．したがって，人間と野生動物の関係について考えるためには，過去の歴史を振り返り，現在を見ながら，将来につなげていくことが必要である．

　野生動物に関わる環境問題はたしかに世界的な話題だが，同時に人間の生き方，文化，自然観が関わってくるために，世界共通の解決策を見いだそうとすることは現実的とはいえない．私たち日本人にとって，東アジアにおける人間と野生動物について考えること，そして欧米とは異なる価値観や方策で野生動物が関わる環境問題の解決策を見いだしていくこと，その際に日本が東アジアでリーダーシップを発揮していくことが重要であると思う．

1 東アジアの陸上動物の多様性

■**動物地理区**　日本，中国，台湾，韓国，ロシア，モンゴル，ベトナムなどからなる東アジアの陸上動物の生物多様性はとても興味深いものだ．地球規模で見たときに旧北区（ユーラシア大陸），東洋区（東南アジアなど），エチオピア区（アフリカ），新北区（北米），新熱帯区（南米），オーストラリア区（オーストラリアなど）の6つの動物地理区があるが，東アジアでは北側が旧北区，南側が東洋区に含まれる．哺乳類について近年の信頼できる知見として，日本に約120種，中国に約550種，ベトナムに約300種の陸上哺乳類が分布している．情報がまだ不足している国もあるが，日本と中国の種数だけからも東アジアの陸上動物の種多様性が高いことがわかる．

■**島嶼**　日本のすべての国土がそうであるように，大陸の東側には南北に多くの島嶼があり，気候をはじめとする多様な環境をもっている．日本の動物相を見ると，日本列島（北海道，本州，九州，四国，周辺島嶼）は旧北区，琉球列島の多くは東洋区に含められ，その境界は鹿児島県トカラ列島の悪石島と小宝島の間にあるといわれている．日本列島と琉球列島では動物相に多くの違いが見られ，共通種は多くない（京都大学総合博物館，2005）．

　これらの東アジア沿岸島嶼動物相は数百万年の時間軸でその形成を捉えることが必要だ．地殻変動による島嶼形成過程や氷河期における大陸との陸橋形成によって，大陸と島嶼がつながったときに，大陸から動物が島嶼に侵入し，その後島嶼に隔離されたと考えられている．小笠原諸島は他の島嶼とは異なり，島嶼の形成からこれまでに一度も大陸と陸続きになったことのない**海洋島**で，哺乳類は飛翔するコウモリ類と，人間とともに持ち込まれたとされるネズミ類が知られるだけである．

　1つの島嶼に分布する動物の間でも，種によって侵入の歴史が異なることがある．また，日本列島のように大陸との接続とは別に，島嶼同士が陸続きになったことも動物相の歴史を考える上で重要だ．隔離された時間だけで決まるわけではないが，長期間島嶼に隔離

図2.8.1　野ネズミは種多様性が高い野生動物の1つである

されることによって大陸からやってきた祖先種から新しい種に進化するものが多く見られる。また，環境変動や他の種との競争などにより，大陸に分布していた祖先種が絶滅してしまい，その影響をあまり受けなかった島嶼だけにその種が残されることもある。形態分類や遺伝子解析などから，それぞれの種の詳しい進化の歴史を知ることができる。

島嶼には，そこだけに分布する**固有種**が多く見られるのが特徴だ。また，種より上位の分類階級である属レベルでの**固有属**も見られる。日本の哺乳類では本州などに見られるヒミズ，ヒメヒミズ，ヤマネ，琉球列島に分布するアマミノクロウサギ，トゲネズミ，ケナガネズミが固有属である。西表島に約100頭が生息するイリオモテヤマネコは，1960年代に固有属として新規新種記載されたが，1990年代の遺伝子解析で，現在は対馬，台湾，大陸などに分布するベンガルヤマネコと同種とされる。

動物の多様性評価には正確な分類体系が重要だが，その環境における役割や種の保護を考慮する場合に，種レベルではなく集団レベルで捉えることがある。同じ種であっても島嶼という限られた環境に応じて独自の遺伝的特徴や生態学的特性が見られることがある。たとえば，イリオモテヤマネコでは，分類学的位置づけにかかわらず，遺伝的特徴や餌などの生活史特性が独自化しており，西表島集団として適切な保護をとっていくことが重要であると考えられている。

2 大陸の陸上動物

■ **大　陸**　日本の動物相にとって「島嶼」理解が不可欠であるのに対して，大陸の陸上動物の多様性はどのように理解できるのだろうか？　島嶼のような単純な理解では不十分であり，「大陸」という共通理解もできないといえるだろう。東アジアの哺乳類を見ると，その分布は，標高で0～5000 m以上，生息環境として森林，草地，耕作地，人為環境，都市，湿地，砂漠などのあらゆる環境，亜熱帯から寒帯までの東アジアのほぼすべての地域をカバーしている。この中でも種多様性が高い地域とされてきたのが，中国西南部の四川省や雲南省にまたがり，ミャンマー北部やヒマラヤ地域へとつながっていく高山地域で，多くの固有種が見られる。一方で，東アジア大陸部には低中標高地のとても広い範囲に分布する種も見られる。東アジアの動物を環境という視点から理解するには，限られた地域に分布する固有種と広い範囲に分布する広域分布種の双方に着目することが必要だ。

大陸の陸上動物を理解する上で，第四紀，中でも最終氷期における環境変動の影響を考える必要がある。陸上動物の分布（とくに限られた地域に分布する固有種）は長い間，変化しないで同じ場所に保持されてきたように考えがちだが，実際はそんなことはない。近年の遺伝子を用いた地域集団間の関係を探る分子系統地理学の展開により，新しい知見が得られてきた。

■ **レフュージア**　氷河期は現在よりも寒冷であったことが知られている。温血動物である哺乳類は，動物の中では寒冷に強いといえるが，それでも寒冷の生存に与える影響は顕著だったろう。高緯度や高標高の地域で氷河が形成されたところやその周辺では，哺乳類の生存は不可能であったと想像される。分子系統地理学がいくつもの種で示した結果から推測されていることは，氷河期には哺乳類は温暖で生息可能な限られた地域に分布域を著しく減少させ，氷河期が終わり温暖

図2.8.2　気候変動との関わりで注目される青海チベット高原

クチグロナキウサギ 　　　　　　　　　　　　　　　　チベットガゼル

図2.8.3　青海チベット高原に生息する動物たち
4000m台の高地に生息することから，環境変動の影響をもっとも受けやすいといわれている。

になってから分布域を拡大させることで，現在の分布が形成されたというものだ。氷河期に生息していた限定地域は避難所という意味から**レフュージア**（refugia），またそうした考えをレフュージア理論とよぶ。レフュージア理論はヨーロッパや北米でも提唱されている。一方，東アジアは生物多様性が高く，地形が複雑であることから，氷河期の分布実態の解明が難しいのが現実だ。しかし，その解明は動物相の理解の上でとても重要である。氷河期から現在までの分布を解明することにより，気候変動が動物分布に与える影響の将来予測やモニタリングにつながることが期待できる。中国西南部の固有種が多い動物相や，世界の屋根とよばれ標高 4000 m 台の青海チベット高原（図 2.8.2）の動物相が気候変動との関わりで注目されている（図 2.8.3）。しかし，近年の系統地理学の知見が示していることは，気候変動の影響がこうした高標高寒冷地にとどまらず，東アジア全域の動物に関わっているのではないかということだ。また，大陸だけでなく，日本列島や台湾といった大きな島嶼でのレフュージアの存在も示唆されている。一方で，実際の環境変動とレフュージアを結びつけた東アジアでの研究は不十分で，今後の展開が期待される。

3　人間も野生動物も生態系を構成している

■**人間と野生動物**　東アジアにおける人間と野生動物の関わりについて見てみよう（図 2.8.4）。人間の歴史を通じて，人間は野生動物を利用し続けてきた。肉をはじめとする食料，毛皮などによる衣服や住居，骨や歯などによる道具，象牙などの動物歯による装飾具，様々な部位から作られた漢方薬などだ。また，トラを一例として人間へ危害を与える動物は殺され，すでに絶滅あるいはその危機に瀕した種も見られる。一方で，農業や林業への被害が多くの動物によって引き起こされてきた。そしてネズミ類といった小型動物をはじめとして，罠により捕獲され，毒餌によって駆除されてきた。さらに，ペストやエキノコックス症といった野生動物が関わる人獣共通感染症も発生している。

東アジアにおける人間と野生動物のこのような相互関係は，おそらく人間がこの地域にすみはじめたときから続いてきたものといえるだろう。動物に人間が与えた影響は，今よりも過去の方が強かったと考えられる。日本では，北海道のニホンジカが絶滅寸前になるまで捕獲され，ユーラシアカワウソが毛皮のための捕獲によりほぼ絶滅した明治時代が，野生動物への直接的な影響が一番激しい時期とされている。

野生動物が最近になって注目されるようになった背景について，筆者の考えを述べたいと思う。まず，国際的な流通が盛んになってきたことは注目すべきことだ。より多くの野生動物資源を世界的に流通させることが経済的動機によって求められ，冷凍・乾燥技術や運送時間の短縮といった技術革新が野生動物の大規模な流通を支えている。ワシントン条約などにより規制されている動物種でも，闇取引が多いといわれ，その摘発が求められている。次に，人間の数が増加したことも考慮する必要がある。人口増加の要因は様々だが，それはともかく，人口が増えたことで野生動物も含めた環境に人間が与える影響が増加していることは確実だろう。これを軽減するために，科学技術の発展が必要といえるのではないだろうか。人類誕生の頃の狩猟

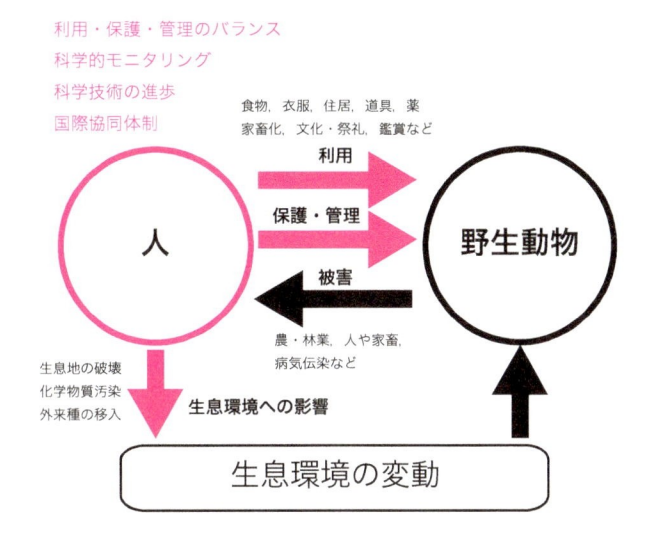

図2.8.4　人と野生動物の関係の模式図
人が野生動物にあたえる要素を赤で示した。野生動物とともに生存するためには，これらのバランスをとりながら，科学的モニタリング，科学技術の進歩，国際協同体制の構築が不可欠である。

採集にたよった人間生活は，野生動物をはじめとした環境に大きな影響を与えただろうが，人口が少なかったために全体としての影響は少なかったと予想される。一方で，現在の東アジアの人々が環境とともに持続可能な生活を送るためには，科学技術の進歩が重要な鍵となるであろう。

■ **野生動物管理**　野生動物の環境問題を考える上で，人間も野生動物も生態系の構成要素であることを再確認する必要がある。人間は野生動物と共存していくことによってのみ，生きていくことができると考えられる。もちろん，人間が野生動物の利用をすべてやめれば，野生動物の環境問題が解決するわけではない。日本では現在ニホンジカの急増が，植生破壊をはじめとする「環境問題」になっている。これは気候や生息地の変化に加えて，狩猟（図2.8.5）が激減したことが要因と指摘されている。人間にとって，伝統的な狩猟も含めて，科学的モニタリングに基づく野生動物管理を進めていくことが本当の野生動物を守ることだといえるだろう（三浦，2008）。また，人間を守るために，農林業や病気媒介などで大きなダメージを与えるネズミ類などの防除も必要だ。ここでも科学的なモニタリングや技術開発が求められる。これまでは薬剤で殺す方法が主流だが，人間や他の野生動物・家畜への影響，土壌への薬剤流出による環境汚染，薬剤耐性個体を生み出して個体数管理ができない状況の発生が問題となっており，新しい手法が求められている。

野生動物を環境問題と関連づけるときに，広い地域で同時に起こっている現象にも着目する必要がある。地球規模での気候や環境の変動や変異幅の増大は，と

図2.8.5　ベトナムで自家食用や市場などでの販売のために狩猟されたイタチアナグマとリス類

きに広域にわたって野生動物の個体数を減少させ，場合によっては絶滅に追い込むことがあるだろう。また，ダイオキシンや重金属などの化学物質汚染による野生動物の不妊や生殖障害の増加は，個体数の減少に気づいたときにはすでに手遅れになってしまう可能性がある。ジャイアントパンダのように，動物園などの飼育下で保護増殖事業が進められている種もあるが，野生動物は基本的に野生下で生存できることが前提である。東アジア広域あるいは地球規模での野生動物をめぐる問題についても，科学技術によってモニタリング，解決策の探索を進めることが重要である。

4 野生動物とともに生存していくために

これまでに述べてきたように，人間が野生動物とともに生存していくためには，科学技術の進歩と現状把握のためのモニタリング，科学的知見や技術を生かした問題解決策の探求が必要だ。そのためには生物学者だけでなく，工学，環境科学，農学，林学などの関係分野の研究者，技術者，さらには人間との関わりや合意形成に関わる社会科学者などが協力して環境問題に取り組むことが必要である。大学はもちろん，研究所，政府，企業，国際機関，各国機関などの連携も重要になるだろう。

東アジアでは自然観，文化，さらには社会関係の違いから，欧米での環境問題解決へのアプローチがそのまま使えないのではないかと筆者は感じている。東アジア独自のやり方を日本がリーダーシップを発揮しながら作り上げていくことが求められている。そこでは，各国との連携体制を構築し，新たな人材育成を進めていくことも重要だ。そこには，さまざまな分野の専門家が関わってくるが，巨大データ解析や通信技術が発達する一方で，一次データ収集の重要性もこれまで以上に増している。最新の科学技術に頼りながらも，現場へ踏み込んでいくことが必要となってきている。

アジア各国へ出かけていって，コミュニケーションを駆使しながら，行動し，決断できる人材が，日本をはじめとしてアジア各国で求められる時代となっているといえるだろう。

【本川雅治】

column フィールドではじめて気づいたこと

筆者は野生哺乳類の種分類や動物地理学の研究を行っている。中国やベトナムにでかけていって，都市から離れた自然保護区で調査をする。一緒に仕事をする相手国の若手研究者に教えられることが多い。不法な捕獲と取引が野生動物の絶滅の脅威となっている。国際条約や法律で厳しく取り締まり，処罰することはもちろん重要だが，実際の自然保護区では地元住民への教育がもっと重要だということがその1つだ。ベトナムの一人の若手研究者は，私たち日本チームとの共同研究により調査技術を向上させた。彼はそうした調査技術と野生動物保護の重要性を自然保護区のレンジャーなどの若手職員に直接に伝える活動をはじめた。野生動物保護を現地の若手職員に教え，そしてそれらは家庭で，そして地域で共有され，次世代の子どもたちにも伝えられていく。生物多様性が失われると，彼らの生存基盤も危うくなる。生物多様性を守り続けていく重要性が，世代を超えて地域コミュニティで理解されていく。都市部にいては気づかない発想だと思った。筆者も，彼と一緒にベトナムの森林にでかけ，調査をしながら，地元の人と対話することの重要性を改めて認識することになった。

■参考文献

京都大学総合博物館（2005）：日本の動物はいつどこからきたのか，岩波書店。
三浦慎悟（2008）：ワイルドライフ・マネジメント入門 野生動物とどう向き合うか，岩波書店。

第3章
環境と様々なシステム，持続可能性

　地球の構造や成り立ちを理解し，ヒトや生物のまわりの環境を構成する要素の理解が進んだとすれば，社会を構成する様々なシステムの構造や影響を考え，その持続可能性を考えることが，環境学の次の課題となる。つまり，資源，エネルギー，廃棄物，化学物質，放射線，農林水産業，都市，森里海などの，社会や技術に関わるシステムの役割と課題を考えていかねばならない。資源やエネルギーの由来や利用の帰結を考えること，廃棄物管理や資源循環の観点から循環型社会を構想すること，農業や林業などの持続性の観点から俯瞰すること，化学物質や放射線などを健康的観点から制御すること，都市の機能と限界を制御的観点を含めて展望すること，社会の様々なシステムを森里海とのつながりから見ていくことなど，様々なシステムの持続可能性を検討していかねばならない。第3章では，こうした社会システムを含めた人間社会システムを持続可能性の視点を意識して俯瞰していく。

写真：ドイツ・ヴィルドポルツリート村は再生可能エネルギーNo1とされる。発電用の風車が得意げに風を切る（撮影：浅利美鈴，2013年6月）。

3.1 資源・エネルギー・廃棄物

1 持続可能性

「持続可能性」は，1987年に国連の「環境と開発に関する世界委員会」（通称「ブルントラント委員会」）が出した報告書で「持続可能な発展（sustainable development）」というキーワードを盛り込んで以来，広く使われてきた。この報告書では「持続可能な発展とは，将来世代がそのニーズを充たす能力を損なうことなく，現在世代のニーズを充たす発展である」と定義している。すなわち，持続可能な社会とは，環境を含めた有限な地球資源と人間の生活が両立できる社会であり，地球上で生活する現世代と将来の世代とが衡平（公正）に発展の恩恵を受けられる社会ということになる。

その後，持続可能性は，持続可能な消費と生産（Sustainable Consumption and Production），すなわち**SCP概念**に展開している（United Nations Environment Programme, 2012）。持続可能な開発に関する国際会議（ISSD）のSCPの定義は，「将来世代のニーズを損なうことがないように，天然資源や有害物質の使用を最小化し，サービスや製品のライフサイクルを通じた廃棄物や汚染物質の排出を最小化しつつ，基本的なニーズやよりよい生活の質につながるサービスや製品を使用すること」とされている。国連環境計画（UNEP）のSCPの定義は，「すべての人の生活の質を向上させつつ，消費や生産システムからの負の環境影響を最小化する包括的アプローチ」とされている。

こうした定義の下でのSCPの基本原則としては，経済成長と環境劣化のデカップリング（4.3節参照）を目指すことがある。現在の経済活動の資源やエネルギー密度を減少させ，採掘から生産，消費，処分における汚染や廃棄物を減らすことが求められる。言い換えれば，生活の質を保ちつつ，より少ない資源やエネルギーでもって維持できる製品やサービスに向けた消費パターンに転換を進めることともいえる。また，生産と消費に関わるすべてのライフサイクル過程からの影響を考慮するライフサイクル的思考も求められることとなる。ただし，せっかく効率向上が得られた後でも，消費過程での負荷増加というリバウンドがまま見られることには注意する必要がある。

2 持続可能性な社会の条件と世界の現状

人間が安心・安全に暮らすには，人間の生命維持と基本的な生活の営みに不可欠な資源や環境の持続的確保と自然界と共生できる社会システムが必要となる。この不可欠な資源には水資源，食料資源，エネルギー資源，鉱物資源，森林資源などがある。これらを確保することや維持することで，環境を破壊してしまっては安全に暮らすことができない。そこで，社会における資源利用のあり方について，**ハーマン・ディリーの3原則**がある。

①再生可能な資源（土壌，水，森林，魚など）の消費ペースは，その再生ペースを上回ってはならない
②再生不可能な資源（化石燃料，良質な鉱石，化石水など）の消費ペースは，それに代わりうる持続可能な再生可能資源が開発されるペースを上回ってはならない
③汚染の排出量は，環境の吸収能力や浄化能力を上回ってはならない

とされている。この3原則は，持続可能な社会を構築するためには，地球環境の恒常的なシステムを壊さないこと，すなわち環境容量を超えないことが大前提となっていることを意味している。

現在，世界の人間の営みは，上に述べた持続可能な社会とはほど遠いものになっている。とりわけ，先進国とよばれる国では，生産活動や家庭生活のいずれにおいても，大量のエネルギー消費と資源や物財の消費に依存している。エネルギー源としておもに用いられている石油，石炭などの化石燃料を大量に燃焼することによって，大気中のCO_2量を大幅に増大させ，地球全体の気候を温暖化や異常気象に招いているとの見方が多い（1.3節，2.5節参照）。また，人間の活動から作り出される生産物や，活動の結果として排出される廃棄物の量が，自然環境の浄化能力をはるかに超えて排出されつつある。さらに，人間の活動が環境に過大な負荷をかけた結果，その環境の中で生きている動植物に深刻な影響を及ぼしている。環境の劣化に伴い

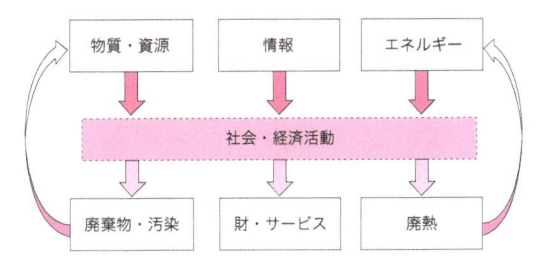

図3.1.1　資源・エネルギー・廃棄物と社会・経済活動

生物多様性が損なわれ，生態系から人間が受けられるサービスも低下している．貴重な資源である水，食料も地域によっては簡単には手に入らない状況になりつつある．

持続可能な社会に向けて克服すべき課題は，資源・エネルギー問題，温暖化問題，廃棄物問題，生物多様性，水・食料問題などの環境や資源に関わる課題以外にも平和，人権，貧困，衛生，福祉，経済など人間や国としての社会問題もある．そして，これらの課題は単独で存在しているのではなくお互いに複雑に関連し合っている．ここで，原子力エネルギーを持続性の観点からどう見るかは，政治的論争が続く課題でもある．本書においては，3.2節「エネルギー」や3.6節「放射線とリスク」で，各課題の基礎が取りまとめられている．

3　資源・エネルギー・廃棄物管理の持続可能性に向けて

資源・エネルギー・廃棄物と経済社会活動の関係を，様々なものなどの出入りとの関係で整理すると図3.1.1のようになる．地球上の資源やエネルギーを用いて，ヒトが獲得した技術や知恵を総体としての情報を用いて，社会活動や経済活動が行われる．その結果としての財・サービスをヒトは受け取り，その一方，廃棄物や廃熱，場合によっては汚染物質を環境に排出することとなる．このシステムには廃棄物や廃熱をフィードバックするループを内包しており，このループをより太く，より確実なものにしていくことで持続性につながるとの理解をしていかねばならない．

持続可能な社会の前に立ちはだかる課題は，いずれもこれまで私たちが営んできた近代化とよばれた生産活動，家庭生活とそれを是とした社会制度が引き起こしてきた問題といえる．このように見れば，これらの課題を克服して持続可能な社会を構築するためには，これまでのような大量生産，大量消費，大量廃棄の社会システムを根本的に変えねばならないという見方となる．そのためには，これまでの社会システムの基になっていた化石資源依存を脱却して，低炭素社会を目指す必要があろうし，人間の生命維持基盤である環境や資源を健全に維持できる循環型社会システムを作り上げる方向に舵を切らねばならない．持続可能な社会では生産活動や消費活動は環境容量や限られた資源量の範囲内で行うことも求められよう．そうなると，社会システムは必然的にグローバル化よりはローカル重視となる．また，人間の生存基盤である食料・エネルギーの確保も再生可能な資材であるバイオマスが重視されるであろう．さらに人間の生活を豊かにする方法も物やエネルギーを消費するのではなく，情報，芸術，文化などが大切となる．

資源・エネルギー保全や廃棄物処分制約，気候変動防止の観点から循環型社会形成から社会の持続性を確保していくことが必須である．

資源・エネルギー・廃棄物の各課題を個別に考えるにしても，総合的に考えるにしても，その使用抑制やリサイクルなどの循環的側面を重視していかねばならないこととなってきた．産業革命以来，ふんだんに資源やエネルギーを消費してきた社会活動は，枯渇性資源の資源的制約からも，温室効果ガスなどの環境的制約からも維持していくことは困難との認識が共有されつつある．その対策としての処方箋の1つが循環型社会形成であり，その基本的枠組みについて考える必要がある．循環型社会システムを構築していくときの重要なポイントとして，「循環型社会形成」と「化学物質コントロール」の同時達成を目指さねばならないことにも目を配らねばならない．「循環型社会形成」と「化学物質コントロール」の二兎を追わない限り，地球系と生命系の持続性はないと考えるべきである．つまり，

- ・「資源・エネルギーの枯渇問題」「廃棄物の不法投棄問題」「温室効果ガスによる気候変動」などへの対処方策としての「**循環型社会形成**」
- ・「水銀による人体被害」「ダイオキシン問題」「内分泌攪乱化学物質問題」などの化学物質問題を避ける方策としての「**化学物質コントロール**」

が必要となるのである．　　　　　　　　　〔酒井伸一〕

■参考文献

United Nations Environmental Programme (2012): *Sustainable Consumption and Production:A Handbook for Policy Makers*.

3.2 エネルギー

1 エネルギー・環境問題の現状

ここでは環境問題を捉える上での1つの重要な要素として**エネルギー**について取り上げることとする。ここでは，エネルギーとはいわゆる人間が生活していく上で欠かせない熱・動力源を供給するリソースとして捉えられるものであり，現在，人間は自然界に存在する様々な形のエネルギーを取り出し，使いやすい形に変えて利用している。それゆえ，エネルギーを取り出すということはすなわち何からの影響を自然界に及ぼすこととなり，エネルギーに関連した環境問題を引き起こすこととなる。ここではこれら「エネルギーを使うこと」に関連する事項について解説するとともに，今後の展望についてもふれることとする。

はじめに，いわゆるエネルギーは一次エネルギーと二次エネルギーに分けられる。**一次エネルギー**は，自然界に存在するエネルギー源であり，使うことによってその資源量が減る**非再生**エネルギーとして，石炭，石油，天然ガスなどの化石燃料，原子力などがある。一方，太陽光・熱などあるいは自然現象により供給されるエネルギー源として，風力，水力，波力，地熱等があり，**再生**エネルギーとよばれる。**二次エネルギー**とは一次エネルギーを人間が使いやすい姿に変えたエネルギー源であり，たとえば電気，ガソリン・軽油などあるいは水素などがある。現在のところ，環境に影響を与える主なる問題は一次エネルギー利用のうちでも主なる供給源が非再生エネルギーであることに起因する。

そこで，ここでは非再生一次エネルギーの例として，石油をとりまく状況において生じている問題について示す。図3.2.1は原油価格の変化を示しており2000年くらいを境に急激に上昇していることがわかる。これは純粋に需要・供給のバランスのみで決まっているわけではないが，少なくとも需要が増加しているのに対して，供給量が減少しつつある，あるいは採掘に費用がかさむ可能性があると見込まれた価格であろう。将来の石油の供給量がどの程度あるかということに関しては，様々な調査により検討されているが，その予測は困難である。しかし，以前のように「安い」石油を「ふんだん」に使って経済を駆動する時代は終焉を迎えたというのが共通した見方となっている。

また，図3.2.2は各種エネルギー源の地域別埋蔵量を示している。このように各エネルギー源において現在確認されている埋蔵場所は偏在しており，これが資源ナショナリズムの考え方を生むと同時に紛争の原因となりうる。一方，これらのエネルギーを消費する側では，図3.2.3に示す通りいわゆる先進国でかつ人口の多い国の消費が多いが，新興国においてもエネルギー消費量が著しく伸びており，1人あたりのエネルギー消費量が先進国に近づきつつある。これが全世界における石油の消費量を引き上げる一因となっている。

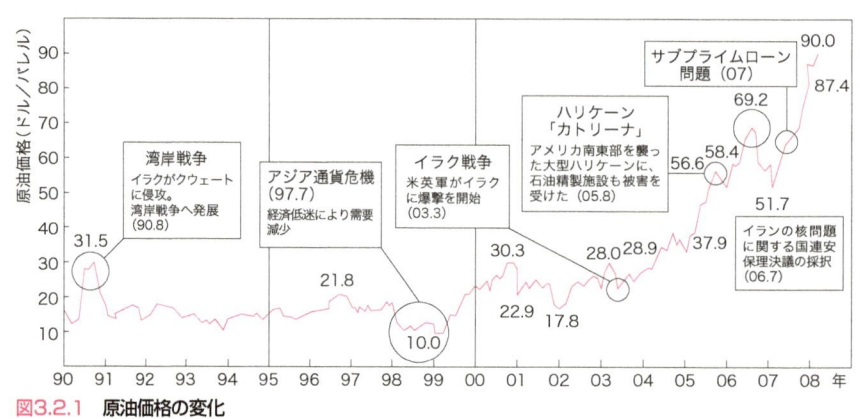

図3.2.1 原油価格の変化
出典：日本エネルギー経済研究所「Oil Now 2008」より改変。

について考える。エネルギーとは「物理学的な仕事をなしうる諸量の総称（物体が力学的仕事をなしうる能力）」であり，動作流体が物理的・化学的変化を生じたときに，外界に与える効果もしくは仕事をする能力のことと物理学で定義されている。また，エネルギーは不生・不滅であるという**エネルギー保存の法則**があり，すべての現象においてエントロピーは変化しないか，もしくは増大する。また，いったんエネルギー変換を行うと，大きさ，形態ともまったく元通りに戻すことはできないというエントロピーの法則がある。これらと「エネルギーを消費する」ということとをどのように結びつけることができるであろうか？

多くの場合は，人が直接必要とするのはエネルギーの中でも熱，動力，電気などであるが，これらを得るために一次エネルギーから得られる高温の熱を用いる。この際に，何か対象を加熱することが必要であれば直接利用すればよいが，動力及び電気であれば多くの場合は熱を仕事に変換する必要が生じる。この場合，得られる仕事は以下に示すような熱力学の第一法則および第二法則の制限を受ける。

【熱力学第一法則】

①熱はエネルギーの1つの形であり，仕事を熱に変えることも，また熱を仕事に変えることも可能である。

②熱を仕事に変えるとき，あるいは仕事を熱に変えるとき，エネルギーの総量は変わらず一定である。

③第一種の永久機関を作ることは不可能である（エネルギーを消費しないで引き続き仕事を発生できる機械を第一種の永久機関という）。

【熱力学第二法則】

①熱はそれ自身では低温物体から高温物体へ移ることはできない

②熱機関において加熱された高温の流体から仕事を取り出すには，その流体温度より低温の物体を必要とする。

③第二種の永久機関を作ることは不可能である（第二種の永久機関とは，ある熱源から熱エネルギーを得て，そのエネルギーを継続的に仕事エネルギーに変換し，自然界に何らの変化も起こさないような熱機関である）。

④自然界において起こるあらゆる変化は，それに関与する物質のエントロピーの総和が増大する方向に進む。

すなわち，一次エネルギーにより得られた熱より仕事

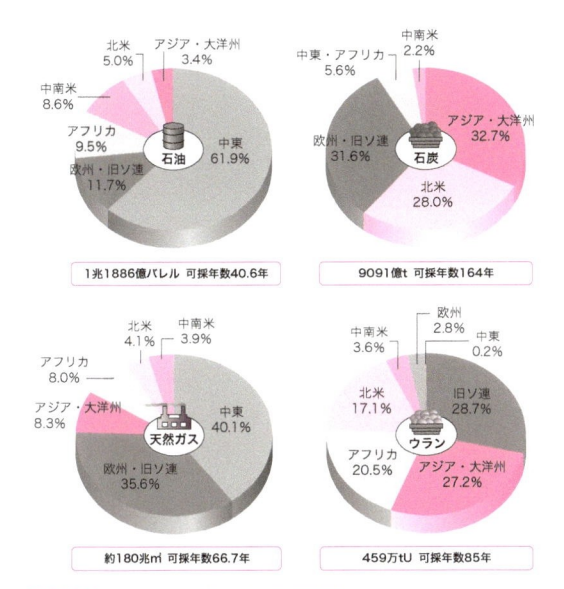

図3.2.2 エネルギー源の地域別埋蔵量
構成比の各欄の数値の合計は，四捨五入の関係で100にならない場合がある。また，資源量割合は採鉱ロスなどを考慮していない（BP統計2006，OECD/NEA&IAEA「URANIUM2003」より）。

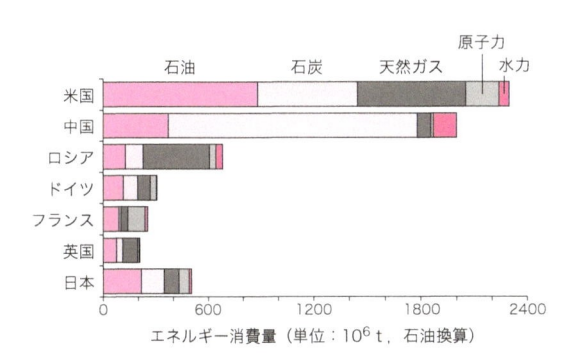

図3.2.3 各国のエネルギー消費（主要国の例）
BP Statistical Review of World Energy, 2009より。

これら化石燃料を用いると，同時にCO_2を排出する。近年，温室効果ガスとしてCO_2の削減が求められており，広い分野で低減が必要である（1.3節参照）。

このように，エネルギーに関わる問題は幅広い領域にまたがる。

2 エネルギーとは？

■ **エネルギーを消費すること**　一般に，「エネルギーを消費する」といった表現が用いられることが多いが，この「消費」するということが何を意味するのか

図3.2.4 熱機関の概略

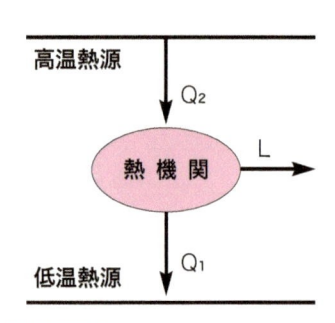

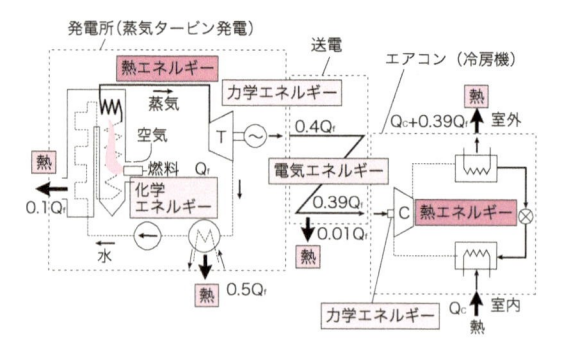

図3.2.5 「エネルギーを消費する」ことの例

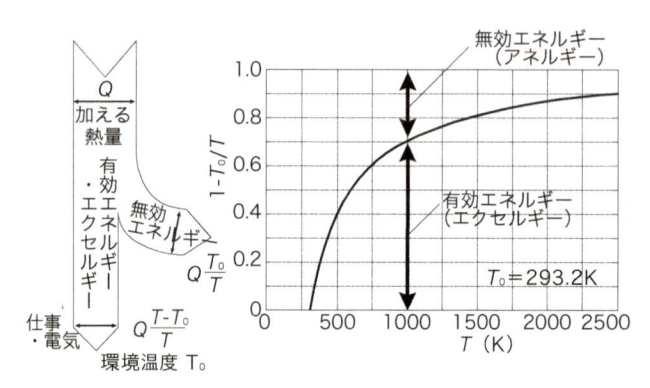

図3.2.6 有効エネルギー

を得るということは，高温熱源から低温熱源への熱の移動の際に，その一部を仕事として取り出すことに対応しており，これは**熱機関**とよばれる。図3.2.4はその概略であり，損失がなければ $Q_2 = Q_1 + L$ が成り立ち，**熱効率**とよばれる L/Q_2 は1よりも小さい。

「エネルギーを消費する」ということについて具体的に例をあげて説明する。燃料の燃焼熱から仕事を取り出して発電し，その電気を家庭で消費することを例としてこの過程について見てみる。図3.2.5は蒸気タービン発電所において電気を起こし，得られた電気を家庭でエアコンに用いる様子を模式的に示したものであり，ここでは燃焼熱の約40%が電気に変換される際には，残りの60%は排熱として外界に捨てられる。さらにこれが送電により1%失われたとして，家庭で使われる電気は燃焼熱の39%となる。これをエアコンの冷房として用いたとすると，部屋から熱を奪うためにこの電気エネルギーは使われるが，結果的にはすべてのエネルギーは外界に熱として捨てられることがわかる。すなわち，「エネルギーを消費する」とは高温で供給される熱エネルギーを室温程度の低温環境下に放出する際に，人間が様々に利用することに対応しており，エネルギーとしての総量は変化しない。ただし，この高温から低温への熱の移動は不可逆であり，いったん低温に放出された熱エネルギーは高温の熱エネルギーには戻ることはできない。人間はその不可逆過程のエネルギー移動のうち一部だけを利用することができる。

■ **エネルギー変換**　このように，高温の熱エネルギーから仕事を取り出して，低温へ熱エネルギーを捨てる際に取り出せる仕事には最大値があり，それは高温熱源と低温熱源における温度の比で決まる。一般に低温熱源は常温になることが多いために，取り出せる最大仕事（有効エネルギーあるいはエクセルギーとよばれる）は高温熱源の温度が高いほど大きくなる。図3.2.6はその模式図であり，高温熱源から供給された熱量 Q に対して，高温熱源の温度がたとえば $T = 1000$ K であれば約 $0.7\,Q$ の最大仕事になることがわかる。しかし，実際の熱機関においては種々の熱損失

3.2 エネルギー 67

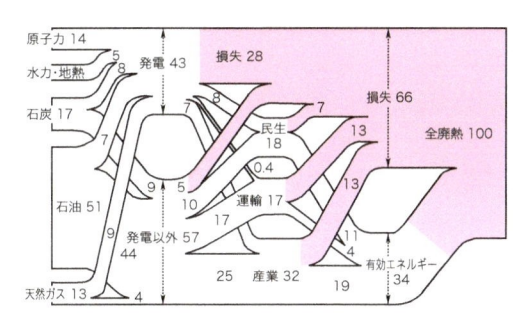

図3.2.7 日本国内のエネルギーフロー（1998年）

などにより $0.4 \sim 0.5 Q$ が最大である。

このように，人間がおもに利用する力学エネルギーあるいは電気エネルギーは自然に存在する様々なエネルギー源より取り出された熱エネルギーを変換して得られる。また，このような力学エネルギーおよび電気エネルギーは利用されたのち環境温度の熱として放出される。図3.2.7に示すように日本国内全体では高温熱源のもつエネルギーのうち約35%が有効に使われた後に最終的にはすべて廃熱となる。

3 エネルギーの有効利用の実際例

エネルギーを有効に利用するためには，
① エネルギー変換の過程で廃熱を極力減らすこと
② 廃熱が環境に溶け込む前に利用すること
③ タイムリーにエネルギーを供給・利用（エネルギー貯蔵）すること

が重要である。それぞれ，具体的には①には熱機関・熱機器における単体熱効率・エネルギー変換効率の向上，動力・熱伝達系のエネルギー伝達効率の向上など，②では熱機関の廃熱から動力・電力を取り出す複合（コンバインド）サイクルや，廃熱を必要な熱として使う熱電併給（コジェネレーション）などがある。また，③ではエネルギー貯蔵として揚水発電，圧縮空気エネルギー貯蔵システム（CAES），氷蓄熱などがあり，また，自動車におけるハイブリッドシステムなどもある。この中から例として②のコンバインドサイクル，コジェネレーションおよび③のハイブリッドシステムを含む自動車の高効率化について記述する。

■ コンバインドサイクルとコジェネレーション
熱機関では廃熱が生じ，それを環境温度に捨ててしまえば有効に利用することができない。しかし，一般に熱機関より生じる排熱は環境温度よりも高いために，それを別の熱機関の熱源とすることが考えられる。これは**コンバインドサイクル**とよばれる。また，比較的低い温度の排熱であっても，人間が熱として利用できる場合があり，これは**コジェネレーション**とよばれる。図3.2.8は各種熱機関の代表的な高温熱源と排熱の温度を示したものであり，たとえばガスタービンの排気は加熱蒸気の温度よりもやや高い。すなわち，ガスタービンの排気熱を用いて蒸気タービンサイクルを運転できることを示す。また，レシプロエンジン[*1]の冷

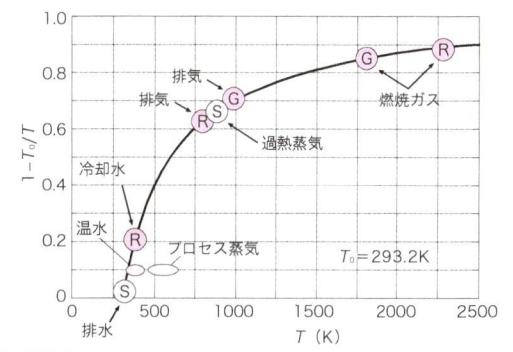

図3.2.8 各種熱機関の高温熱源および排熱の温度

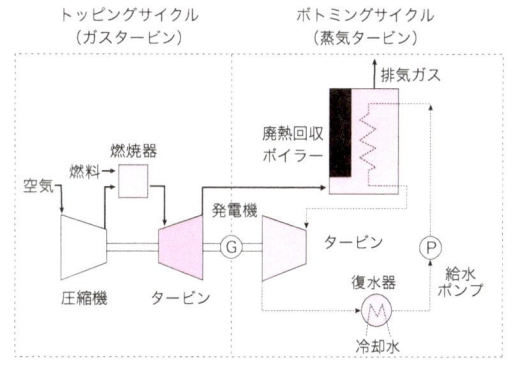

図3.2.9 コンバインドサイクルの例

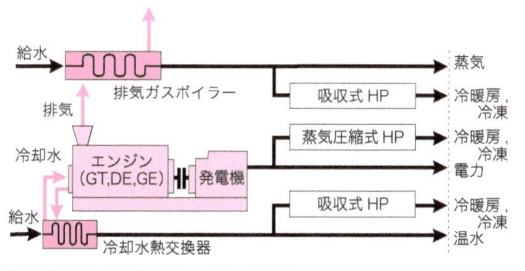

図3.2.10 コジェネレーションの例
HP：ヒートポンプ。

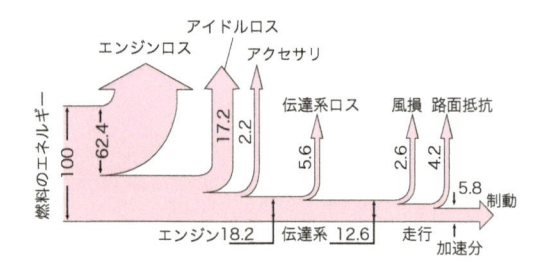

図3.2.11 乗用車のエネルギーバランス

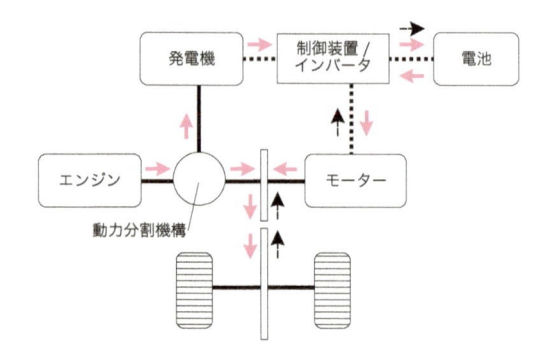

図3.2.12 ハイブリッドシステムの概略
（シリーズパラレルハイブリッドシステム）

却水温度は一般的に用いられる温水より温度がやや高いために，温水加熱に用いることができる。コンバインドサイクルの例として，図3.2.9はガスタービン・蒸気タービン複合サイクルの例であり，主に大型の発電所等における高効率化を目指して利用されている。一方，図3.2.10はコジェネレーションのシステムの概略であり，熱機関によって得られた動力で電気を発生し，排気や冷却水の熱を蒸気，温水あるいはヒートポンプの熱源として用いる。

■**自動車の高効率化**　自動車を含む輸送用燃料の消費は全石油消費量のおおよそ45％を占め，エネルギーの消費量としては大きな要素の1つである。自動車をエネルギー機器として見ると，まず，燃料の化学エネルギーはエンジンによって車両の運動エネルギーに変換され，最終的には制動とともに熱となって散逸する。このように，機器内部でエネルギー変換と消費が行われるものである。また，一般に走行速度，出力が大幅に，頻繁に変動するために，回転速度および出

＊1　**レシプロエンジン**：往復動機関あるいはピストンエンジン・ピストン機関ともよばれる熱機関の一形式。自動車や船舶などの動力源としてもっとも一般的。

力の広い範囲にわたって，高効率化する必要があるが，それが容易でない。加えて，車両停止時にも燃料を消費する。図3.2.11は小型乗用車のエネルギーバランスの一例であり，走行に用いられるエネルギーは燃料のエネルギーのわずか12.6％程度であることがわかる。このことから，車両システムとしてエネルギー効率を向上するためには，エンジン本体の熱効率向上と，各種損失の低減が重要であるが，それに加えてエネルギー回収と無駄エネルギーの低減が肝要である。図3.2.12に示すようないわゆるハイブリッドシステムは，エンジンに加えて，モータ／ジェネレータによりエネルギーを電気として蓄えるとともに，出力を得る。これによりシステムとして高効率化することが目的である。すなわち，加速時はエンジンに加えてモータによる駆動補助を行うとともに，減速の際には運動エネルギーを回収する。また，エンジンの熱効率が低下する運転条件においてモータを用いることにより，システムの最適化が図れる。

4　これからのエネルギー源とエネルギーシステム

以上，エネルギーを取り巻く諸問題について解説するとともに，エネルギーを消費するということについて，熱力学的観点より，その意味について考えた。また，より効率よくエネルギーを使う方法についてもあわせて述べてきた。一方，エネルギー問題を考える上では，どのような一次エネルギーを用いるかということも重要であり，あわせてこれからのエネルギーシステムについて必要となる事項について考える。

まず，①エネルギーの問題について考えるときにはその規模，すなわちグローバルかローカルか，あるいはローカルであればそのスケールはどの程度かということが重要である。地球全体から住宅数軒で考えるべき問題が存在し，それぞれその問題の質も異なる。また，②環境負荷と経済性を対比させるといった現実的には非常に難しい問題を含んでいる（4.4節参照）。これは，たとえば環境負荷を定量化する必要性なども生じ，それ自身が困難である。一方，たとえば原子力エネルギーのように，ひとたび問題が生じた場合にその災害規模がきわめて大きくなる可能性を含むものもある。このようなものに対しては③社会的に容認される技術であるかといった観点も重要となる。

これらに対応する技術として，再生可能エネルギー等を含むいわゆる新エネルギーとよばれるような技術

を積極的に導入すること,あるいは水素エネルギー社会のように偏在するエネルギー源について水素を媒体として社会の中で融通することによって,システムとしての効率を向上する方法等が考えられる.いずれにしても,このように将来のエネルギーシステムを考えるためには複雑な問題体系を1つずつよく議論し,様々な観点から検討することが必要であろう.

【川那辺 洋】

column 次世代自動車:ハイブリッド or ディーゼル?

　日本では次世代自動車はハイブリッド自動車,電気自動車,プラグイン・ハイブリッド自動車,燃料電池自動車,クリーンディーゼル自動車,天然ガス自動車などとされている.国内の乗用車においては,早くよりハイブリッド乗用車が商品化され数多く販売されてきている.一方,欧州ではディーゼル乗用車が新車販売台数の半数を超える国もあり,広く用いられている.この様にいわゆる「エコ」な自動車のとらえ方が地域によって大きく異なるのはなぜであろうか?

　この理由は一概にはいえないが,まず自動車を使う交通環境によることが考えられる.ハイブリッド自動車は本文にも書いたとおり,エンジンの効率が低下する条件において電気モータを用いる.この電力の多くは制動時に回収されバッテリーに蓄えられたものである.このため,日本のようにストップゴーの多い市街地における走行が多い場合に有利になるが,一方,欧州の一部のように,高速道路などを一定の速度で長時間走行することが多い場合はその利点を発揮しにくくなる.

　また,ユーザの乗用車に対する嗜好という点も大きく影響しているようである.欧州では一般的に車両が比較的軽くドライバビリティに優れた自動車を好む傾向が強い.これは,エンジンに加えてバッテリーおよびモータを搭載しなければならないハイブリッド自動車には不利となる.一方,日本ではいまだにディーゼルエンジンは排ガスが汚く,パワーが低いという昔の負のイメージが広く残っているようである.

　しかし,近年日本においてもクリーンディーゼル乗用車の市販が増えてきている.また,欧州ではハイブリッドシステムを搭載した乗用車が増えつつある.ユーザが自分の使い方に応じた動力システムを選ぶことができるようになってきたことは,社会全体におけるエネルギー消費量を減ずるという観点からは好ましいことといえよう.

3.3 資源循環と循環型社会

1 枯渇性資源と非枯渇性資源

資源は，大きく枯渇性資源（再生不能資源，非更新性資源）と非枯渇性資源（再生可能資源，更新性資源）に分類することができる（表3.3.1）。**枯渇性資源**とは化石燃料や鉱物資源などで，**再生可能（非枯渇性）資源**とは太陽光や太陽熱，風力，波力，生物の再生産減少を利用した木材や魚などを指し，再生可能性との関係で英文ではそれぞれ non-renewable, renewable に対比させることができる。枯渇を表す指標に，**可採年数**がある。可採埋蔵量を年間消費量で割った値であるが，石油が約40年とされている他，鉄は主要鉱山で約14年（ブラジルのカラジャス鉱山単独では約85年），銅は約40年，鉛亜鉛は約20年とされている（大久保, 2010）。可採埋蔵量は，すでにその存在が発見され，かつ技術的にも経済的にも利用可能な量をいう。つまり，新たな資源が発見されれば可採埋蔵量は増える。原油やガスの場合，埋蔵量は可採埋蔵量を指すことが多く，原始埋蔵量は貯留岩中に存在する石油やガスの総量を指す。金属の場合は，地殻中に存在する対象物質の総量を知る尺度として地殻存在度が用いられることもある。地球に存在する特定の枯渇性資源の総量は一定と考えることができるので，採掘が行われる限り可採埋蔵量は減る方向にあることを認識しておかねばならない。

日本のような資源輸入国にとって，資源利用における安定供給の確保が重要な課題となる。20世紀に経験した二度の石油危機では，中東諸国をはじめとする供給者側における資源の偏在と価格調整という主要因があった。一方，21世紀に入ってからは，アジア諸国の急速な経済成長に伴う需要拡大に資源逼迫の主要因があると見る方がよい。供給側においても，資源メジャーの合併による寡占化や資源輸出国における資源ナショナリズムの強化といった要因がある。化石燃料や金属の資源開発は，大型のプロジェクトとなり資源が獲得できるまで長期間を要するという点も念頭におかねばならない。こうした需要と供給の逼迫に加えて，投機的な経済行為による価格の変動も資源供給にはつきまとう問題である。

一方，非枯渇性資源（再生可能資源）には，使用量に無関係に枯渇はないと考えられる資源として，太陽光や太陽熱がある。再生可能量と使用量の関係から枯渇はないと考えられる資源にバイオマスがある。太陽エネルギーを光合成により有機物にして生成した植物体であり，再生産が可能な範囲で生物資源を用いるという範囲での非枯渇性資源と考えられる。こうした再生可能資源を基盤とした社会を重視する方向が模索されつつある。

2 循環型社会に向けた3R原則

世界の廃棄物対策の多くは，20世紀の終わりに至るまで，目の前からごみを消し，まわりの環境からごみを見えなくするという方策がおもに施されてきた。その中心は，廃棄物の埋立てであり，その周辺に環境影響を及ぼす可能性がある場合には，その対策に漏水防止や浸出水処理の技術や相応の費用を要することや，埋立地自体を修復する場合にはより多額の費用を要することになっている。

1980年代から1990年代にかけて，欧州を中心に産業社会と消費社会の構造に起因する廃棄物問題に対して警鐘をならす声が起こりはじめる。つまり，ごみを多く出す社会の構造はよくないのではないかという声が大きくなっていった。こうした警鐘を，廃棄物対策

表3.3.1 枯渇性資源と非枯渇性資源

資源の種類	説明	具体例
枯渇性資源 (non-renewable resources)	人類史の時間尺度では補充が不可能な資源	**化石燃料**：人類史の時間軸の中では，もとの炭化水素には戻らないという意味での枯渇性資源 **鉱物資源**：現在の技術や経済水準では使用しえない状態になるという意味での枯渇性資源
非枯渇性資源 (renewable resources)	使用量に無関係に枯渇はないと考えられる資源	**太陽光**：太陽から地球に放射されるエネルギーは，数十億年以上とされる太陽の寿命のもとでは，非枯渇性と考えていい資源
	再生可能量と使用量の関係から，枯渇はないと考えられる資源	**バイオマス**：太陽エネルギーにより光合成されて生成した植物体であり，再生産が可能な範囲で生物資源を用いるという範囲での非枯渇性資源

3.3 資源循環と循環型社会

としての「**発生回避**（リデュース，Reduce）」，「**再使用**（リユース，Reuse）」，「**再生利用**（リサイクル，Recycle）」の**3R政策**として，公式に制度に盛り込むこととなったのは，1986年のドイツの廃棄物処理法改正，そして1991年の日本の廃棄物処理法改正であった。すなわち，「安定化，減量化，エネルギー利用」が中心であった廃棄物政策に，「発生回避，再使用，リサイクル」の視点を追加し，これらに高い優先性を与えたのである。

一方，図3.3.1に示したとおり，こうした発生回避，リサイクル，適正処理といった優先性の考え方とともに，それぞれの対策を統合的に考える視点もまた忘れてはならない（酒井ほか，2001）。なぜならば，①すべての製品使用をやめるわけにはいかない（発生回避の限界），②永久に再使用を続けるわけにはいかない（再使用の限界），③再生利用した素材もいずれは劣化する（再生利用の限界），④処理やエネルギー利用を行っても残渣対策は必要（処理やエネルギー利用の限界），⑤埋立処分，保管管理は次世代への付け回し（最終処分の限界），といったように物質循環や廃棄物政策としての階層対策はそれぞれ単独では万全ではない。また，物質循環のシステムを評価するには，ごみの埋立容量からエネルギー，温室効果ガス，ヒト・生態系の健康，コストなど，様々な評価指標を念頭におかねばならず，評価指標の間でトレードオフ（あちらを立てればこちらが立たずという関係）をもたらすことも少なくない。つまり，階層性を十分に認識しながらも，各階層の対策に余りに固執することなく，トータルシステムを総合的に考えることも重要となってくるのである。

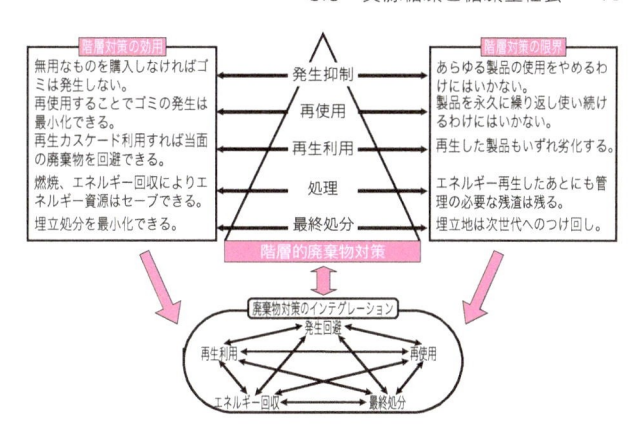

図3.3.1 廃棄物対策の階層性とインテグレーションの考え方（大久保，2010）

した廃棄物政策の展開の中で，階層性を念頭においた物質循環や廃棄物政策の考え方，「発生回避，再使用，リサイクル，適正処理，最終処分を物質循環や廃棄物対策の基本原則として，この順に優先順位を考えること」は，様々な法制度や環境政策の具体化の場で，基本的認識となっている。

そして，2004年より日本政府は国際的に**3Rイニシアティブ**を提唱し，2005年の3Rイニシアティブ閣僚会合において正式に承認された。同時に定められた「3R行動計画」の中には，既存の環境および貿易上の義務および枠組みと整合性のとれた形で，再生利用・再生産のための物品・原料，再生利用・再生産された製品およびよりクリーンで効率的な技術の国際的な流通に対する障壁を低減することとされている。環境保全を図ることができて，貿易上のルールに沿っていることを条件に，再生品などの流通障壁を低くしていくことを目指していることとなっている。

〔酒井伸一〕

3 循環型社会に向けた諸制度

日本では2000年に「循環型社会形成推進基本法」で3Rと廃棄物の適正処理の概念が導入された。この基本法において，循環型社会とは，「製品等が廃棄物等になることが抑制され，ならびに製品等が循環資源となった場合においてはこれらについて適正に循環的な利用が行われることが促進され，及び循環的な利用が行われない循環資源については適当な処分が確保され，もって天然資源の消費を抑制し，環境への負荷ができる限り低減される社会」と定義されている。こう

■ **参考文献**

大久保 聡（2010）：サプライサイド分析2010（2）鉄鉱石。金属資源レポート，**40**（4），139-158。
酒井伸一ほか（2001）：循環型社会科学と政策，有斐閣。

3.4 廃棄物管理

1 廃棄物管理の重要性

資源循環や循環型社会形成は，将来の地球社会の持続性のためには必須の取組みである。その一方，リサイクルを中心とした3R対策を強力に推進したとしても，一定量の廃棄物は必ず発生する。その廃棄物管理を適正に行うための社会のルールや技術が必要となる。とくに地域社会の健全性は，廃棄物の適正な管理があってはじめて達成される。

日本の場合，廃棄物に対する政策は，おもに公衆衛生の視点からはじまった。つまり，廃棄物に含まれる微生物に起因する感染症を防ぐという視点で，廃棄物に含まれる微生物を適正に滅菌することが第一の目的とされた。年間1500 mm程度の降雨量をもつ高温多湿の国では，ごみに起因する病気の蔓延を，まず心配したわけである。実際，明治時代にコレラによる死者が10万人を超えた時と同じくして，廃棄物対策がはじまっている。本格的には，1960年代より計画的に焼却施設の建設が進められていった。その後，1970年代の石油危機により，エネルギー源としての廃棄物の価値が見直され，ごみ焼却発電によるエネルギー回収が推進されていくこととなる。

2 廃棄物と循環資源の定義と種類

廃棄物とは，「ごみ，粗大ごみ，燃え殻，汚泥，ふん尿，廃油，廃酸，廃アルカリ，動物の死体その他の汚物又は不要物であって，固形状又は液状のもの」と法的に定義され，日本では図3.4.1のとおりに分類されている。一般廃棄物と産業廃棄物に分けられており，**産業廃棄物**は事業活動に伴って生じた廃棄物のうち法令で定められた20種類の廃棄物と定められている。つまり，燃えがら，汚泥，廃油，廃酸，廃アルカリ，廃プラスチック類，紙くず，木くず，繊維くず，動植物性残渣，動物系固形不要物，ゴムくず，金属くず，ガラスくず・コンクリートくず・陶磁器くず，鉱さい，がれき類，動物のふん尿，動物の死体，ばいじん，輸入された廃棄物・上記の産業廃棄物を処分するために処理したものが対象となる。一方，**一般廃棄物**は「産

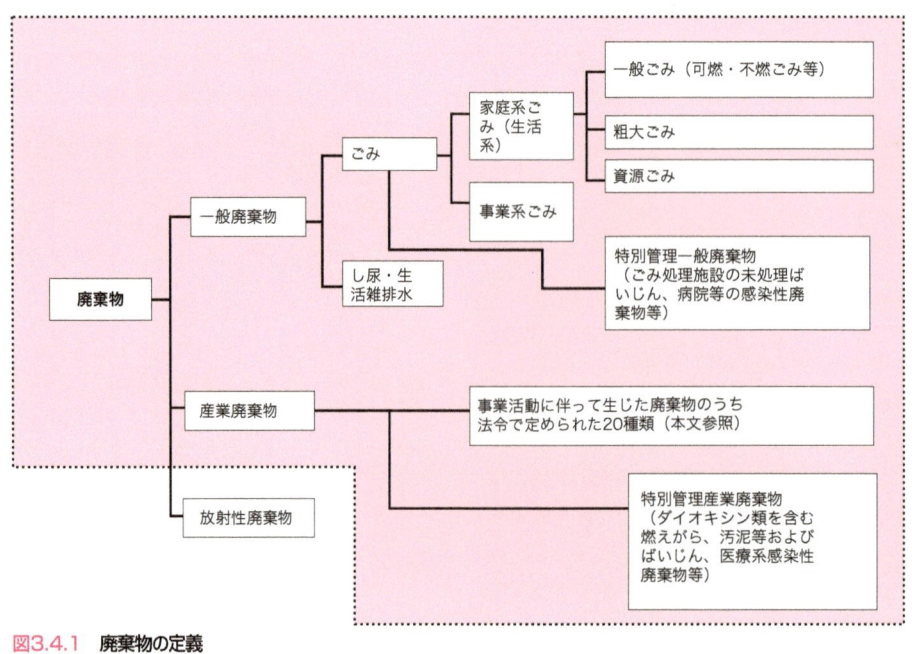

図3.4.1　廃棄物の定義
廃棄物処理法の対象は点線の枠内。

業廃棄物以外の廃棄物」と定義されている。一般廃棄物には、固形状である「ごみ」と液状である「し尿」「生活雑排水」がある。ごみを排出場所で分けると、家庭から排出されるごみ（家庭系一般廃棄物、家庭ごみ、生活系ごみなどとよぶ）と事業所などから排出される産業廃棄物以外のごみ（事業系一般廃棄物、事業所ごみなどと呼ぶ）に分かれる。こうした分類は、形状や排出場所ごとに、正確な統計を把握し、各主体が廃棄物処理に関わる方法を知るために重要である。

不要物とは、占有者が自ら利用し、または他人に有償で売却することができないために不要となったものをいい、不要物が廃棄物に該当するか否かは、最高裁判例で、そのものの性状、排出の状況、通常の取扱い形態、取引価値の有無および占有者の意思等を総合的に勘案して判断するとされている。つまり、当該物が有償で取引きされたかどうかという基準のみではなく、関連する一連の活動の中で価値あるものに転換できるかどうかという基準に拠るべきとされている。この中で、有償は重要な判断の１つとなるが、通常の財の取引ではものの流れとお金の流れが逆方向になるのに対し、不要物の取引においてはそれらが同じ方向になる傾向が見られる。この現象は逆有償とよばれ、廃棄物の該当性判断の重要な一要素とされる。

2000年に成立した循環基本法では、**循環資源**として「廃棄物等のうち有用なもの」が定義された。「有用なもの」とは、循環的な利用が可能なものおよびその可能性があるものを含んでいることとされ、現時点で処分され未利用のものでも循環資源とよぶことは可能である。つまり、再生資源と中古品をあわせたものを循環資源とし、再生資源は、マテリアルリサイクルやケミカルリサイクル、熱回収などの形で再利用される資源で、有価物、無価物の双方を含む。中古品は、製品そのままの形で再使用（リユース）されるいったん使用済みとされた製品である。

3 廃棄物管理のための技術

図3.4.2に廃棄物管理と資源循環のための技術とシステムの関係を示した。廃棄物管理の使われる代表的技術として、分解や分離／回収技術、安定化／固化、排出制御技術といった環境技術群がある。リサイクルでは、廃製品に応じたマテリアルリサイクル技術と様々な環境技術群の組合わせが用いられることとなる。また、廃棄物管理と資源循環を進めながら、産業のグリーン化として、有害性回避や省エネ・省資源などの環境配慮設計を進めることも重要である。

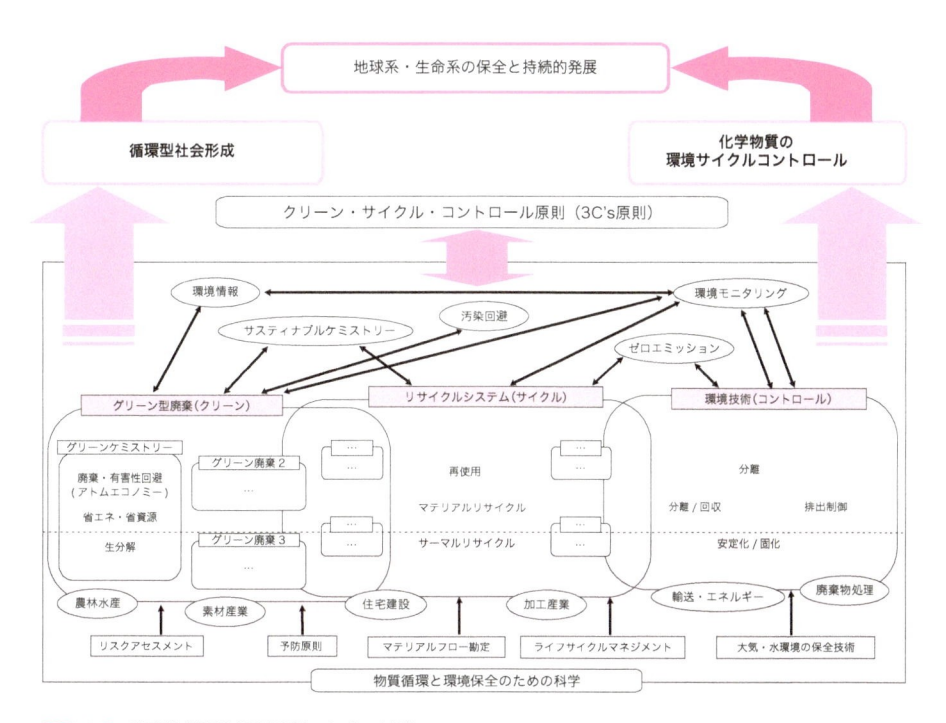

図3.4.2　廃棄物管理と資源循環のための技術

廃棄物処理には、生物変換処理、熱変換処理、物理化学処理などがあるが、これらの役割は、減量化・安定化・無害化を行うこと、資源・エネルギー利用を目指すことにある。減量化は、廃棄物の物理組成にもよるが、熱変換処理の1つである**焼却処理**により容量的には90％程度、重量的には70％程度を減らすことができる。安定化は、処理により無機物主体の残渣とできれば、有機物に起因する様々な問題を回避できる。とくに埋立場での発生ガスや浸出液の管理負担を減らす効果は大きく、欧州では無機化、不活性化したものしか埋立てを認めないという規制が行われている。**無害化**は、廃棄物が有害な成分を含む場合、これを無害な成分に変換することである。たとえば、シアン化物を含む場合、適切な分解処理を施すことで炭酸ガスと窒素ガスに変換できる。また、感染性の廃棄物が含まれる場合、熱変換処理による滅菌効果で感染性をなくすことができる。

廃棄物を対象とした**生物変換処理**とは、一定の制御条件下での生物反応プロセスを利用した有機物の安定化方法であり、大きく分けて好気性処理と嫌気性処理がある。好気性処理とは、酸素の存在する好気条件下での温度上昇を伴う生物処理であり、コンポスト化（堆肥化）として家庭レベルから地域レベルまで幅広く実施されている（3.8節参照）。一方、嫌気性処理は嫌気性消化、バイオガス化ともよばれる方法で、無酸素条件下で有機物を生物分解し、メタンガスを中心とした発酵ガスを回収する方法である。この発酵ガスは、都市ガス原料として利用することやガスエンジン発電により電力回収することが可能である。廃棄物の熱変換処理とは、廃棄物の有機性成分を熱により相変換し、同時にその減量・減容を図るプロセスであり、その中には焼却、熱分解、ガス化がある。焼却とは、炭素系物質を酸素の存在下で、ガスと灰に分解する発熱プロセスである。一方、熱分解は酸素の存在しない高温下で炭素系物質を気体状、液体状の燃料と固体状炭素（チャー）に分解・揮散させる吸熱プロセスである。また、ガス化は熱分解と同様、ガス状の燃料を生産するプロセスではあるが、酸素添加を行う点で熱分解と異なる。熱変換処理を行う場合、エネルギー回収も重要な目的の1つとなる。発生エネルギーを電力、蒸気、温水といった形態で地域や産業での利用が可能となる。都市ごみの多くは、再生可能資源であるバイオマスに由来していることも、このエネルギー回収の意義をもたせることにつながる。

廃棄物に3R方策の適用を行い、処理を行ったとしても残渣は残る。この残渣を最終処分する主たる方法は**埋立処分**であり、埋立処分施設とは廃棄物の最終処分のために工学的に設計された施設をいう。一定の埋立技術により設計し、適切に管理することにより、土壌系、気系、水系への環境負荷を最小化することを目指さねばならない。近年では、漏水防止の土壌層やシート、浸出水処理装置、埋立ガス処理装置を有する工学的に設計されたシステムを用いる場合が多い。施設のみではなく埋立施工方法も、区画ごとに圧密管理する方法、即日覆土やエアロゾルフォームなどの覆土剤を用いるといった方法が開発利用されるようになってきた。

循環型社会が未完成であるがゆえに廃棄物管理が必要とする見方がある一方、量は減っても廃棄物発生を避けることはできないとの見方は必要である。加えて、廃棄物管理施設の立地に向けた社会合意はますます困難となりつつある。廃棄物関連施設立地は、永遠の課題になる兆しもある。こうした点に鑑みれば、循環型社会がより完全を目指すこと、廃棄物の最小化を目指しつつ、地域社会で廃棄物管理が適切に行われていかねばならない。

【酒井伸一】

■ **参考文献**

酒井伸一（1998）：循環・廃棄物処理システムのインテグレーション。産業と環境, 1998,10, 20-28。
田中信寿（1999）：環境安全な廃棄物埋立処分技術。廃棄物学会誌, 10(2), 118-127。

3.5 環境と健康，化学物質管理

1 ヒトと汚染物質

環境問題の中で，ヒトの健康に直接影響を及ぼす汚染物質にまつわる問題は多くある。公害問題とよばれる環境汚染物質への対処を1つの重要課題として環境工学や環境化学ははじまったともいえる。ヒトはどのような危険性に直面しているかを整理し，化学物質管理や有害廃棄物対策の基本を考えていくこととする。

2 環境と健康

毎日，ヒトは誰しも何らかの健康へのリスクに直面している。自動車の運転や乗車，脂肪分やコレストロール分の高い食事に起因する心臓病，地震や洪水といった自然災害などは身近なリスクといえるが，ヒトが直面している危険（ハザード）は，次の5つに分類できる。

① **生物学的危険**：人に感染する可能性のある病原体は1400種以上に上る。病原体とは他の生体に病気を生じさせるバクテリアやウイルス，寄生虫，原生動物などをいう。
② **化学的危険**：大気や水，土壌，食物などに存在する有害性のある化学物質
③ **物理的危険**：火災，地震，火山爆発，洪水といった危険性
④ **文化的な危険**：安全でない職業，犯罪的暴行，貧困など
⑤ **ライフスタイルによる危険**：喫煙，過度の飲酒，安全でない性行為など

3 化学物質に対する危険性と残留性化学物質

化学物質による危険性には，影響の現れる時期から急性毒性と慢性毒性があり，影響の特性から発がん性，突然変異原性，催奇形性などがある。**急性毒性**とは化学物質を1回，時には短時間内に反復投与した場合の毒性をいい，回数的にも長期にわたり，かつ1回量が少ない場合に見られる影響を**慢性毒性**（長期毒性ともいう）という。この慢性毒性の影響に発がん性や変異原性などがあるが，**発がん性**は化学的要因，物理的要因，生物的要因などが，動物にがんを発生させる能力をもっていることをいう。**突然変異原性**とは，物理的要因や化学的要因が遺伝形質を担うDNAや染色体に作用し，突然変異を誘発させる能力をもっていること，催奇形性とは奇形の発生を誘発するような性質をいう。

こうした影響に関係の深い物質を具体的に取り上げれば，ヒ素や鉛，水銀などの重金属類，塩化ビニルやPCB（ポリ塩化ビフェニル）などの残留性有機汚染物質（POPs）を影響のある代表的な化学物質として提示することができる。**POPs**（Persistent Organic Pollutants：残留性有機汚染物質）とは，環境中で分解されにくく，生物に蓄積されやすく，かつ毒性が強いといった性質をもった化学物質の総称である。1992年の国連環境開発会議（UNCED）で地球規模での汚染が指摘され，PCB，DDTなどのPOPsに関する国際条約が2001年に「残留性有機汚染物質に関するストックホルム条約」として採択された。日本は2002年に加盟している。条約採択時にはクロルデン，DDT，トキサフェン，ヘキサクロロベンゼン（HCB），PCB，アルドリン，ディルドリン，エンドリン，ヘプタクロル，マイレックス，ダイオキシン類，ジベンゾフラン類の12物質が対象となった。DDTやトキサフェンなどに対しては製造・使用・輸出入の禁止，ダイオキシン類，ジベンゾフラン類などの非意図的副生成物に対しては，排出目録（インベントリー）の作成を行い，国別の年間排出量の削減に技術的に利用できる最善技術の活用や排出基準の設定を求めている。金属精錬工程やごみ焼却などで発生するダイオキシン類の排出削減は，この枠組みで規制されている。2009年と2011年には新たなPOPsとして，ポリブロモジフェニルエーテル（テトラ，ペンタ，ヘプタ，ヘキサ体），クロルデコン，ヘキサブロモビフェニル，リンデン（γ-HCH），α，β-ヘキサクロロシクロヘキサン，ペルフルオロオクタンスルホン酸（PFOS）とその塩，ペルフルオロオクタンスルホン酸フルオリド（PFOSF），ペンタクロロベンゼン，エンドスルファンが追加された（UNEP，2009，2011）。今後，新たなPOPsを生み出さない努力とこれまでに製造・使用されてきたPOPs，とりわけPCBや廃農薬類など

の適正処理を進めていくことが求められている。

4 化学物質と有害廃棄物対策の原則

　危険性のある化学物質制御のための技術としてのあり方には，廃棄物への階層対策の考え方，つまり，発生回避，再使用，再生利用，適正処理，処分と同様の概念として，「クリーン・サイクル・コントロール」の概念を与えることができる（酒井，1998）。有害性のある化学物質の使用は回避（クリーン）し，適切な代替物質がなく，使用の効用に期待しなければならないときは循環（サイクル）を使用の原則とし，環境との接点における排出を極力抑制し，過去の使用に伴う廃棄物は極力分解，安定化するという制御概念（コントロール）で対処するとの考え方である。環境保全を前提とした化学物質使用や有害廃棄物対策の原則といえる。とくに，今後の環境対策やリサイクル・ごみ対策を考えるとき，環境残留性の化学物質は重要である。
　クリーン・サイクル・コントロール原則の代表例として，2013年に国際条約の対象となった水銀があげられる（1.1節参照）。つまり，水俣病の原因となった水銀の毒性認識と常温で揮散することから生じる地球規模での環境移動から，徐々に世界的な使用削減に至りつつあるところである。具体事例としては，①乾電池への水銀使用削減，②蛍光管への水銀使用減少，③蛍光管のＬＥＤ照明への代替などがあげられる。これらはクリーン対策の具体例である。また，蛍光管に使用してきた水銀の回収利用，水銀汚染土壌からの水銀回収利用といった対策は，2番目のサイクル対策の具体例といえる。そして，水銀は物質としては永久に消えることはないため，水銀保管のための技術とその場を確保する必要がある。また，石炭に存在する水銀に由来する石炭火力発電所の廃ガス処理系からの水銀排出制御，将来の水銀使用を削減するための輸出入管理は水銀制御として求められる方策として，コントロール方策として捉えねばならない。

5 残留性有機汚染物質対策

　POPsに対しては，製品の生産，消費，廃棄，再生，再生利用といったライフサイクルのどのような過程で，どのようなPOPsが問題となるのかを考える必要が

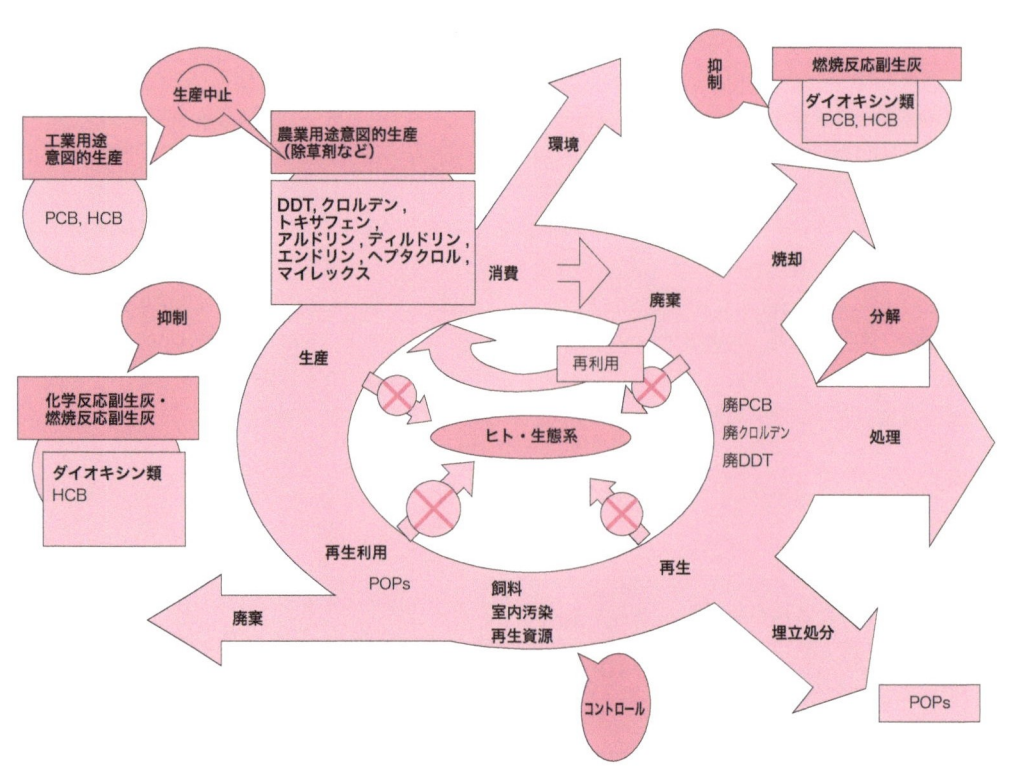

図3.5.1　製品のライフサイクルと残留性有機汚染物質問題

ある。この視点で図3.5.1に製品のライフサイクルとPOPs問題の関係を，整理している。

　第一に生産段階の意図的生成物として，工業用途にはPCB，HCBがあり，農業用途にはDDTをはじめ除草剤などに用いられてきた物質群がある。これらの物質を開発，使用してきたときは，毒性や環境残留性の問題に気づくことなく，後になってその悪影響を知ることになったわけである。使途が明らかで回収可能である場合や環境に漏れ出すことのない機器での使用が続いている場合は，今後回収分解が原則となる。

　第二に生産段階での非意図的副生成物として，ダイオキシン類やPCB，HCBがある。ダイオキシン類やPCBは，除草剤や化学製造工程の化学反応副生成と金属精錬工程における燃焼反応副生成が起こっている。HCBはテトラクロロエチレンなどの溶剤を製造するときの残渣に含まれる場合や除草剤不純物として含まれることがある。

　第三には廃棄段階の副生成物で，とくに問題とされてきたのが，焼却処理過程のダイオキシン類である。PCBやHCBも燃焼反応副生成のあることがわかっており，ダイオキシン類と同時に制御される必要がある。

　そして，第四には様々な過程から発生した廃棄物を分解処理することが求められる。とくに第一の意図的生産物で回収保管している廃PCBやクロルデン，廃農薬などが当面の分解処理対象となる。さらに，循環型社会形成において，もっとも留意すべきはものの再生利用に伴うPOPs移行をいかに抑えるかであり，飼料や農用地利用，再生資源の室内材料への利用，屋外においても児童や地下水への移行はとくにヒトへの曝露の観点から留意しなければならない。

〔酒井伸一〕

■参考文献

United Nations Environmental Programme: The new POPs under the Stockholm Convention , Nine new POPs, http://chm.pops.int/TheConvention/ThePOPs/TheNewPOPs/tabid/2511/Default.aspx

酒井伸一（1998）：ゴミと化学物質（岩波新書），岩波書店．

3.6

放射線とリスク
放射線に関するリテラシー

1 放射線の存在

環境中には天然の放射性同位体や放射線が存在する。これらは原発や原爆とは無関係で，家屋内にも山野にも存在する。

私たちは，普段から天然の放射線を被ばくしている。たとえば，京都市上京区の空気中での空間線量率（単位時間あたりの放射線量）は $0.01 \sim 0.2\,\mu \text{Sv}^{*1}/\text{h}^{*2}$，年間では $0.09 \sim 1.75\,\text{mSv/yr}$ である。数値に幅があるのは自然現象であるため，天候や時間帯等により増減する。UNSCEAR[*3]の2008年報告によれば，自然放射線による被ばく線量は実効線量で年間1人あたり平均 $2.4\,\text{mSv/yr}$ である（UNSCEAR, 2008）。

自然放射線に加えて，人類は産業利用などで発生した放射線も被ばくしている。つまり私たちは，放射線のリスクがつねに存在する環境中で暮らしているのである。これら環境中の放射線について，その現状とリスクを知っておくことはきわめて重要である。

2 自然環境中の放射線

■ **宇宙由来の放射線と放射性同位体**　自然放射線による年間被ばく線量 $2.4\,\text{mSv}$ のうち，$0.39\,\text{mSv}$ は宇宙放射線の体外被ばくによる（表3.6.1）。宇宙放射線（宇宙線：2.4節参照）とは，宇宙を飛び交う放射線の総称で，おもに銀河に由来する陽子線と重粒子線である。国際宇宙ステーションISSの搭乗員の平均被ばく線量は，1日あたり $0.5 \sim 1\,\text{mSv}$ と非常に高く，地上生活の約半年分を1日で被ばくする線量に相当する。NASAは，人類が現在の技術で宇宙旅行をした場合，その被ばく線量は火星往復で $1\,\text{Sv}$，冥王星往復で $70\,\text{Sv}$ と試算している。これは，火星以遠への旅が，放射線の人体影響を考慮すると困難であることを意味する（広島・長崎の被ばく者などのデータから，ヒトは一度に $7\,\text{Sv}$ 以上被ばくすると100％死亡することがわかっている）。ICRP[*4]は近年，宇宙飛行士については他業種とは異なる特別な防護体系を考える必要があるとし，新たな勧告（世界各国はこの勧告に基づいて関連法を整備）を提出している（ICRP, 2013）。

地球を覆っている大気は，天然の巨大な遮蔽（しゃへい）物質である。標高が高い程遮蔽効果が低くなるため，海抜の低いところよりも高地の方が宇宙放射線による被ばく線量が高くなる。また，陸路よりも空の旅の方が格段に被ばく線量は高くなる。高度にもよるが，単位時間あたりの被ばく線量は数倍～数十倍に及ぶ（高度7 kmで $2\,\mu\text{Sv/h}$，12 kmで $7\,\mu\text{Sv/h}$，15 kmで $13\,\mu\text{Sv/h}$）。近年，航空機搭乗員の職業被ばくについて，ガイドラインや法律が各国で整備されつつある（EURADOS, 2012）。我が国では，「航空機乗務員の宇宙線被ばく管理に関するガイドライン」（文部科学省放射線審議会）が定められている。これには，年間 $5\,\text{mSv}$ を上限とし，被ばく線量を抑える努力を各航空会社が自主的に行うこと，宇宙天気予報などを利用すること，職場教育で，宇宙線被ばくに関する事項を盛り込むこと，女性乗務員に対し，胎児への影響について教育を行うこと，などが定められている。

大気は遮蔽物質である一方，副次的に放射性同位体や放射線を生み出す源でもある。宇宙放射線は大気中の窒素や酸素などと相互作用し，中性子や陽子，中間子を生成する。さらにこれらが連鎖的に相互作用（ハドロンカスケードシャワー，電磁カスケードシャワー）し，宇宙放射線起源の放射線や放射性同位体が地上に降り注ぐ。私たちは，これらを日常的に体外被ばく（**外部被ばく**），あるいは飲食物とともに摂取吸引し体内被ばく（**内部被ばく**）している。

■ **大地由来の放射線と放射性同位体**　地球も宇宙を構成する一惑星である。その地殻中には大量の放射性同位体を内包している。これら同位体の大半は，壊

[*1] μSv（マイクロシーベルト）：シーベルトは，人体への放射線影響を判断する際に用いられる放射線防護のための単位。μは 10^{-6}。
[*2] 京都府環境放射能テレメータシステム
http://www.aris.pref.kyoto.jp/
[*3] UNSCEAR（原子放射線の影響に関する国連科学委員会）：放射線利用の恩恵についての判断はせず，科学的客観性に基づき放射線リスク評価の基盤となる報告を取りまとめる国連委員会。

[*4] ICRP（国際放射線防護委員会）：放射線防護に関する非営利・非政府の国際学術組織。

表3.6.1 年間被ばく線量（1人あたり，世界平均）の内訳

被ばく形態	年間被ばく線量 （平均値　mSv/yr*）	備考
自然放射線による被ばく		
呼気吸入による内部ひばく	1.26　（0.2～10）	おもにラドンガス吸引による被ばく。つねに高線量の住居もある。
経口摂取による内部被ばく	0.29　（0.2～1）	飲食物中のK-40およびウラン系列，トリウム系列の摂取による被ばく。
大地放射線の外部被ばく	0.48　（0.3～1）	地質や屋外滞在時間により変動する。
宇宙放射線の外部被ばく	0.39　（0.3～10）	緯度により変動する。
合計	2.4　（1～13）	10～20 mSvの地域住民も多数存在する。
人間の活動に起因する被ばく		
医療診断（治療は含まず）	0.6　（0～数十）	自然放射線の被ばく線量より高い国がある。検査により被ばく線量が異なる。
職業被ばく	0.005　（0～20）	職業で被ばくする者の平均は0.7。高い被ばくのほとんどは，自然放射線（とくに鉱山のラドン）による。
核実験降下物	0.005	1963年がピーク（0.11）その後は減少。実験場周辺では依然として高線量。
チェルノブイリ事故	0.002**	北半球では1986年にピーク（0.04）。その後は減少。
核燃料サイクル（一般公衆）	0.0002	ある原子炉から1kmのグループで0.02以下。
合計	0.6　（0～数十）	おもに医療被ばくと職業被ばく，核実験場や事故施設に近いことによる被ばく。

UNSCEAR (2008) より引用改変。
＊数値は実効線量。()内は典型的な変動範囲。
＊＊2000年代の世界平均値。事故直後の原発事故作業員30万人の平均被ばく線量は約150 mSv，35万人以上の近隣住民においては10 mSvを超えていた。

変系列に属する核種である。壊変（＝崩壊）とは，原子核が放射線を放出してより安定な核種へと変化することである。また，壊変系列とは，安定同位体となるまで放射線を放出しながら，次々と別核種へと壊変し続ける放射性同位体群のことである。現在の地球には，トリウム系列，ウラン系列，アクチニウム系列の3つが存在している。また，過去にはネプツニウム系列も存在していた。トリウム系列では，出発核種Th-232が，アルファ壊変（アルファ線を放出）やベータ壊変（ベータ線を放出）を繰り返し，最終的に安定核種のPb-208となるまで壊変が続く。この壊変過程でRn-220（トロン）が生成される。トロンは希ガスで地中から大気中へと放出される。ウラン系列は，U-238から壊変が始まり，最終的にPb-208で安定となる。この壊変系列の途中で生成されるRn-222（ラドン）も希ガスである。アクチニウム系列は，出発核種がU-235（アクチニウムウラン），最終安定核種がPb-207である。トロンやラドン，およびそれらの娘核種（壊変後に生じる核種）は，温泉や断層付近で大量に地中から湧き出している。屋内では，換気の悪い部屋や地下室に蓄積する。

ラドンは，呼気吸入による内部被ばく（表3.6.1）の主要因である。このため，ICRPはラドンに関する防護の考え方や対策基準を示している（ICRP, 1993；2007）。ICRPは，何らかの措置を施す必要のある屋内ラドン濃度を200～600 Bq/m³（3～10 mSv/hに相当）[*5]としている。一方，WHO（世界保健機構）は，100 Bq/m³を何らかの措置を考慮すべきレベルとし，300 Bq/m³を超えるべきではないと提案している（WHO, 2009）。英国，アイルランド，ドイツ，ポーランド，スウェーデン，カナダ，米国などは，一般住宅において濃度軽減措置をとるべき値を法律で定めている。我が国は，木造家屋が多いことから屋内ラドン濃度が欧米ほどは高くない。しかし何ら

＊5　**Bq（ベクレル）**：1Bqは1秒に1回壊変すること。

表3.6.2 世界の高自然放射線量地域

国	地域	空間吸収線量*(nGy/h)	地質学的特徴	住民人口(千人)
イラン	ラムサール	70〜17000	湧水	2
	マハッラート	800〜4000		
ブラジル	ガラパリ	110〜1300(砂浜では最高90000)	沿岸部はモナザイトを含む砂	73
	ポコス・デ・カルダス,アラシャ	平均2800	火山性片麻岩	3.5
インド	ケララ,旧マドラス	平均1800(200〜4000)	モナザイトを含む砂	100
	ガンジス川三角州	260〜440		
中国	広東省陽江	平均370	モナザイト粒子	80
フランス	中央部	20〜400	花崗岩地帯	7000
	南西部	10〜10000	ウラン鉱	
エジプト	ナイル川三角州	20〜400	モナザイトを含む砂	
イタリア	ラツィオ	平均180	火山性土	5100
	カンパニア	平均200		5600
	オルヴィエート	平均560		21
	南トスカーナ	150〜200		〜100
ニウエ島	(太平洋)	最大1100	火山性土	4.5
スイス	ティチーノ,アルプス,ジュラ	100〜200	片麻岩,カルスト土壌中のRn-226	300

UNSCEAR (2008) より引用改変。
*宇宙放射線などによる外部被ばく分も含む。日本の平均値は54 nGy/h。

かの規制が必要との声もあり,現在法整備の検討が進められている。

地球上には,自然放射線量が比較的高い地域が存在する。中には我が国の10倍以上の放射線量の家屋内で人々が生活している場合もある(表3.6.2)。ブラジルのガラパリなどの土壌中には,モナザイト(トリウム系列を含有)が豊富に含まれている。また,花崗岩を多く含む地帯やウラン鉱脈近隣,ラドン温泉付近も高線量となる。なお,住民のがん死亡率について,これら高自然放射線地域と対照地域とでの有為差は見られない。ただし,高自然放射線地域の住民では,加齢とともに二動原体型の染色体異常[*6]が増加することが知られている(Jiang, T. et al., 2000)。

[*6] **二動原体の染色体異常**:正常な染色体では,動原体(細胞分裂時に微小管が結合する部位。顕微鏡下では動原体部位はくびれとして観察できる)が1個の染色体につき1カ所存在する。放射線の被ばくにより,2個以上の染色体が同時に切断された場合,切断部位修復の際に誤って異なる染色体と再結合し,動原体を2カ所または複数有する染色体が生成されることがある。二動原体型をはじめとする複数動原体型の染色体の発生頻度は被ばく量と相関があり,個人の被ばく放射線量を推定する際の目安となる。

[*7] Gy(グレイ):吸収線量。放射線と物質が相互作用し1Jを得たとき,これを1Gyとする。

3 人類の活動により生じた放射線

■**医療被ばく** 病院などでは,検査や治療目的で放射線が使用される。我が国では,ポジトロン断層診断,ガンマナイフ,核医学検査,がん治療など,様々な方法で放射性同位体や放射線が利用されている。患者が検査や診断目的で被ばくする線量は,世界平均で1人あたり年間0.6 mSvである(表3.6.1)。我が国は医療先進国であるため,世界平均よりも高く,1人あたり年間2.55 mSvである。一方,治療行為では,放射線影響によるリスクよりも病根治癒というベネフィットが優先され,大量の放射線を患者が被ばくする。たとえば,ガンマ線を用いた脳腫瘍治療では,患部に数十 Gy[*7]の放射線を数回〜十数回に分割して照射する。

■**職業被ばく** ある種の職業に従事する者は,一般公衆よりも被ばく線量が高くなることがある。UNSCEARの2008年報告では,職業被ばくを以下の6種に分類している(UNSCEAR, 2008)。①自然放射線源による被ばく(民間航空,炭鉱,他の鉱物採鉱,石油・天然ガス産業,鉱山以外でのラドン被ばく),

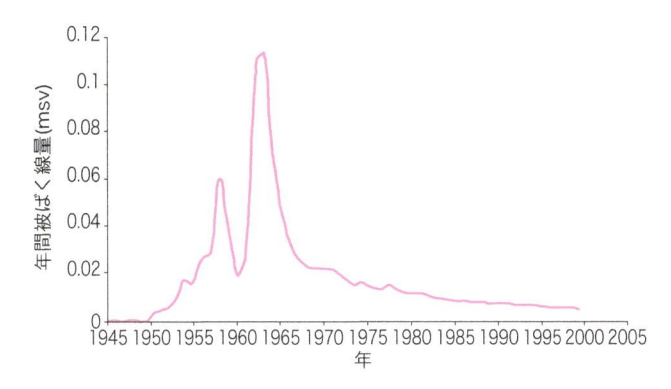

図3.6.1 核実験放射性降下物による被ばく線量の年推移（1人あたり：UNSCEAR, 2008）

②核燃料サイクルによる被ばく（ウラン採鉱・精錬，ウラン濃縮・転換，燃料製造，原子炉運転，廃止措置，燃料再処理，研究，廃棄物管理），③医学利用による被ばく（診断放射線医学，歯科放射線医学，核医学，放射線治療，その他すべての医学利用），④産業利用による被ばく（工業用照射，工業用ラジオグラフィー，発光剤，RI製造，検層，加速器運転，その他すべての産業利用），⑤その他の業種における被ばく（教育機関，獣医学，その他），⑥軍事利用による被ばく。なお，全世界における職業被ばくによる線量の総和は，42000 man・Sv[*8]で，その内の 37260 man・Sv は自然放射線源による被ばくである。

職業上放射線を扱う者は，一般公衆よりも放射線利用の恩恵を得る可能性がある。しかし利用に際しては，適切な防護措置を取ることが要求される（ICRP, 1997）。我が国では，一般公衆の被ばく線量限度は，実効線量で 1 mSv を超えないこととなっている（自然放射線や医療行為による被ばく分は含まない）。職業人（法令で定められた放射線安全取扱いに関する教育訓練や健康診断を受けた者）の場合は，年間 50 mSv かつ 5 年間 100 mSv を超えなければ被ばくが許容される。

■ **放射性降下物**　放射性降下物（フォールアウト）とは，核実験や原発事故が原因で環境中に放出拡散された放射性同位体のことである。フォールアウトによる 1 人あたりの被ばく量は，1963 年の年間 110 μSv が最高で，その後は減少，現在は 5 μSv 程度である（図3.6.1：UNSCEAR, 2008）。人類初の核実験は，1945 年に米国ニューメキシコ州で行われた。以降 2007 年までに総計 2058 回[*9]の核実験が行われた。核実験には，大気圏内核実験と地下核実験，未臨界核実験がある。大気圏内核実験は，大量のフォールアウトを生じるため，国際世論による非難が強く，1980 年の中国による実験を最後に行われていない。

原子力施設の事故でも，大量のフォールアウトが生じる。顕著な例は，1986 年 4 月のチェルノブイリ原発事故と，2011 年 3 月の東京電力福島第一原子力発電所事故である。チェルノブイリ事故後，我が国でも放射性セシウム（Cs-134, Cs-137）の降下が確認された。福島原発事故では，フォールアウト拡散状況の詳細な調査が実施されており，その結果は，原子力規制員会「放射線モニタリング情報」[*10]で確認できる。推計では，チェルノブイリで大気中に放出された放射性核種の総量は広島原爆の 400 倍，福島では 70 倍以上に達したと見られている。

■ **原子力災害による被ばく**　原子力災害が一度起こると，作業員や近隣住民が甚大な被害を長期に渡って受けることになる。チェルノブイリの場合，事故直後の現場処理にあたった人々（liquidator）の中に，大量被ばくにより重篤な健康被害を受けた者たちがいた。また，近隣住民の中には大量の放射性ヨウ素を吸引したため，数年後に甲状腺がんを発症した者が多数

[*8]　man・Sv（マン・シーベルト，人・Sv）：集団実効線量の単位。特定集団における被ばく線量の総和。

[*9]　米国 1030，旧ソ連 715，フランス 210，英国 45，中国 45，インド 6，パキスタン 6 程度，北朝鮮 1。Natural Resources Defense Council（NRDC），Known Nuclear Tests Worldwide, 1945-2002. http://www.nrdc.org/nuclear/nudb/datab15.asp

[*10]　http://radioactivity.nsr.go.jp/ja/

いた。1999年9月に起こった東海村JCO臨界事故では，作業員3名中2名が死亡，1名が重症であった。作業員以外にも，近隣住民を含め数百名が被ばくしたが（最大で21 mSv），作業員以外に健康被害はなかった。福島第一原発事故については，放射線被ばくにより健康被害を受けた者は現段階では存在しないと見られている（ただし，避難時の搬送などで放射線影響とは別の理由で命を落とした方は多数存在する）。しかしながら，被災者は現在も健康不安を抱えており，政府は今後も継続的な住民健康調査を実施することとしている。

■**その他**　化石燃料や石材の採掘，リン酸系肥料の生産といった行為により，本来であれば地中に埋蔵されたままであったはずの天然放射性核種（U-235, U-238, Th-232, Rn-222など）が人間の活動により一部地上へ表出した。微量ではあるが，これら核種に起因する被ばくが存在する。

4　放射線とリスク

■**放射線のリスクと向き合う社会へ**　市民の中では，放射線は普段の生活とは無縁であるというイメージが広く定着している。「放射線＝原爆・原発」であり，自然放射線と人間が生み出した放射線は別物で，「放射線は大変危険な物質だ」と感じている。確かに大量の放射線は人体に重篤な影響を及ぼす。しかし多くの市民は，自分たちの身の回りに低線量の自然放射線が存在する現状さえ認識していない。過度のイメージ先行は，リスクの客観的な判断を妨げる。たとえば，福島第一原発事故後に「放射性ゼロベクレル（0 Bq）」の食品のみを食べる，あるいは提供するといった市民や流通関係者が現れた。高額な測定装置を購入し，正直に数Bqの表示を行ったために事故とは無縁の製品が売れないといった風評被害も生じた。そもそも食品中には，数～数千Bq/kgの天然放射性同位体カリウム40（K-40）が含まれており，Kとセシウム（Cs）は体内動態が類似している。また，測定技術に馴染みのある者であれば，数Bqを有意に精密測定することが困難なことは常識である。それにもかかわらず，多くの人々は0 Bqに固執した。このような事態に陥った背景には，放射線を五感では捉えられないという不安と，科学的知識の欠如がある。もしも事故前に放射線の基礎を身につけていれば，事態はもっと軽減されていたであろう。つまり，「放射線を正しく怖がること」ができなかったのである。

今後は，放射線のリスクと向き合う社会が求められる。そのためには，放射線の知識を身に着けるための教育と，放射線利用に伴うリスクをどの程度社会として許容することができるかについて話し合うコミュニケーションの場が不可欠である。

■**放射線教育**　我が国の文部科学省（旧・文部省）学習指導要領では，1977（昭和52）年度以降，理科分野において放射線に関することは取り扱わないこととなっていた（笠, 2013）。しかしその後見直され，2012（平成24）年度に新学習指導要領への改訂を受け，中学校や高等学校では理科分野において放射線の基礎を学ぶこととなった。小学校では，2011（平成23）年度より総合学習の場で放射線を取り扱うことが可能となっている（角山・梅下, 2012）。なお，この改訂は震災とは関係なく，原発事故以前から準備されていたものである。奇しくも震災後，子供や若者たちが放射線の基礎を学ぶ機会を得ることとなった。

■**リスクコミュニケーション**　社会学者ウルリヒ・ベックは，その著書の中で「現代人は，リスク社会に住んでいる。」と現代社会を表した（Beck, 1995）。科学技術は，人類に多大な恩恵をもたらす反面，必ずリスクを伴う。リスクがゼロであるという概念は幻想にすぎない。震災後，各地でリスクコミュニケーションを重視した取組みがはじまっている。リスクコミュニケーションとは，双方向の話し合いを基調としたリスク情報共有の場である。この手法では，総意形成に至るまでには相当な時間を要する。決して人々の心情を無視して是非を早急に判断するものではない。原発事故を経験した今，トップダウン式，あるいは経済性優先の決定手法が，現代のようなリスク社会では万能でないことを私たちは十分に認識したはずである。我が国は，依然として原発再稼働の是非や，核廃棄物や原発事故汚染物の問題など，深刻な問題を抱えている。今後これらの問題に対しては，ステークホルダー（stakeholder：利害を共有する人や団体，組織）間での時間をかけた総意醸成，すなわちリスクコミュニケーションを重視した取組みが期待される。

東京電力福島第一原発事故から数年が経過し，人々はようやく冷静に放射線と向きえるようになった。放射線を科学的に理解し，その上で利便性と危険性の両面を考えようという機運が今高まっている。

【角山雄一】

■ **参考文献**

Beck, U. (1995): *Ecological Politics in an Age of Risk*, Polity Press.
EURADOS (2012): *Comparison of Codes Assessing Radiation Exposure of Aircraft Crew due to Galactic Cosmic Radiation*, EURADOS Report 2012-03.
ICRP (1993): Protection against Radon-222 at Home and at Work, ICRP Publication 65, *Ann. ICRP* **23** (2).
ICRP (1997): General Principles for the Radiation Protection of Workers, ICRP Publication 75, *Ann. ICRP*, **27** (1).
ICRP (2007): The 2007 Recommendations of the International Commission on Radiological Protection, ICRP Publication 103, *Ann. ICRP* **37** (2-4).
ICRP (2013): Assessment of Radiation Exposure of Astronauts in Space, ICRP Publication 123, *Ann. ICRP*, **42** (4).
Jiang, T. et al. (2000): Dose-effect Relationship of Dicentric and Ring Chromosomes in Lymphocytes of Individuals Living in the High Background Radiation Areas in China, *J. Radiat. Res.* **41**:suppl., 63-68.
笠 潤平 (2013)：原子力と理科教育（岩波ブックレット886），岩波書店.
角山雄一・梅下博道 (2012)：小学校高学年における放射線初等教育の試み。日本放射線安全管理学会誌，**11**（2），146-149。
UNSCEAR (2008): *Sources and Effects of Ionizing Radiation*, UNSCEAR 2008 Report, Vol.1.
WHO (2009): *WHO Handbook on Indoor Radon*.

3.7
都市の環境と景観

1 緑の不足

都市には人口が集中し，建物が密集する。そこで人々が健康な生活を人々が送るためには様々な問題がある。そのため都市部では綿密な都市計画が立てられ，計画的に公園や緑地のための空間が配置される。しかし，多くの都市ではこれらの空間は十分ではない。また，都市部ではすでに多くの自然が失われている一方で，特有の都市生態系が形成されていることから，過去にあった本来の生態系や生物多様性が消失している，もしくは貧弱になっていることが普通である。そこに見いだされる景観は，都市特有のものであり，その外部には存在しないものである。

一方，住宅やビルが密集する都市における生活は，都市住民にとってストレスの多い生活である。とくに，少ない，あるいは質が低い緑は，都市民に精神的に大きなストレスを与える。そのため，都市民の居住空間，職場空間に質の高い緑を創出し，ストレスの緩和を図ることは重要である。都市は，その構造ゆえに，独特の気候を形成する。その代表的な特徴が**ヒートアイランド現象**であり，都市域のエネルギー消費量を増大させ，地球温暖化を促進する側面ももつ。

2 都市における緑の価値

都市が抱える問題を解決できる重要な手段の1つが，緑の保全と創出である。都市域では緑を得るための空間は限られているが，歴史をもつ都市では既存の緑が残されている場合が多い。これらの緑は都市の本来の自然を伝える重要な存在であり，文化のコア，あるいは住民の原風景にもなる空間である。しかし，その一方，都市化が進行していく中で，これらのわずかな緑も減少，あるいは劣化していく。京都市内では，数十年の間に，小面積の樹林であった空間が徐々に大径木の比率を減していき，最終的には数本のエノキのみが散在する緑地となった例が確認されている。同じく京都市内では，大木として祀られていたムクノキが，樹齢を迎えて枯死した後に後継個体が現れず，樹木の存在しない景観となってしまった例も認められる（坂本，1988）。かつては周辺に存在した母樹から新たな種子が供給されることによって後継個体が補給される可能性があったが，周辺から種子供給源が失われ続けることによって，最終的には種子供給もなくなり，緑は消滅していくのである（図3.7.1）。

一定以上の面積をもつ樹林でも，同様のことが起こることが東京都の国立自然科学博物館自然教育園をとりまく樹林における長期にわたる調査研究によって示されている。この樹林では，周辺の都市化が進み，樹林そのものの孤立化が進行するにつれて，構成樹種数の減少など，樹林そのものの質の低下が顕著になっていったことが報告されている。孤立化が進む緑が形成する生態系は，高い利用圧や周辺の劣悪な都市気候によって質が低下することも多いことから，これらの緑の質を維持する重要性は高い。

3 緑を維持できる空間

質の高い緑の維持に加えて，量的な緑の確保の努力も重要である。都市において緑を確保できる空間は限られている。その空間は土の有無によって2つに大別することができる。1つは土のある空間である。都市域においては，公園や緑地を除くと土が見える場所は非常に限られている。街路樹の植え枡や，道路や鉄道の高架下などに加えて，舗装などによって覆われている地表面も対象として考えられる。これらの場所では，

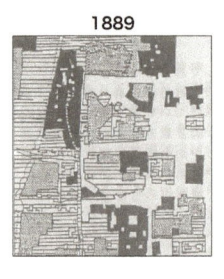

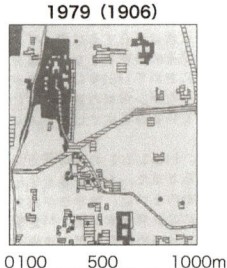

図3.7.1 京都市上京区内における樹林（黒色部分）の変化（坂本，1988）
樹林が縮小し，社寺を除いて森林の孤立化が進んでいることがわかる。

狭小であること，光条件が悪いこと，雨が当たらないこと，などが問題となるが，日本ではこれを解決するために様々な努力が行われてきた。

一方，統計的に把握されることは少ないが，一般市民の私的空間に存在する庭の存在も重要であることはいうまでもない。一般住宅の緑は古くからの町並みを維持している都心部に多く存在する場合があり，その存在が改めて評価される必要性は高い。

都市内の土がない空間で緑を創出できる可能性が高いのは，建物の屋上や壁面である。都市域ではこれらの空間の緑化が奨励され，ヒートアイランド現象解決への効果が期待されている。しかし，多くの建物の屋上は本来，建物への負荷を視野に入れた設計がされていないため，安易な**屋上緑化**は危険である。なぜならば，屋上に土を置き，年々成長する樹木を植栽することによってかかる荷重は非常に大きいからである。そのため，日本では，軽い人工土壌を用いるほか，草本などを植えて加重を減らすことが考えられてきた。ヒートアイランド現象を緩和する意味から見て，屋上緑化が建物内における温度上昇を抑えることは重要である。日本には隣接する都市公園との一体化を目指して設計された階段状の屋上緑地をもつ建物も存在しており，デザイン的にも優れた屋上緑化の可能性を示している（図3.7.2）。

屋上緑化に加えて**壁面緑化**にも同様の効果が期待できる。壁面緑化に用いられる植物は主としてツル植物であることから，植栽する土地は狭くてもよい。ノウゼンカズラのような種は一個体で中層ビルを覆い尽くすような成長を見せる場合がある。これらの植物は一個体が壁を覆う壁面面積が大きいため，建物内の温度上昇を抑える効果は高い。また，室内から窓の外に見える緑が与える心理的沈静効果も高いことから，壁面の緑化は重要である。

図3.7.2 福岡市中心部にある屋上緑化建築（隣接する公園との緑の一体化）

4 緑のための空間そのものがない都市では？

高度に都市化した大都市の都心部においては，土のある空間の確保がきわめて難しくなることから，屋上や壁面だけではなく，視覚的な緑の存在によって癒しを求めることを目的として，人工的な空間の内部に緑を創出することが試みられる例もある。これらの空間は，アトリウムとよばれることもある。

室内緑化でも加重や排水を計算する必要があるため，人工土壌が利用されることが多い。室内という環境は人間の快適性のみを追求して作り出されるため，植物にとっては，雨が降らない，年中ほぼ同じ温度条件，乾燥気味である，ほこりが多い，といった，大半の植物の自生地の生育条件からはかけ離れた環境条件が用意される。そのため，植物の生育に適した環境条件を用意する，あるいは定期的な植え替えを前提とした管理計画を立てる，といった維持管理が行われる。しかし，都市民に癒しを与える重要な空間として今後も注目すべき空間であることにかわりはない。

5 生活環境の向上に向けて

屋外に存在する緑は，都市域における生物多様性の向上にも寄与することができる。このことは，一定以上の量的な緑の確保が可能になったときに，次のステップとして考えるべきことである。そこに生息する昆虫や動物も含む質の高い環境の創出は，都市民の生活環境の向上を考える上で忘れてはならないことである。

温暖化防止を視野に入れたとき，都市の緑にもCO_2固定機能や熱環境緩和によるエネルギー消費量の減少を期待することができる。ただし，もっとも重要視すべきことは，緑を維持するために行われる管理である。管理技術の維持は重要であり，技術の開発・維持は管理コストを低くするためにも重要である。これらが実現できたとき，公共的な空間や私的空間を問わず，健全な都市住民の生活が保障されることとなり，都市における真に豊かな生活が可能となるであろう。

【柴田昌三】

■参考文献

坂本圭児（1988）：都市域におけるニレ科樹林及び孤立木群の残存形態に関する研究。緑化研究別冊2号。

3.8 農業生産と環境

1 人間と農業

　ヒトが生きるためには食料が必要である。地球人口が少なかった頃には狩猟と採集だけで十分な食料が供給されたが，増加する地球人口に対応するため，人間は農業を開始した。そこでは食用できる植物や動物を栽培飼育し，また，それが可能となるように環境に働きかけた。食料の必要量が増加するほど環境への働きかけは増加し，農業が環境の変化を引き起こす例も見られるようになってきた。本節では，農業が地球上の70億人のヒトの生存にとって必須の営みであること，農業，とくに化学肥料がどのような環境負荷をもたらしてきたかを概説する。

2 食料供給における土壌と植物の意義

　植物は光エネルギーを化学エネルギー（電子と水素イオン）に変換し，この化学エネルギーを用いて大気中，土壌中の無機物質を，糖質，タンパク質，脂質などの有機物に変化させる。それゆえに植物は**独立栄養生物**で，生態系において生産者とよばれる。動物は植物の生産した有機物を食料として摂取し，糖質や脂質の酸化的分解によって電子（化学エネルギー）を獲得し，タンパク質や脂質によって細胞を形成する。それゆえに**従属栄養生物**，生態系の消費者とよばれる。また，多くの微生物は動物の排泄物や動植物の遺体などの有機物を分解して電子（エネルギー）を獲得し，同時に微生物の体をつくる材料とする（従属栄養生物，生態系において分解者）。すなわち，地球の生態系におけるすべての生命体は，植物が土壌，大気の無機物から合成する有機物にその生存を負っている。すなわち，農業とは無機物から有機物を作り出す植物の能力を利用して人間の食料を生産する行為である。畜産は寒冷地や乾燥地など，もともと作物の生産に適していない地域で，牧草を乳，肉，卵などの人間の食料に変換する行為であった。これらの畜産物は人間の嗜好の変化と大量生産によって食料の大きな部分を占めるに至った。水産業も陸水，海洋の魚介類を捕獲して食用に供するが，魚類，貝類などの餌は植物性プランクトンの生産した有機物である。

　ヒトは穀物，野菜，果実，畜産物，魚介類などを摂取し，消化器官で低分子化合物に分解した後，糖質，タンパク質，脂質，ビタミン類，ミネラルなどの栄養素を吸収し，消化・吸収されなかった残渣が糞として排泄される。体内に吸収された栄養素は細胞で代謝され，このとき生じる老廃物は血管を通って腎臓でこしとられ尿として排泄される。ヒトが必須とする栄養素の中でもっとも不足しがちな栄養素がタンパク質である。タンパク質は約20種類のα-アミノ酸の重合体である。アミノ酸はアンモニウムイオンと有機酸から合成される。動物はアンモニウムイオンからアミノ酸を合成する能力がないので，動物は必要とするタンパク質を植物の合成したアミノ酸，タンパク質に負っている。さらに，DNAの構成成分であるリン，体液の

---

column 植物の機能：光合成と有機物合成

　植物緑葉の葉緑体は光エネルギーによって水を酸素と水素イオンに分解し，このとき電子を放出する。この一連の反応を**光合成明反応**とよぶ。この反応によって生じた電子は**NADP**（nicotineamide adenine dinucleotide phosphate）に受け取られ**還元型NADP**を生じる。水素イオンは葉緑体ATP（adenosine triphosphate：アデノシン三リン酸）合成酵素によるATP合成の原動力となる。還元型NADPとATPは，CO_2からショ糖，デンプンを合成する反応に使用される。この反応を光合成暗反応とよぶ。植物緑葉での光合成では明反応と暗反応が共役して，水とCO_2（無機物）から酸素，還元型NADPとATP（エネルギー），ショ糖とデンプン（有機物）を合成する。糖はさらに脂肪酸，グリセリンに代謝され脂質が合成される。

　還元型NADPとATPは，さらに，硝酸イオンからのアンモニウムイオンの生成，アンモニウムイオンからのアミノ酸の合成，硫酸イオンからの含硫アミノ酸（システインやメチオニン）などの合成に使用される。すなわち，大気から吸収されたCO_2は糖質と脂質に，土壌から吸収されたアンモニウムイオン，硝酸イオン，硫酸イオンなどの無機イオンはアミノ酸を経由してタンパク質に合成される。さらに植物はリン，カリウム，カルシウム，マグネシウム，鉄，亜鉛，銅，マンガンなどを土壌から吸収し，自らの代謝に活用し，さらに食料として動物に供給する。これらの代謝反応は植物自身が栄養を獲得する基本的な経路だが，有機物しか栄養とすることができない動物への食料の供給経路でもある。

主要陽イオンであるカリウム，骨を構成するカルシウムなど，すべてのヒトの栄養物の給源をたどると大気と土壌に行き着く。ヒトは大気と土壌の無機物を植物や家畜を経由して有機物として摂取している。

3　農地面積の増大

地球上のすべての生物の食料は，植物が太陽から受け取る光エネルギーと，光エネルギーが変換された化学エネルギーによる炭酸同化作用に依存している（コラム参照）。このため，植物が太陽の光を受け取る面積，すなわち葉面積が食料の生産量と密接に関係している。人口が増加しはじめると耕地面積を増やして食料を増産し，食料が増加すると人口が増加する。食料の増産は耕地面積の増加に依存する。

作物の栽培に適した耕地は，森林の開墾，湖沼や浅い海の干拓，低湿地の乾陸化，乾燥地への灌漑導入などによって増加する。森林を伐採して耕起したり，湿地を乾陸化すると，土壌に蓄積されてきた有機物が好気的に分解されて減少し，生成した CO_2 が大気に放出される。また植生による保水力が失われ土壌浸食が加速される。森林の喪失によって生物種は単純化する。

内陸乾燥地は降水量が少ないため作物の栽培には適さない。しかし，降水量が少ないため，岩石が風化されて生成したミネラル成分は雨水によって溶脱されず土壌に保持されている。また，生物相が貧弱で害虫，病気も少ない。このような地域に灌漑が導入され窒素が施肥されると非常に優秀な農地となる。しかし，灌漑された水分のうち，作物に利用されなかった水が次第に土層中に蓄積して地下水位が上昇する。この地下水には可溶性の塩分が高濃度に含まれるため，排水が適切に行われなければ，地下水位が上昇して作物根圏の塩分濃度が高まる。時には地表に塩分が白く析出することもある。こうなると作物は，根圏塩水溶液の高浸透圧による吸水阻害，高い電解質濃度による細胞活性の攪乱，高い pH による細胞の障害と植物栄養元素の吸収阻害などを受けて生育が低下する。これが乾燥気候下の灌漑農地に見られる**塩害**である（5.1 節も参照）。また，河川上流に大規模ダムが設置されると河川流量が低下し，その結果，河口部で海水が遡上して作物が塩害を受ける場合もある。

ブラジルアマゾン川流域や東南アジア島嶼部，マレー半島などでの切り倒された森林，倒木を燃やす様子，放棄された沿岸部のマングローブ林伐採跡地，大規模な熱帯低湿地の開発などの映像が，また，パキスタンやカザフスタンからは地表に析出した塩分と枯死した作物などの映像が，農業が環境を破壊した例としてよく取り上げられる。これらの環境破壊は人間の経済活動の結果であり（4.4 節参照），人間の技術が未熟なために環境を不可逆的に損なった例である。

4　単位面積あたり収量の増加

単位面積あたりの農作物の収量増加は，施肥と作物保護（農薬による昆虫食害や微生物病害の防除），施肥に応答する品種や昆虫食害や植物病害に耐性のある品種の導入，農地の灌漑などによって達成される。さらに収穫物の保蔵（冷蔵，乾燥処理）やポストハーベスト農薬[*1]の使用によって農産物の長期保存や長距離輸送が可能になる。

■ **化学肥料**　窒素，リン，カリウムの肥料三要素の中で作物の生育をもっとも律速する元素が**窒素**である。動物と同様，植物にとってもタンパク質がもっとも重要な細胞構成成分だが，植物はタンパク質を土壌から吸収したアンモニウムイオンや硝酸イオンを原料に自ら合成する。

作物は土壌にもともと存在する窒素（地力窒素）と施肥された窒素（肥料窒素）を吸収する。水稲の収量は吸収された窒素の量に比例して増加する（図 3.8.1）。日本の平均的な収量である 1 ha あたり 5.5 t の玄米を生産するためにはイネに約 120 kg の窒素を吸収させる必要がある。このとき，地力によって供給される窒素は 60 kg 程度なので，平均的な収量をあげるためには不足分 60 kg の窒素を施肥によって補う必要がある。施用された肥料窒素と作物が吸収した肥料窒素の比を肥料窒素利用率とよぶ。多くの場合，肥料窒素の利用率は 50% 程度なので，60 kg の窒素をイネに吸収させるためには 120 kg の窒素肥料を水田に施用することが必要である。有機農業であれ，慣行栽培であれ，イネが窒素を吸収しなければ高い収量は得られない。肥料を与えずに地力窒素のみで栽培すれば玄米収量は 250 kg 程度となる。

このような窒素吸収量と収穫量の関係はすべての作物に成り立つので，土壌の窒素供給力を高めることを

[*1]　**ポストハーベスト農薬**：収穫後の農産物に使用する殺菌剤，防かび剤など。日本では収穫後の作物にポストハーベスト農薬を使用することは禁止されているが，類するものとして，防かび剤や防虫剤が食品添加物として認められている。

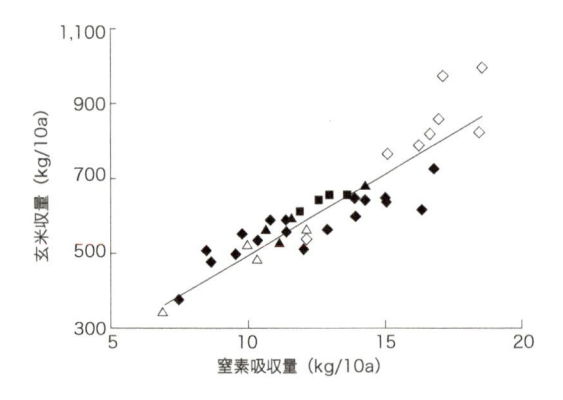

図3.8.1 水稲の窒素吸収量と収量の関係
各点は沖縄から北海道までの栽培地点を示す（安藤, 2006）。
100アール (a) = 1ヘクタール (ha) = 10000m^2。

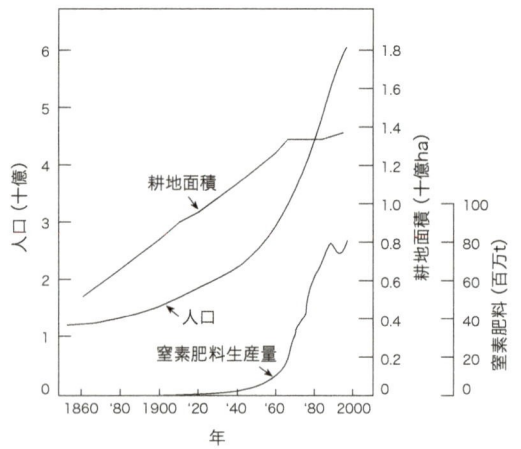

図3.8.2 人口，耕地面積，化学肥料生産量の変化（Jenkinson, 2001）

目的として，家畜糞，河川底に堆積した有機物，マメ科植物の残渣などが施用されてきた。18世紀後半からは南米で発見されたチリ硝石（硝酸ナトリウムを主成分とする）が西欧諸国に輸出され作物生産量を増加させ，産業革命時の急激な人口増加を支えた。チリ硝石は黒色火薬の原料でもあるので西欧列強の熾烈な輸入競争が起こった。1889年，英国物理学会会長だったクルックスは，欧州の食料生産がチリ硝石施用に強く依存する一方で，チリ硝石が枯渇しつつあることを指摘し，無尽蔵な大気中の窒素からの窒素肥料生産を実用化しないと20世紀には食料が不足すると警告した。これに応えて1913年，ハーバーとボッシュが窒素ガスと水素ガスを原料に高温高圧下でアンモニアを合成することに成功した（**ハーバー・ボッシュ法**）。窒素ガスは大気から供給される。一方，水素ガスは当初は水の電気分解で供給されたがコストが高く，化石燃料（炭化水素）の改質が主流になった。化石燃料からの水素の製造は二酸化炭素の放出を伴う。我が国でもハーバー・ボッシュ法が導入され，1930年代には硫酸アンモニウム（硫安）の工業的生産に成功した。工業的に合成された硫安は第二次世界大戦後の混乱期のコメの増産に大きく貢献した。

■**窒素化学肥料による環境負荷** 窒素化学肥料の使用量は第二次世界大戦後に急激に増加し，食料の増産を介して世界の人口増加を支えた（図3.8.2）。さらに窒素施肥によく反応して収量が増加する穀物品種が育成されたこと（緑の革命）によって食料生産は飛躍的に増加した（図3.8.3）。しかし，作物が吸収できる量以上の窒素肥料が耕地に施用された場合には，以下の理由で環境の劣化をもたらす。

①粘土鉱物は負に帯電しているので，施用されたアンモニウムイオンは水素イオンやカルシウムイオンとイオン交換して吸着される。遊離のアンモニウムイオンは土壌に普遍的に存在する硝化菌によって酸化され硝酸イオンとなる（硝化）。このとき水素イオンを放出する。硝酸イオンは粘土鉱物に吸着されないので，作物に吸収されなかった硝酸イオンは水とともに下方に移動（溶脱）し地下水を汚染する。このとき対イオンとしてカルシウムイオンを伴うため，土壌のカルシウムイオンも次第に減少する（**土壌の酸性化，硝酸イオンの溶脱，土壌カルシウムの減少**）。

②肥料は作業効率を考慮して作物の播種以前か播種と同時に施用される。すなわち，作物が生長して根圏を充分に発達させる前に肥料が与えられるので，肥料の一部は微生物や生育の速い雑草に吸収

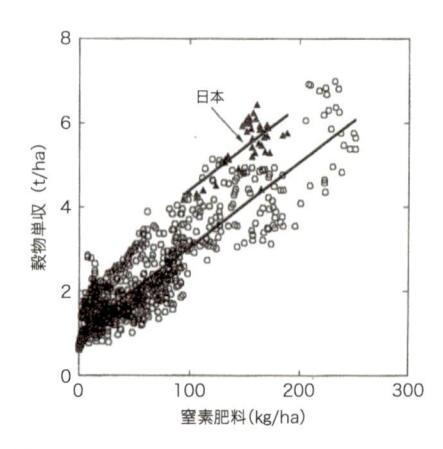

図3.8.3 単位面積あたりの穀物収量と窒素施肥量の関係（川島, 2008）

され，また硝酸イオンは溶脱したり，脱窒作用によって窒素酸化物に還元されるため，施肥された窒素のすべてが作物に吸収されることはない（**利用率が低い**）。

③アンモニウムイオンの好気的な条件下での硝化過程や，硝酸イオンの嫌気的な条件下での脱窒過程で，亜酸化窒素，一酸化窒素，二酸化窒素などの窒素酸化物（NOx）が生成して耕地土壌から大気に放出される。これらの窒素酸化物は温室効果作用をもつ（**温室効果ガスの放出**）。

④堆肥などの有機物を施用すると有機物は微生物によって分解される。タンパク質，核酸などの高分子化合物はアンモニウムイオンにまで分解され，さらに硝化される。有機物の分解速度は作物の栽培とは関係なく継続的に進行するため，耕作の休閑期に生じるアンモニウムイオンは多くが硝化され，地下水に移行する（**硝酸イオンの溶脱**）。

これらの理由から，作物に吸収されなかった窒素肥料の一部は窒素酸化物となって大気に放出され，一部は硝酸イオンとなって土壌を酸性化し，カルシウムイオンを減少させ，地下水，陸水を汚染し富栄養化させる。有機性廃棄物の土壌還元は，植物栄養素の再利用と耕地土壌の有機物含有量を維持するために必要だが，過剰の施用は硝酸イオンの溶脱と大気への窒素酸化物の放出をもたらす。

窒素肥料が施用され土壌が酸性化すると，牧草地でマメ科牧草が減りイネ科牧草が増加する，優占する微生物群が変化するなど生物相に影響し，硝酸イオンの過剰によって飲用不適な地下水が増加し，陸水，海洋沿岸域の富栄養化を介して生物相に影響する。耕地土壌から揮散する窒素酸化物も，結局は多くが大気中でさらに酸化されて硝酸イオンとなり地上，海洋に降下し，アンモニアガスも発生源の近くに降下する。ホウレンソウやコマツナなどの葉菜類は土壌から旺盛に硝酸イオンを吸収蓄積するため，施肥量が多かった場合には可食部にかなりの濃度で硝酸イオンを含む（図3.8.4）。また，硝酸イオンを多く含む牧草を給餌した場合，反芻胃をもつ家畜は胃で亜硝酸イオンを生じて昏倒する場合もある。これら環境の富栄養化や生物相の変化が長期的に地球の環境と人間の健康にどのように影響するのか，今後慎重に検討を続けなくてはならない。

一方で，もし工業的な窒素固定，つまり窒素化学肥料製造が行われないと仮定すると，地球が養うことができる人口は30億人程度に限られると推定されている。すなわち，現在の地球人口70億人の食料の半分以上を生産しているのが工業的窒素固定による化学肥料である。また，70億人が食料を消費する結果として，食料の未利用残渣，生ごみ，排泄物などの有機物も膨大な量になる。食料生産に伴う過剰有機物による環境への負荷をできるだけ軽減するための技術開発，排泄物を肥料化する方法，排泄物の再資源化処理に取り組む必要がある。

リン酸肥料はリン鉱石を原料として製造される。リン鉱石は食料需要の増加によって毎年，掘削量が増加していることから，リン鉱石資源が枯渇する可能性が指摘されている。今後の消費の動向に注意する必要がある。

■ **農薬・殺虫剤・除草剤・土壌消毒剤**　近代農業では作物を昆虫，微生物の攻撃から保護するために化学合成農薬が，農作業の省力のために除草剤が用いられる。化学合成農薬，とくにかつてよく使用された有機塩素系殺虫剤と水銀剤は環境に残留するので全面的に使用が禁止され，環境中での残留量も次第に減少している。除草剤に不純物として含まれていたダイオキシン類が水田土壌にいまだに検出される例もあるが，これも蓄積量は次第に減少している。同じ土壌で同じ作物を連作するために土壌の消毒が必要な場合もある。土壌消毒には土壌中でよく拡散するよう分子量が小さく蒸気圧の高い物質，臭化メチル，クロルピクリン，メチルイソチオシアネートが用いられる。しかし臭化メチルはオゾン層破壊物質としてその使用は全面的に禁止された。

農業が充分な食料を生産するために農薬は必要であ

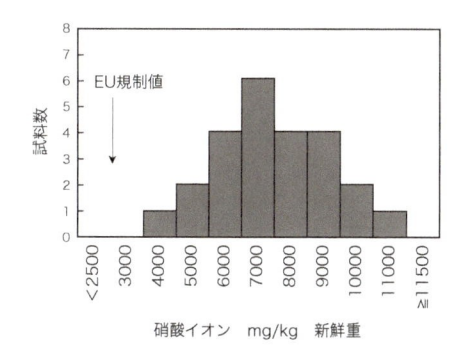

図3.8.4 市販ホウレンソウでの硝酸イオンの蓄積（落合ほか，2004）
2003年秋から冬にかけてスーパーマーケットで購入したホウレンソウ葉身の硝酸態窒素濃度を測定した。

り，環境中に残留しにくい薬剤，特定の害虫にだけ効果を発揮する薬剤，作業者と消費者の健康を損わない薬剤の開発，使用方法の周知が望まれる。農薬の使用は生物相に影響するのでその影響をつねに監視することが必要である。

■ **エネルギーの大量投入**　農業は人間が生命を維持するために自給的に作物を栽培するものであった。しかし，食料の生産が経済活動に組み込まれた近代農業では，高収量を目標として化石エネルギーが大量に投入される。イネ栽培において，収穫されるコメのもつカロリーと，そのコメを作り出すために投入される太陽光以外のエネルギー（**補助エネルギー**とよぶ：農業機械の製造と燃料，灌漑ポンプの電気，肥料・農薬製造の原料，製造などに必要なエネルギーをカロリーで表したもの）の比は，1 ha あたりのモミ収量が 8 t の日本の水稲作の場合には 2.8 で，投入される補助エネルギーの半分が化学肥料と農薬の製造に使われている。一方，1 ha あたり 1 t のモミしか収穫できないサラワクの焼畑稲作ではコメエネルギーと投入補助エネルギーの比は 7.1 と高かった。これに対して 1 ha あたり 12 t のモミを収穫する米国稲作の場合には，この比は 2.24 に低下した。近代農業の高収量は補助エネルギーの高投入によって維持されている。今後，食料生産を維持，向上させようとする場合，エネルギーの投入をどのように低減するか，低炭素社会における食料生産のあり方について考え直すことが必要だろう。

5　今後の農業と食料

図 3.8.5 は 2000 年，1 億 2 千万人の日本人が食料をどのように調達し廃棄したのかを窒素成分量に換算して示したものである。国内では 46 万 t の窒素を含む肥料を投入して 64 万 t の窒素を含む食料が生産された（魚介類を含む）。また，輸入された 79 万 t 窒素を含む飼料が畜産に使われ，17 万 t 窒素で構成された肉，牛乳，卵が生産された。合計 163 万 t の窒素を含む輸入された食料と飼料，国産食料から，肉，牛乳，卵とあわせて 85 万 t 窒素を含む食料が食生活に供された。

廃棄物の小計から見ると，し尿雑排水，生ごみ，食品加工ごみには，それぞれ 52，19，10 万 t，合計 81 万 t の窒素が含まれていた。一方，畜産では飼料窒素 79 万 t の投入に対して 61 万 t 窒素を含む家畜糞が排泄され，農業，食品工業，食生活からの廃棄物には合計 142 万 t の窒素が含まれていた。それぞれの廃棄物処理において，環境への放出には何らかの規制値が設けられており，かなりの部分が排水処理や焼却処理で窒素ガスとして大気に戻されていると推定されるものの，これらの合計は化学肥料として施用される窒素量 46 万 t を大きく上回っていた。

ここで生ごみや家畜排泄物を農業資材として再利用する場合の問題点を指摘しておく。各種家畜糞堆肥と化学肥料を用いて栽培したコマツナの生育の様子（図 3.8.6）を見ると，投与された窒素量が同じでも，窒素の形態が異なると利用率は変わり，家畜糞堆肥に含まれる窒素は化学肥料窒素の 30% 程度しか利用されなかった。排泄物や食品残渣を堆肥としてリサイクルしても化学肥料の肥料代替物として等価に機能する訳ではない。農業-食料を巡る物質循環を閉じた環とするためにはさらに技術開発が必要である。

2050 年の農業はその時 90 億人と予測される地球人口に充分な食料を供給できているだろうか？　ここで取り上げてきたように，近代農業は耕地面積を拡大し，農業機械と化学肥料と農薬を援用して食料を増産して

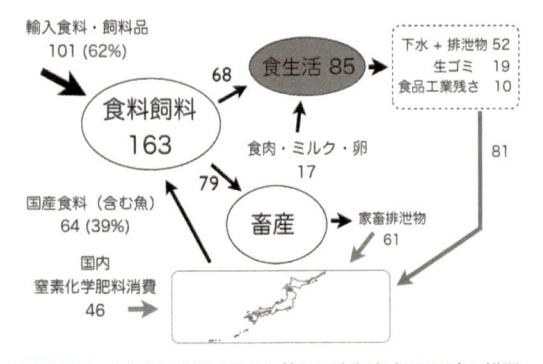

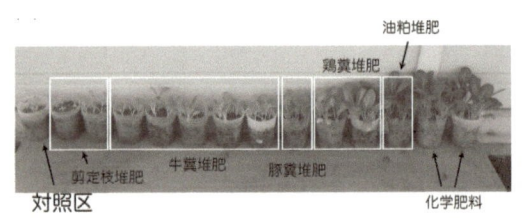

図3.8.5　1年間の食料の動きに伴う窒素収支（2000年：松田・間藤，2003）
単位は万t窒素。

図3.8.6　堆肥窒素（リサイクル窒素）の肥効試験（松田ほか，2007）
堆肥窒素は即効性が劣るので，収量を上げるために多量に投入される。その結果，環境を汚染することもある。

きた。人口が増加し経済活動が大型化した現代では，食料を生産する農業，これを加工して消費者に届ける食品産業，そして食生活からの廃棄物，排泄物を処理する環境保全サービス，これら三者を一体のものと捉えて，人間の食によって引き起こされる環境への負荷を最少化する努力が必要となるだろう。

【間藤　徹】

■ 参考文献

安藤　豊（2006）：多収イネの窒素およびケイ酸の吸収利用と土壌環境．イネの生産性・品質と栄養生理（日本土壌肥料学会編），博友社，pp.55-82．

落合久美子ほか（2004）：市販ホウレンソウ，コマツナの硝酸態窒素含有率と全窒素，カリウム含有率との関係．日本土壌肥料科学雑誌，75, 693-695．

川島博之（2008）：世界の食料生産とバイオマスエネルギー，東京大学出版会．

Jenkinson, D.S. (2001): The impact of humans on the nitrogen cycle, with focus on temperate arable agriculture. *Plant and Soil*, 228, 3-15.

松田　晃・間藤　徹（2003）：窒素サイクルと食料生産―植物栄養学21世紀の課題．化学と生物，41, 644-650．

松田　晃ほか（2007）：化学分析と小ポット栽培試験による家畜排泄物堆肥の窒素肥効の評価．日本土壌肥料科学雑誌，78, 479-485．

column 生物圏における窒素の循環

肥料による作物の増収を理解するためには，環境中の窒素の循環経路の理解（図3.8.7）が欠かせない。地球の生物圏で，窒素はそのほとんどが大気中の窒素ガスとして存在するが，窒素ガスは安定で反応性に乏しく生物活動にほとんど影響しない。しかし，窒素ガスはラン藻や一部の細菌など，特定の微生物の体内で還元されてアンモニアとなり（**窒素固定①**），アミノ酸・タンパク質に取り込まれる。窒素固定を行う細菌は嫌気環境に生育するが植物と共生するものもある。これらは植物根の根粒に共生し，宿主植物が光合成した糖質を利用して窒素ガスを固定しアミノ酸を合成する。このアミノ酸は宿主植物に利用される（相利共生）。アンモニウムイオンは非常に代謝されやすい化合物で，生物圏の窒素動態の中心に位置する。土壌中のアンモニウムイオンは好気環境では硝化菌とよばれる特定の微生物によって酸化され硝酸イオンを生じる（**硝化②**）。アンモニウムイオンも硝酸イオンも植物の好む窒素源で植物にすばやく吸収される。硝酸イオンは植物体内でふたたび還元されてアンモニウムイオンを生成し（**硝酸還元③**）。細胞内に生成したアンモニウムイオン，根から吸収されたアンモニウムイオンはアミノ酸を経由してタンパク質に合成され植物の生育を支える（**アンモニウムイオンの有機化反応，窒素同化作用④**）。植物は動物に摂食され，植物に含まれるアミノ酸・タンパク質が動物の栄養となる。植物の遺体，動物の遺体排泄物は土壌中で微生物によって分解されふたたびアンモニウムイオンに戻る（**窒素の無機化⑤**）。

このように土壌中では，有機物が分解されて生じたアンモニウムイオンが植物の窒素の給源となり，植物が合成した有機物は利用されて土壌に戻る。このとき，有機物の分解によるアンモニアの供給速度は植物，微生物によるアンモニアの吸収速度に比べて遅いので，土壌中にはつねに低濃度のアンモニウムイオンしか存在しない。

硝化菌はアンモニウムイオンの酸化でエネルギーを得て代謝物として硝酸イオンを生じる。硝酸イオンは，陽イオンであるアンモニウムイオンと異なり，陰イオンなので，負に帯電した土壌粒子には吸着されず土壌中を水とともに移動する（**硝酸イオンの溶脱⑥**）。硝酸イオンがこうして嫌気環境に移動すると，そこでは糸状菌，細菌の呼吸の基質として酸素に代わる電子受容体として利用される（硝酸呼吸）ので，硝酸イオンは亜酸化窒素，二酸化窒素，窒素ガスなどに還元され（**脱窒⑦**）大気に戻る。大気への窒素化合物の放出は化石燃料の燃焼や内燃機関によっても生じている。家畜排泄物などからのアンモニア揮散も無視できない。

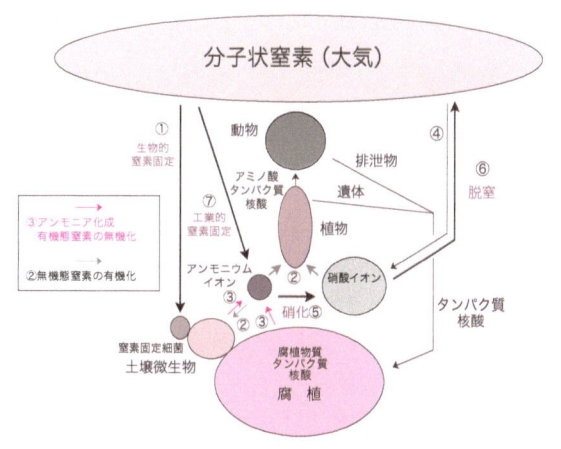

図3.8.7　地球の生物圏における窒素の循環

窒素は形態を変えながら大気→土壌→生物相→土壌→大気と循環する。この大きな循環の中に，耕地→食料（作物，草食動物）→ヒト→排泄物，生ごみの小さな食物連鎖が存在する。⑦は工業的窒素固定で，窒素ガスを直接アンモニアに変換し肥料として施用する。その量は年々増加し，2000年には①生物的窒素固定量と⑦工業的窒素固定量がほぼ等しくなった。すなわち，生物圏へのアンモニウムイオンの供給量（①＋⑦）は生物的窒素固定量の2倍に増加した。

3.9 林業・木質資源と環境

1 日本文化を支えてきた林業

林業は歴史的に日本の根幹をなす産業の1つであり、日本文化を根底から支えてきた。そのことは我が国が木の国であるという認識が強くあることからも理解できるし、実際に国土の7割近くが森林に覆われていることからもその重要性は明らかである。林業は、日本が木の国を営々と築き上げる上で必要な木材資源を、健全な環境を維持しながら、枯渇しないように生産するためにあみ出してきた産業形態である。通常、林業という言葉が使われる木質資源の生産は、木材の生産を目的として行われる一次産業をさす。一方、木材生産以外の木質資源の生産を行う森林資源利用があるが、こちらに関しては林業とよばれることはない。ここでは、この2つの森林資源生産を取り上げ、環境の視点から考えてみたい。

2 林業の必要性

林業はいわば、「木材生産のための農業」といってもよい生業である（5.2節も参照）。すなわち、林業とは農業と同様に、まず、種子を蒔くか苗を植えたのち、雑草対策を行う。また、間引きを行うのも農業と同様である。林業ではこの作業は**間伐**とよばれる。収穫を迎えるまでの時間が非常に長いことが、林業と農業との違いであるといえる。

林業は、それほど長い歴史をもっているわけではなく、長くても数百年程度の歴史である。日本は木の国であるという認識が強いが、少なくとも室町時代以前には、全国に林業地帯は存在しなかった。それ以前の日本人の木材の収穫はどうであったのか。周辺の山に自然に存在する木々を伐採して利用していたと考えられる。人口圧の高い地域では、古くから頻繁な木材利用が繰り返し行われてきた。

奈良盆地などの畿内では、早くから森林の荒廃があったことが知られている。歴史をひもとくと理解できるように、奈良時代以前には、極端にいうと天皇が替わるたびに遷都が行われ、新たな都が造営されてきた。都の造営は、大量の木材の需要がそのたびに生じることを意味しており、そのことは、周辺から繰り返し、木材が伐り出されてきたことを暗示する。数十年、もしくは百年単位での新たな木材の伐り出しは、森林の自然回復を前提として考えたときには短すぎることは明白である。その結果、奈良盆地のみならず、その周辺の森林資源は枯渇し、山は荒れていった。

森林の荒廃は、河川上流部の荒廃を意味する。そして、下流に住む住民は、恒常的に洪水などによる生活の危機にさらされることになる。そのため、住民たちは森林の荒廃に敏感であり、森林の扱い方を熟慮していた。

日本における森林の荒廃は、当初は一部の地域だけであった。それ以外の地域では、森林からの過度の木材伐出が、自らの生活に及ぼす影響を理解した上で、木材収穫を行っていたと考えられる。恒常的な木材利用が長期にわたって続くようになった地域が平安京とその周辺地域である。継続的な木材需要は、京都の北山に、奈良県吉野地域に発達した吉野林業と同様の日本でも古い歴史をもつ林業地帯を成立させた。この地域の林業は、平安京の多くの木材需要を満たし、数百年にわたって、木材供給を続けてきた。その現状についてはコラムを参考されたい。

3 林業の誕生とその後

全国各地に本格的に林業地帯が成立していったのは、江戸時代以降である。北海道を除く全国に幕藩体制が布かれたこの時代には、全国津々浦々に人口稠密地域が成立した。その結果、それぞれの中心都市では木材需要が高まり、それを支える林業地帯が成立した。この時期に、人為の影響がない森林は本州以南のすべての地域からほぼ消滅し、二次的植生が卓越する植生が成立したと考えられている。

そのような中で、森林の荒廃が進む地域も現出し、森林保護、治山緑化などが奨励されるようになった。森林保護に関しては、止め木、留山などの制度が取り入れられ、尾張藩が管理していた木曽では、木曽五木とよばれる、ヒノキ、アスナロ、コウヤマキ、ネズコ（クロベ）、サワラについて、「木一本、首一つ」とよばれるような厳しい森林保護政策がとられた。その成

果は定かではないが，ケヤキなどの広葉樹やカラマツをもその対象にした結果，森林単位での保護が可能になったといわれている。

一方，荒廃してしまった森林に対しては，緑回復のための植林も行われた。その先駆けといわれるのは備前藩である。陽明学の薫陶を受けていたことでも知られる家老の熊沢蕃山が押し進めた治山・治水の推進は岡山平野の洪水対策を進めることになった。

明治以降，日本の森林を巡る動きは活発化し，極端な商業造林が押し進められた時期や，世界大恐慌の影響を受けた木材価格の下落期，第二次大戦時の無思慮な森林資源利用による森林荒廃期，など，森林はめまぐるしい変化を経験した。第二次大戦後の森林回復のための植林活動の延長線上のように行われたのが，拡大造林とよばれる植林活動である。この時期に日本の人工林面積は500万haから1000万haに倍増した。初期こそ，その目的は荒廃森林の再生であったが，後半には，木材資源の増強を目的として，里山や天然林の落葉広葉樹林に対する植林地への林種転換が中心となった。しかし，拡大造林期と時を同じくして活発に行われるようになった外国産木材の輸入の拡大によって，これらの植林地の木材資源は，経済的には価値が著しく減少し，現在に至っている。

4 日本の植林地の現状

植林地の倍増という劇的な変化は，日本の森林の様相を著しく変化させた。日本の森林面積は2500万haであり，少なくとも第二次大戦以降にはほとんど変動していない。しかし現在，そのうちの40%が針葉樹植林地であり，10%がスギ植林地である。この変化はこれまでの日本が経験したことのない，森林植生の変化である。50年生以下の植林地の面積は700万ha以上（図3.9.1）あるが，その多くが，間伐施業すら行われていない状況にある。しかし，これらの森林はまだまだ成長が旺盛であり，すべての植林地で毎年蓄積されている木材の材積は6000万m^3であると推定されている。一方，日本の現在の木材伐採量が1800万m^3であることを考えると，現在でも，日本の植林地では，毎年4000万m^3を超える木質資源が使われないままに蓄積していっていることになる。これらの貴重な資源を使わないままに経済が衰退し，木材の利用量すらも減少しているのが，現在の日本である。数値だけを見たとき，民主党政権が目指した木材自給率50%の実現に向けた数値目標が達成されつつあるように見える。しかし実状は，木材需要そのものが減少し，それに伴って輸入材が減少したことによる相対的な自給率の上昇であることを忘れてはならない。間伐が行われない植林地では，何が起こるのか，その環境に対する悪影響に関する詳細は3.10節「森里海連環の考え方」を参照していただきたい。

5 林業再生への期待

木材利用の促進は，人為によって豊かな二次的自然を維持することに貢献できる。森林を放置すると，若齢期には蓄積量を増大させていく。京都議定書では，その森林が管理されている場合には，地球温暖化対策においてカウントできる森林として認められる。京都議定書の批准当時，日本政府は削減目標値である1990年当時のCO_2排出量の6.0%削減を目指したが，そのうち3.8%を森林管理によって認められることになった。これによって日本の間伐遅れの人工林の多くにおいて間伐が進んだことは明らかであるが，十分ではなかった。その一方で，伐採された木材は炭素をストックした存在であり，それを大気中に放出させずに使い続けることが重要であることも注目されたが，行政が期待したほどにはその利用の促進は進まなかった。すべてにおいて効率のみを追求してきた日本では，そのことの重要性に対する真の理解は，現在も進んでい

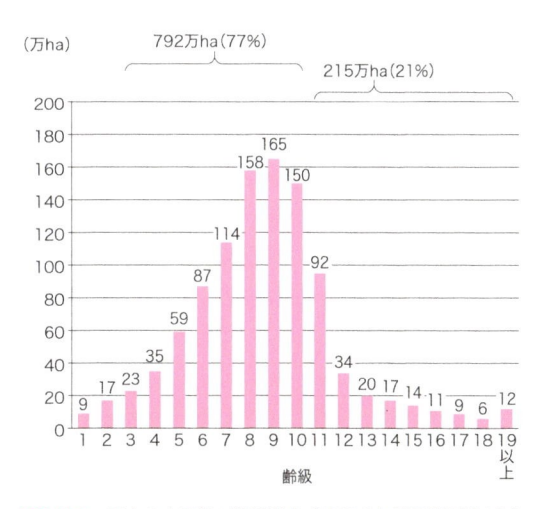

図3.9.1 日本の人工林の齢級構成（2011年林野庁資料より）
齢級とは5カ年ごとに林齢を括ったもの。齢級10とは46年生から50年生の森林をさす。この図では，50年生以下の人工林が全体の77%を占めていることがわかる。

ない。

これまで述べてきた日本の林業の実態は，日本の文化の継続にも暗い影を落としている。通常の木材を生産する場合には数十年の単位で保育が行われた後に収穫期を迎えるが，巨木が必要とされる場合には，数百年単位の保育期間を経る必要がある。日本では，日本文化を象徴する存在の1つである寺院建築の建築，補修などに用いられる巨木が絶対的に不足している。現在，このような用途に耐えるだけの木材を国内で求めることは不可能となっており，伊勢神宮林などでは気の長い保育作業が進められているが，まだその道は半ばである。

6　木材利用よりも古い木質資源利用

日本のみならず世界では，木材の利用の他に，もう1つの重要な木質資源の利用が歴史的に継続されてきた。その利用は木材利用以上に古い歴史をもっている。それは，主として燃料としての利用であり，農業への利用である。これらの目的をもって利用されてきた森林資源からの代表的な生産物には，薪炭や肥料に加えて，食糧や薬草などがある。とくにエネルギー源の生産は枯渇が許されないものであるため，人類は長年の経験を通して，植林という作業を要しない形態で，森林の更新を行ってきた。以下では，いくつかの非木材資源利用について考察してみよう。

もっとも重要度が高いのは，エネルギー源としての森林資源利用であり，薪生産と木炭生産に大別できる。日本では現在も，中山間地域に**薪**で生活している人々が多数存在する。**木炭**は，より強い火力がほしい場合，あるいは供給先が遠隔地である場合に生産されることが多い。古い事例としては中国地方や東北地方における強い火力を要する製鉄のために生産された木炭があげられる。また，都で優雅な生活を送っていた貴族に，煙の出ない木炭を供給することも，日本における木炭生産技術の向上をもたらした。毎年欠かせない資源生産においては，収穫するたびに植林をしている余裕はない。その結果，人類は，伐採後に何の管理もなしに次の収穫が得られる手法をあみ出した。すなわち，地際で伐採しても，十数年後には萌芽更新によって自然に次の資源が再生していることが可能な樹種を選び出し，それらの樹種を用いた森林管理が経験的に見出された。日本では，暖温帯域ではコナラやクヌギなどが，冷温帯域ではミズナラが，より暖かい地域では常緑の

カシ類やシイ類が選抜された。世界でも，ナラ類，カシ類がその対象となっている地域は多い。このような経緯を経て，人類は周期的な伐採で，半永久的にエネルギーが得られる術を手にしたのである。このように維持されてきた森林は現在，**里山林**とよばれている。

7　里山林がもたらした肥料

エネルギー利用に次いで重要な森林資源の利用は，農業利用である。落葉や常緑の広葉樹林からなる里山林では，萌芽更新とそれに続く植生回復の過程において，明るい状態から暗い状態に推移していく。萌芽更新の初期には，小さいひこばえが多数生じ，日本人はこれを緑肥などに利用してきた。森林が回復していくすべてのステージにおいて，木々は毎年葉を落とす。この落ち葉は，農業における肥料源として重要である。農民はこれらの落ち葉を集めて，直接，あるいは堆肥にして農業に利用してきた。

京都付近では，伐採後次の伐採期までの期間は20年程度であった。つまり，自分たちが所有・管理している森林を20分割して利用すれば，資源が得られない年を作らずに生活が続けられたのである。このような森林資源利用は千年以上続いてきたと考えられるが，日本では数十年前に肥料源が化学肥料に転化した結果，里山の農業利用は失われた。

8　里山林は私たちに食糧や薬草も与えてきた

人類は森林から食糧や生活に不可欠な資源も得てきた。日本で食糧としてあげられるのは，クリ，トチの実，ドングリなどの木の実，サンショウやワサビなどの香料，ワラビやゼンマイといったシダ類から得られる食材，タケノコなどである。利用される種数は非常に多数にのぼっていたと思われるが，その実態は今や明らかにできない。現在の日本人はそれらを識別する能力すら失っているし，管理する能力もない。昭和初期の世界大恐慌の頃に執筆された文献（渡邊，1933）を見ると，当時の日本人がいかに山の幸の利用方法を熟知していたか，を知ることができる。そこでは，先に述べた植物資源の他に，特殊工芸樹種（ウルシ，ハゼノキ，アブラギリ，ツバキ，シュロなど），油脂類（松根油など），染料，樹皮などが紹介され，これによって木材不況を乗り切るための収入獲得の提案がなされている。現在では，ラッピングのための笹葉の利用，

料亭の料理に彩りを添えるためのモミジ葉やハランの生産なども行われているが、これらの利用には、経験に基づく伝統的な山の幸の利用に加えて、近年になって見いだされた新たな資源利用も含まれている。

人類は、森林から薬草も得てきた。今の日本人には想像もできないかもしれないが、現在漢方薬とよばれる、中国から輸入されている薬草の多くは、国内でも得られる。もっともわかりやすい例は、漢方の世界では十薬とよばれるドクダミであろうか。誰もが知っているドクダミすら、日本は中国から輸入している。筆者が学生とともにベトナムの山岳地帯で調査した結果は、かつての日本人の生活を彷彿させるものであった。調査地で村人が利用していた周辺植物の種数は200種近くあった。そのうち、もっとも多かった資源の収穫は食糧採取を目的としたものであった。次いで多かったのが建築材としての木材の収穫、次いで薪の収穫であり、その次に多かったのは薬草の収穫であった（図3.9.2：村永、2009）。彼らは現在も、生活資源の多くを、周辺にある森林資源に頼っている。日本人がこのような生活を失って久しいことは、危機的な天災に見舞われたときの対応策をもっていないことを意味すると考えられ、有事の際の危機対応能力が危惧されるところである。

9 里山をふたたび私たちの暮らしに

日本における木材も含めた木質資源利用の減少、喪失は、人間が一度でも関与してしまった二次的な自然の維持を考えるとき、大きな問題である。人間が関与してしまった自然は原生的自然にはなかなか戻れない。

人類は自らが改変してきた自然と共存し、それにあわせた生態系を成立させ、維持してきた。日本では現在、このような自然環境における生物多様性を重視し、**里山イニシアティブ**として世界に発信している。ここでは、豊かな生物多様性のみならず、二次的自然そのものが作り出してきた生態系も評価しようとしている。管理された二次的自然は防災面でも有効であることも示されつつある。

林業、木質資源利用という観点から維持されてきた森林は、実は、1500年前から認識されてきたように、私たちの生活そのものを守ってくれることをもう一度認識しなければならない。

〔柴田昌三〕

column 北山杉

京都市北郊の北山林業地帯は、数百年以上にわたって、京都市民の生活を支えてきた（文化庁、2006）。北山の林業を一般に広めたのは川端康成の小説「古都」であると考えられているが、それ以前から長い歴史を培ってきたのが北山の林業である。川端が賞賛した頃の北山の景観は、様々な森林資源利用の複合的な姿であった。林業が盛んであった頃、北山を支えていたのは、磨き丸太生産、一般的な木材生産、そして垂木の生産であった。さらに百年単位で保育、生産されるアカマツ材、ヒノキ材も彼らの重要な収入源であった。これらはいずれも京町家に代表される京都の建築を支え、それに見合うだけの需要があった。また、自らの生活のためのエネルギー源としての薪炭林も存在した。それらの林業形態がそれぞれに産み出す景観は、磨き丸太用と普通木材生産用のスギ林、垂木生産用の台杉林、ヒノキ林、アカマツ林、落葉広葉樹矮性林として、北山の多様な森林景観を形成するものであった。しかし、過去数十年の間にこれらの需要の多くは激減した。結果的には、多様な森林景観要素の多くが失われ、現在は磨き丸太生産用スギ林のみがかろうじて維持されているのが現状である。川端が愛した北山の林業景観は失われてしまった。文化的景観としても評価されるようになったこのような林業景観を再興するためには、北山地域における林業の再興は不可欠である。

■ 参考文献

文化庁（2006）：文化的景観（北山杉の林業景観）保存・活用事業報告書。

村永有衣子（2009）：ベトナム中部山岳地域における植生分布と少数民族による植物利用。2008年度京都大学大学院地球環境学舎修士論文。

渡邊 全（1933）：造林と山村の副業（農村更生叢書）、日本評論社。

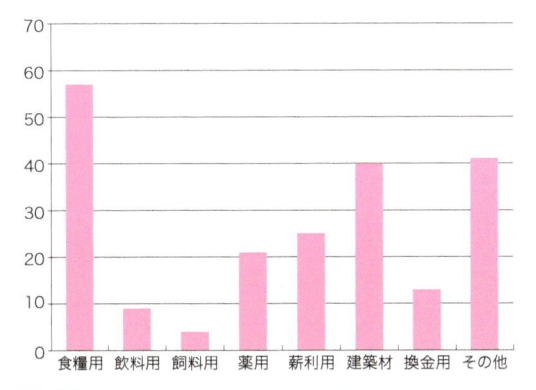

図3.9.2 ベトナム中部山岳地帯における少数民族の森林植物資源利用（村永、2009）

3.10 森里海連環の考え方

1 自然環境の荒廃

日本の自然環境の荒廃がいわれるようになって久しい。荒廃には様々な形態があり、現在ではあらゆる生態系において認められる。荒廃は、大きく、破壊による荒廃と、管理の放棄による荒廃に分けて考えることができるが、いずれも人間の活動が大きな要因となっている場合が多い。天災が原因と考えられる事例もあるが、地震などを除くと、強大化する台風による土砂災害、洪水災害なども、遠因として人類の営みによる地球全体の温暖化が考えられることを視野に入れると、現在の自然環境の荒廃は人類が産み出し、増強しているといっても過言ではない。このことは、国連による2005年のミレニアム生態系評価の報告を見ても明らかである。

2 自然破壊

破壊による自然の荒廃はわかりやすい。日本でこの類の破壊が著しいのは、陸域と水域の境界部の推移帯にあたる部分である。沿岸海域の生態系、あるいは陸上部における水圏の生態系がそれにあたる。

すでに数多く指摘されているように、約3万3千kmある日本の海岸線の人口海岸率は非常に高い。一部に人工物を含む半自然海岸と人工海岸をあわせた割合は46％である（環境庁，1998）。とくに、砂浜海岸やそれに付随して現れる塩性湿地や潟湖などの海岸地形は、多くが干拓・埋立の対象となり、消滅してきた。これによって、日本の沿岸漁業が大きな影響を受けてきたことは明らかである。とくに塩性湿地を繁殖の場としている魚貝類や周辺に発達する葦原などに生息する鳥類などにとっては、生息地そのものが失われることになり、個体群維持の上で大きな問題となってきた。

内陸部の水系における河川周辺の自然の改変も顕著である。急流が多い日本の河川では、歴史的に洪水対策、すなわち、治水が最重要課題であった。一方で、このような川が上流部からもたらす土砂と栄養分は、沖積平野における豊かで集約的な農業を成立させてきた。しかし、近代以降、現在のような都市形態が発達するとともに、都市域における生活の安全保障という大前提のもとに、川から水や土砂を徹底的に出さないことを目的とした施策が推進された結果、日本の河川の多くはコンクリート張りの排水機能のみを重視したものに改変されていった。過去数十年の間に、山間部で生産される水や土砂は中上流部のダムによってまずせき止められ、農業や飲料に必要な水のみが取り出された後に、残った水だけが河口から沿岸域に流し出されることとなった。この結果、従来、洪水による冠水も視野に入れて柔軟に制御され、川からの恵みを受け入れてきた伝統的な農業形態は否定された。それと同時に、第二次大戦以降、全国的に展開された圃場整備によって、上流から下流にかけての自然の傾斜に沿って行われてきた水利用形態は、日本の農業から失われた。

水産資源の点から見ても、これらの河川の変化は大きな負の影響を与えている（図3.10.1：田中ほか，2009）。魚道整備が行われているとはいえ、河川と海洋を行き来して一生を終えるアユやウナギといった魚類は生息環境の一部を完全に失った。土砂が出なくなった川の河口周辺では土砂供給が失われた結果、砂浜海岸の縮小が顕著に進み、養浜[*1]という従来は考えられなかった作業によって、大量の予算を投資した砂浜の維持が試みられるようになっている（図3.10.2：笹木，2005）。これらの改変はすべて、発達していく巨大な都市部住民の生活保全のみが大前提として行われた事業によるものであり、水系全体を視野に入れた事業ではなかったといえる。

3 二次的自然の管理の減少・放棄

管理の減少や放棄による自然の荒廃は、一次産業の舞台であるあらゆる場所において認められる。これらの場所では従来、農業生態系に代表される様々な二次的自然が形成してきた生態系が維持されてきた。現在の日本では、減反政策や農業従事者の減少などによる耕作放棄地の増加、木材単価の低下に伴って管理が放棄されて間伐遅れとなった人工林の増加、燃料革命と

[*1] **養浜**：浸食された海岸などに、人工的に砂を供給して海浜を造成すること。

3.10 森里海連環の考え方　97

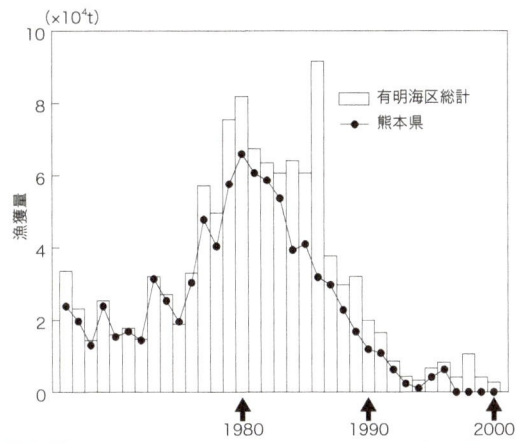

図3.10.1 有明海と熊本県のアサリ漁獲高の経年変化（田中ほか，2009）
筑後川からの砂泥の流入量の減少により，有明海の干潟生態系と生物生産量は大きく劣化した。

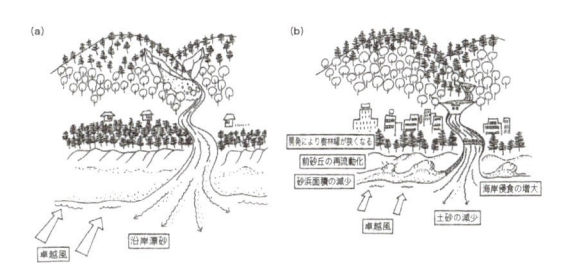

図3.10.2 砂浜と海岸林の過去50年間の変遷（a→b）（笹木，2005）
森林の豊かな緑の整備による森林からの土砂量の減少やダムによる土砂の細粒化が海岸部に与える影響はプラスばかりではない

よばれるエネルギー源の化石資源への移行と肥料革命とよばれる肥料源の化学製品への移行などによる里山林の管理放棄，家畜の減少による飼料の需要減や茅葺き建物の減少による茅場の衰退，などが顕著である。

耕作水田の減少は，かつて，水田に満たされることで貯留されていた水を維持する空間の減少を意味し，雨水の多くが降雨直後に下流に流されることになった。管理不足の人工林では林内の光条件の悪化に伴って林床植生が発達しなくなり，降雨によって表面水が林内に補足されずに林外に流れ出すようになった。周期的な伐採によって維持管理されてきた里山林では，伐採の喪失によって一様な林相が広がるようになり，非木材林産物として扱われる様々な山の幸が生産されなくなると同時に，多様性に満ちた生物相が維持できなくなった。茅場に関しては，自然本来の遷移の進行により，人為的に維持されてきた草地植生から樹林植生への遷移がはじまり，全国から存在そのものが急激に消滅しつつある。

これらの二次的自然の管理減少や喪失による生態系の劣化は，生物多様性の低下を引き起こし，かつての里域に数多くの絶滅危惧種を産み出している。

4　森林資源再生の試み

人間の管理という行為を前提に，長年にわたって維持されてきた二次的な自然は，現在の日本で急激に失われつつある。超長期的に考えれば，人類の改変によって成立してきた自然環境は，管理の喪失によって人間の関与が軽微であった時代の自然に戻るという考え方がある。しかしそれは，大きな人口を抱える都市部が河口部に存在する限り，実現は難しいであろう。自然の再生を考えるとき，後述のように，流域単位で自然環境を考える必要があるが，河口部に大規模な都市部があると，流域単位での元来の自然環境の再生は，少なくとも陸域と水域の関係の再生が困難であるために，不可能だからである。

それぞれの生態系の人為の影響による荒廃は，比較的古くから指摘され，その再生に関する提案や試みは先進的な事例として行われてきた。しかし，明らかな成果をあげることができた事例は多くない。多大な予算を要することから，社会的な評価がそれほど高くない場合も認められる。これらの結果は，対象とする地域のことだけを考えてきたために，成果をあげることができなかったことが原因として潜んでいる。たとえば，塩性湿地の再生を目指して行われた自然再生事業において，水質の改善が充分に認められない，十分な土砂供給が行われない，といった現象が認められる。それを改善するために，大量の資金がつぎ込まれることになる。これらの事業を効率的に行うために，上流部の自然再生も含めた一体的な計画を策定することによって容易に解決できる可能性が考えられないであろうか。流域単位での自然再生計画が策定されることによって，問題解決の道が拓かれることは明白なのである。

5　森里海連環という考え方

ここまで述べてきたような問題意識のもとに，少なくとも流域単位で荒廃する生態系の実態を把握し，自

然科学的観点のみならず，社会科学的観点も含めた上で，自然環境の回復を考えようとする目的を持って提唱されたのが，**森里海連環学**である。実際の自然再生を考える上で，自然や生態系の再生，保全だけを考えることは経済的支出があまりにも多額で，成功率も低いことから，その効率は低いといわざるをえないことはすでに述べた。しかし，その流域に居住する人々の生活を視野に入れることによってはじめて，効率的な資源利用を伴う自然再生が可能になると考えられる。

自然再生においては，注目される生態系の保全を追求することだけでは解決できない問題をはらんでいる。人為の関与によって維持されてきた環境要素すべてが，かつての生業形態を取り戻すことによってはじめて，二次的自然の生態系は健全になるはずである。すなわち，最上流部である森林から人間がおもに生活域をもっている里を経て，沿岸部に至るすべての二次的自然の上に成立してきた生態系の再生が森里海連環を産み出してきたことを理解し，その解決のために人為の介入も含めた自然再生を追求する学問が森里海連環学である。このことは旧に復することだけを意味するのではない。新たな模索も含めた提案が重要である。同様の考え方としてICM（integrated coastal management：統合的沿岸管理）という考え方が以前から沿岸域に対して海洋研究者の間で重視されてきた。この考え方を，流域単位，あるいは陸域の視点から考えようとすると，森里海連環の考え方の必要性が理解できる。

連環とは「鎖」を意味する（柴田・竹内，2011）。流域単位で生態系を見るとき，そこには様々な，より小さな生態系が含まれている。それらの生態系は鎖のようにつながりをもっている場合や，1つの生態系の中に入れ子状に別の生態系が含まれている場合がある。そのことを考えるとき，現在の，荒廃しただけではなく，関係をも寸断された生態系の回復は重要である。互いに隣接する2つの生態系の関係が回復することによって，より大きなスケールでの生態系の再生が可能になる。これを順次広げていくことによって，最終的に流域全体の生態系の改善が可能になるはずである。

6　森里海連環の実践

森里海連環を重視した活動は，学問の世界が注目する以前から民の世界で実践されていた。その代表的な事例が，宮城県気仙沼市で養殖業を営む畠山重篤氏によって主導されてきた「森は海の恋人」運動である。氏の活動は1988年にはじまり，漁師が山に木を植える運動を展開してきた。これと相前後して学界からもこれを重要視した著作も著された（松永，1993）が，当時この主張に耳を貸すほど社会は成熟していなかった。現在では，漁師による植林活動は全国で認められるが，この発想が，漁獲高の減少を憂えた漁師の発想であることは注目されるべきである。

エネルギーや物質の循環を考えるとき，森里海連環学の思想は，すべてが生産されたもとの場所に戻ることを前提としている。しかし，実際の生態系のつながりや関係を考えるとき，すべてがもとに戻ることは考えにくく，水の流れに従った上から下への発想が基本となる場合が多い。

水の流れを前提として日本の現状を考えるとき，森里海連環学ではまず，上流に位置する森林の荒廃を問題視する。下層植生を失った上流部の人工林からは，降雨のたびに表土と切り捨てられた間伐木が流出してくる。このような人工林を間伐の促進によって健全化することによって，下流への危険度が格段に減少すると同時に，高齢化，過疎化が進む中山間部に経済的な利益ももたらすことができる。また同時に河川の水質も改善される。里山林も管理の再生によって，植生および生態系の健全化が進むことが期待される。このような本来二次的である森林植生の再生は，河川上流部の生産性そのものも改善し，水圏生物相も豊かに回復させられることが考えられる。

里域においては，近年，農業生産形態そのものが見直されるようになり，化学肥料にあまりにも依存してきた過去の農業生産が見直されつつある。これらの反省が実を結んだとき，里からも適正な物質の生産，流出が期待できるようになる。

都市域においても，できる限り健全な物質生産・消費の見直しが進んでおり，河川水質の改善などが認められるようになりつつある。これらの変化は，海と川を行き来する回遊性の魚類の生産量などにプラスの影響が出たことによって効果が理解されるようになってきた。しかし，沿岸域の漁獲高などによい影響が出るかどうかに関しては，まだ十分な知見はない。また，自然再生が成功しない理由の1つとして，治水を目指して全国で推進されてきたダム建設が影響を与えているという見方もある。その一方で，ダムからの放水が下流の河口域で大きな影響を与えているかどうかに関しては，現在の研究成果からは，賛否両論があるのが

実際である。

一流域における様々な生態系の改善が,生態系,ひいては自然環境の改善に資するか否かを科学的に証明するためには,まだまだ時間が必要である。

7 自然とのつきあい方の再評価

上流域での森林管理の再開が,直接的に河口部まで影響を与えるかどうかに関しては疑問視する面もある。里域における農業形態の変化,都市住民の環境への配慮などが積極的に推進されることによって,流域単位での環境,生態系の再生が実現することを実証する必要がある。そのような中で,注目する必要が示唆されている1つのトピックとして,日本人が展開してきた伝統的な自然とのつきあい方を再評価する社会的な動きがある。現在の日本では「里山資本主義」という言葉も出現するようになり,里域を中心とした経済主義一辺倒ではない生活も提唱されるようになりつつある。上流から下流,あるいは河口域や沿岸域までを統合的に科学的評価を与えようとする森里海連環学の考え方は,今後よりいっそう注目されるべき考え方である。

【柴田昌三】

■参考文献

環境庁 (1998):第5回自然環境保全基礎調査,海辺調査。
松永勝彦 (1993):森が消えれば海も死ぬ(ブルーバックス),講談社。
柴田昌三・竹内典之 (2011):連環する環,連環しない環。森里海連環学―森から海までの統合的管理を目指して 改訂増補版(京都大学フィールド科学教育研究センター編),京都大学学術出版会,第1章第1節。
田中 克ほか (2009):稚魚―生残と変態の生理生態学,京都大学学術出版会。
笹木義雄 (2005) 砂浜と海岸林。環境緑化の事典 (日本緑化工学会編),朝倉書店,pp.299-307。

column 東日本大震災と津波

2003年に森里海連環学が提唱されたころ,陸域の自然荒廃の問題解決策の最重要項目として考えられたのは間伐遅れの人工林の再管理であり,当時地球温暖化対策の1つとして管理された森林が高く評価されたことと相まって,日本では人工林の間伐が押し進められた。しかし,とくに危機的と考えられた,水域と陸域の境界域に関しては,具体的な事例やその効率性を証明する情報がわずかしかないのが現状であった。そのような状況に大きな転機を与えたのが,東日本大震災における大津波であったことは,皮肉なことであった。高いところで20mを超えた津波は,陸域からあらゆるものを海域に持ち去った。また,津波の引き波によって一瞬露わになった浅海域の海底からはすべての生物相が失われた。

一時的に死の世界となったかと思われた浅海域はしかし,数カ月後には,陸域から持ち込まれた栄養分によって急速に回復し始めた。先に述べた畠山重篤氏の養殖場は,津波によって集落の大半が流されるという大被害を受けたが,養殖場では被災一年後には牡蠣(かき)が豊かに再生した。同時に海底の海草類も劇的に回復し,魚類相も急速に回復した。

一方,東北地方沿岸では,津波によって各地で地盤沈下が認められ,過去数十年の間に埋立によって失われた塩性湿地の多くが再現された(図3.10.3)。さらにわずかな時を経たのち,これらの塩性湿地には豊かな自然,生態系が再生しはじめた。ある海岸では,津波の翌冬にはアサリが大量発生した。これらの変化は,陸域から大量の養分が海に供給されたこと,その後も河川上流から供給される養分が直接,河口域や沿岸域に供給され,津波によって新たに(久々に)再生した陸域と水域の境界域における自然再生に大きく寄与したことを示唆している。

大きな予算を投じても実現できなかった自然再生が,天災によって出現した環境では,いとも簡単に実現できることが実証されたことは衝撃的であった。20世紀に日本人が行ってきた自然破壊行為は,たった一度の津波によって壊滅的打撃を受けたが,その打撃が自然再生という観点からはプラスとして機能したことを,ここであえて紹介しておきたい。

図3.10.3 宮城県気仙沼市舞根地区には津波に被災した集落跡に塩性湿地が再生し,豊かな生物相が確認されつつある

column 「ごみ」は非常に雄弁だ。

(1) 京都が発祥の地「ごみ調査」

京都大学環境科学センターと京都市で、全国に先駆けて1980年から、30年以上続けられている調査があることをご存じだろうか。その名も「ごみ調査」。そもそも、髙月紘先生（京エコロジーセンター館長、京都大学名誉教授：序章参照）が、京都市と協働ではじめられたものであり、正確には、家庭ごみ細組成調査という。一般家庭から出されたごみを袋ごと集め、素材や用途に応じてひたすら分け、約300種類に分類する。ごみ調査デビューしたばかりの学生諸君は、その匂いと見た目に、すっかりノックアウトされてしまうほど。恒例となっている調査後の慰労会（通称、アルコール消毒）では、その衝撃について話が絶えない。しかし、強烈なのは匂いだけではない。その中身、とくに「もったいないごみ」には、毎回ショックを受ける。

(2) もったいないごみ

まず代表格は、まったく口がつけられないまま捨てられた食品類、いわゆる「手つかず食品」である。家庭ごみを「重さ」で見ると、およそ4割が生ごみだが、その内訳を調べると、「食べ残し」と「調理くず」がそれぞれ4～5割となる。その「食べ残し」の多くが「手つかず食品」なのだ。図1をご覧いただきたいが、ありとあらゆる食材が手つかずで出てくることがわかる。未開封のものも多い。

また、「容器包装ごみ」が多いことも改めて認識する。家庭ごみを「かさ」で見ると、多くの都市で4～7割を占めている。レジ袋だけでも、ごみ全体の約5%に及ぶ。レジ袋削減キャンペーンに対して「たかが…」とはいえない。

そして、最近目につくのは「紙おむつ」。使い捨てが一般化しただけでなく、大人用やペット用も加わり、年々増加している。

こうして見ると、ごみはまるで社会を映す鏡のようだ。私たちが日々どんな暮らしをしているか、どう変わってきたか、一目瞭然なのである。

(3) 東日本大震災の災害ごみからも学ぶ

東日本大震災は、私たちの暮らしに様々な教訓を与えたが、1つに災害廃棄物の問題がある。筆者らが災害廃棄物を最初（2011年3月26日）に見たときの衝撃は、筆舌に尽くしがたい（図2）。2週間前まで多くの人の暮らしが営まれていたことを想うと、とても感傷的になったが、あえて視点を変えると、別の問題点やポイントも浮き彫りになってきた。

量の問題（ストック型社会） 破壊された街を歩いて、災害廃棄物の山に囲まれて改めて感じたのは、私たちの暮らしがいかに多くの物に支えられ、囲まれているか…「シンプル」や「スマート」とは、ほど遠い。この量的な問題が、まず1つ目のポイントといえるだろう。

今回の災害により発生した災害廃棄物の量は2000万t以上とされている。たとえば日本の一般廃棄物の発生量が年間約5000万tであるから、その半分近い量が、この地域からいっきに出てきたということになる。この量の背景としては、もちろん、今回の災害の破壊力があるが、そもそもの社会の実態にも目を向けなければならない。日本の年間の物質フローをみると蓄積純増が多いことがわかる。建築物や自動車、耐久消費財などとなって、毎年6億t以上、社会に蓄積されていっているのである。これが潜在的な廃棄物となり、今回のような災害時にいっきに災害廃棄物と化し、復旧・復興の足かせになっているというふうにも見えないだろうか。この構造を変えるのは簡単ではないが、これらが大量の廃棄物となることを見込んだ対処、今後の資源利活用の戦略などが求められるだろう。

質の問題（有害製品、処理困難物） 次に、2つ目として、質的な問題も明らかになった。歴史的に繰り返してきた自然災害だが、おそらく昔は災害ごみも、様々な形で自然に帰っていったはずである。それが今や、気をつけなければならないごみ、どう処理すれば良いかわからないごみが、まさに山積していた。

世界から注目を集める災害廃棄物の分別・リサイクル

最後に3つ目として、災害廃棄物に対するグッドプラクティスから見えてくることも多いことをあげておきたい。今回は、最大限のリサイクルを目指して、処理が進められてきた。日本においては、ここ十数年、3Rの取組みや、その一環としての分別・リサイクルに力が入れられてきたが（3.3節参照）、それが災害廃棄物への対応にも活かされているのだ。

これから社会は大きく変わるだろう。その変化を「ごみ」からも学び、少しでも持続可能な社会に向けた舵切にりつなげねばならない。　　　　　　　　［浅利美鈴］

■ 参考文献

廃棄物資源循環学会（2012）：災害廃棄物、ぎょうせい。

図1　家庭ごみから出てくる手つかず食品の例

図2　2011年3月26日の仙台市被災地区の様子

第4章

環境と人間・社会

　環境問題は，代表的な事象となって現れるだけでなく，人間社会や人間健康にも深刻な影響を与える可能性がある。その解決に向けては，私たちの社会システムの変革が必須といわれる。したがって，これら環境問題の影響や，解決策を考えるためには，人間や人間社会について，環境問題との関係性から理解することが重要である。

　第4章では，まず，人間健康と環境について，食事・活動などの暮らしと寿命や心との関係性から読み解く。日々の身近な暮らしぶりが，寿命や心理にどのような影響を与えているかは，誰もが関心をもつところだろう。それにとどまらず，人類が，どのような生き様を選ぶのかという環境学の命題にもつながる。

　次に，環境問題の解決に向けた政策展開や経済手法について紹介する。環境問題と産業や経済は，対立的に見られてきたが，今，「緑の経済成長」の考え方に代表されるような大きな転換期を迎えている。そこにも注目してみたい。

写真：国民総幸福度を国是とするブータン。テレビのない家族は，一緒に風景を眺めるのが何よりの楽しみ（撮影：浅利美鈴，2008年8月）。

4.1

環境と健康・疾患

1 自由摂食と寿命の短縮

　ヒトの健康や疾患に関する研究においては，マウスやラットなどの実験動物が頻用される．一般に実験動物を用いたデータを解析する場合，それらが野生動物とはきわめて異なった環境で生活していることに注意が必要である．野生動物は気象の変化にさらされながら生活しているが，動物実験施設は屋内に設置され，気温や湿度も24時間を通して一定に管理されている．動物には餌が十分に与えられ，その獲得に奔走する必要はない．仲間内で餌争いをする必要もなく，いつ襲ってくるかわからない外敵もいない．衛生面でも管理され，し尿にまみれることはないし，細菌やウイルスなどの病原体に感染する機会も少ない．

　このような環境で実験動物をできるだけ長く飼いたい場合，つまり長生きさせたい場合，どのようにすればよいか．実はシンプルで確実な効果が上がるのが「好きなだけ食べさせない」ということである．

　図4.1.1はマウスを摂餌量を変えて実験室内で飼養した時の生存曲線を示したものである（Weindruch et al., 1986）．自由摂食させた群がもっとも体重が重く，もっとも短命となる．そして摂餌量を25%カット（85 kcal/週）とすることで生存曲線は明らかに右シフトする．摂餌量を50%以上カットした群（40〜50 kcal/週）では，さらなる右シフトが認められる．このような結果はマウスのみならず，酵母（*Saccharomyces cerevisiae*）やキイロショウジョウバエ（*Drosophila melanogaster*），線虫（*Caenorhabditis elegans*）などの生物でも明らかにされている．高等動物では2009年にアカゲザル（*Rhesus macaques*）を用いた20年にわたる実験結果が発表され，自由に摂食させておくと，糖尿病，癌，心血管疾患，脳萎縮などの加齢性疾患の罹患とその死亡率が増えることが報告された（Colman et al., 2009）．

　自由摂食させた実験動物はしだいに肥満してくる．俗に「風邪は万病のもと」というが「肥満は億万病の

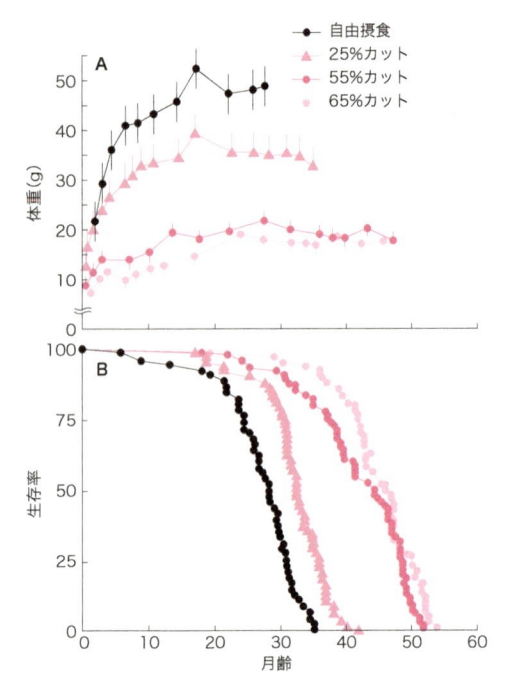

図4.1.1　摂食量，体重とマウスの寿命
Weindruch et al., 1986より引用改変．

表4.1.1　肥満に起因ないし関連する健康障害
日本肥満学会（2011）より引用改変．

1) 耐糖能障害（2型糖尿病，耐糖能異常など）
2) 脂質異常症
3) 高血圧
4) 高尿酸血症・痛風
5) 冠動脈疾患：心筋梗塞・狭心症
6) 脳梗塞：脳血栓症・一過性脳虚血発作
7) 脂肪肝（非アルコール性脂肪性肝疾患）
8) 月経異常，妊娠合併症（妊娠高血圧症候群，妊娠糖尿病，難産）
9) 睡眠時無呼吸症候群・肥満低換気症候群
10) 整形外科的疾患：変形性関節症（膝・股関節）・変形性脊椎症
11) 肥満関連腎臓病
12) その他の良性疾患：胆石症，静脈血栓症・肺塞栓症，気管支喘息
13) 悪性疾患：胆道がん，大腸がん，乳がん，子宮内膜がん

もと」ともいわれる．先進国の多くではがん・心臓病・脳血管障害が三大死因となっているが，肥満は三大死因を含めた多くの急性，慢性疾患の発症危険因子として作用する（表4.1.1）．肥満者は熱中症や高山病にもなりやすく，また近年流行した新型インフルエンザ（H1N1）にも有意に高い罹患率を示した（Louie et al., 2011)。

では、なぜ実験動物は「食べ過ぎ」てしまうのだろうか。なぜ長寿となるレベルで摂食をやめる能力をもたないのだろうか。動物の歴史とは飢餓との闘いの歴史であり、食物が不十分な状態でもパフォーマンスが発揮できる動物、つまり飢餓に強い動物が現代まで生き残ってきたはずである。そしてその一方で、現代まで生き残ってきた動物は、食物が多くあるときに、当面の活動に必要な分以上に「食いだめ」をしておく能力もあわせもっていたはずである。食物とは、今日十分にあっても明日どれだけあるかわからないものであり、もっといえば、目の前にあってもよそ見している間にとられてしまう可能性さえあるからである。おそらく「食べ過ぎ」とは、現代まで生き残ってきた動物に本来的に備わっている「食いだめ」能力と、飢餓対策に照準をあわせてプログラムされた代謝機構との間に生じる必然的な相互作用なのであろう。連日の「食いだめ」による慢性的なカロリー過剰が、飽食を想定していない代謝機構の手に余ることは当然のことかもしれない。

なお、摂餌量を自由摂食時の50％以上カットしたマウスが、野生の状態でも長生きできるかどうかは疑問である。低栄養に基づく易感染性や創傷治癒遅延、臓器障害、天候変化への不適応、運動能力の低下などによって、逆に短命になってしまう可能性が考えられる。振り返って、かつて我が国の死因の第1位は結核をはじめとする感染症であった。その時代において重要視されたことは、少しでも衛生状態をよくするのみならず、しっかりと食べ、しっかりと休息をとることであった。健康長寿を実現するために何が大事なのかは、その個体を取り巻く環境の変化によって、その順位づけが大きく変わる可能性のあるものである。

2 実験動物の運動不足を解消すると

実験動物の飼育環境が野生動物と異なる点として、十分に動き回るスペースがないこと、つまり動物が「運動不足」に陥るということがあげられる。では実験動物に好きなだけ運動させて「運動不足」を解消すると動物は長生きになるのだろうか。図4.1.1で得られたような摂餌制限の効果と運動不足の解消とでは、どちらが寿命を延ばす効果が大きいのだろうか。

ホロツィ（Holloszy et al., 1997）は、ラットを回し車付きの飼養箱に入れて、個々のラットが自発的に好きなだけランニングを行うことができる環境を用意した（図4.1.2）。Group Aは運動群であり、飼養箱に回し車を設置するとともに、自由摂食量の9割を摂餌したものである。ラットは基本的に運動好きであり、回し車を使ってとてもよく走る。しかし、完全に自由摂食としてしまうと（満腹のためか）あまり走らなくなる。このため摂餌量を自由摂食量より1割減と設定している。Group BはGroup Aの対照群であり、摂餌量をGroup Aと同じにした非運動群（回し車なし）である。Group Cは摂餌制限を加えた運動群であり、回し車を設置するとともに、摂餌量を自由摂食量の7割に制限している。Group Dは摂餌制限を強化した非運動群であり、Group Cが運動で使うエネルギーをカットして摂餌量を自由摂食量の5割としたものである。生後24カ月時体重は、Group Bでもっとも重く、その次がGroup Aであり、Group CとGroup Dには差がなかった。また生後24カ月時の走行量は、Group A、Group Cとも4000～6000 m/dayと同程度であった。

この研究で生存率がもっとも早く低下したのはGroup Bであった。これは自由摂食群がもっとも短命であることを示したマウスの結果（図4.1.1）と同様である。そして、Group Bと同じ摂餌量であっても、回し車を設置したGroup Aでは、生存曲線が右にシフトしていた。つまり「腹9分目」の状態では、日々の自発的なランニングが長寿をもたらす結果となった。そして、摂餌量を「腹7分目」に制限したGroup Cでは、生存曲線はGroup Aよりもさらに右にシフト

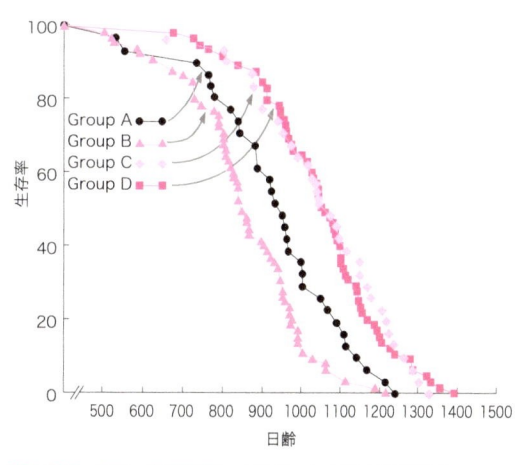

図4.1.2 運動・摂食制限によるラットの寿命延長効果
Holloszy（1997）より引用改変。

した。こうして，運動とともにある程度の摂餌制限をすることが，運動単独よりも寿命延長効果をもつことが明らかとなった。

その一方で，ホロツィの実験結果は，長寿のためには運動などしなくてよいことも示している。それは運動をさせずに「腹5分目」と厳しく制限したGroup Dがきわめて長寿であり，Group Cと生存率に差を認めなかったからである。もしGroup Dをランニングするように仕向けると，環境が整った動物実験施設とはいえ「無理がたたって」寿命が短くなってしまうかもしれない。ホロツィの実験結果は，一般的に健康によくないとされること（ここでは運動しない生活パターン）の意義づけが，その個体が置かれた環境によっては，逆に推奨される可能性さえあることを示すものである。

3 長寿であればそれでよいか

我が国を含めた先進諸国の生活環境は，しだいに動物実験施設のそれに近づきつつあるように見える。少なくとも室内では1年を通して快適な生活環境が得られるようになり，また24時間好きなときに食事がとれるようになってきた。普段から意識していない限り，Group Bかそれに近い状態に陥りやすい状況になっている。もちろん，マウスやラットから得られた結果を，そのままヒトにあてはめてよいわけではない。たとえばヒトは本能だけに従って摂食するわけではなく，多くの若年女性にとっては，「スタイル」や「見栄え」が，日々の食品選択や摂食量を決定づける重要な基準になっている。

さて，もし自分がラットになって，上記のA〜Dのグループのどこかに入らないといけないとしたら，あなたはどれを選ぶだろうか。ほぼ好きなだけ食べてしっかり運動できるGroup Aだろうか。あるいは，食事は3割カットされてしまうが，運動もできてもっとも長寿が期待できるGroup Cだろうか。好きなだけ食べて，後はぐうたらしてすごして，お迎えがきたらあきらめるという観点からはGroup Bもありそうである。

個人的にもっともお勧めしないのがGroup Dである。Group Dはたしかに長生きではあるが，運動をまったくしない分，早くに筋肉や骨の老化，つまり加齢性筋減少（sarcopenia）や骨粗鬆症を生じてくる可能性が高い。そしておそらく心肺機能も早くに衰えてくるはずである。つまり，目立った病気はないものの，身体活動能力の衰えによる「不健康期間」が長く続くことが予想される。Group BもGroup Dと同じ非運動群である。しかし，寿命がGroup Dより短い分，身体活動能力の衰えに悩まされる期間は長くはなさそうである。このように，長寿とは，それを実現する方法によってquality of life（生活の質）を大きく損なう可能性のあるものである。

4 白米の摂取と2型糖尿病の発症

糖尿病は高血糖によって特徴づけられる病態である。膵ベータ細胞の破壊が生じて高血糖をきたす1型糖尿病と，インスリン分泌能力の低下とインスリン抵抗性との相互作用によって高血糖をきたす2型糖尿病がある。このうち2型は糖尿病患者全体の9割以上を占め，中高齢者に発症することが多く，過食や運動不足，肥満が誘因となるため「生活習慣病」の代表的疾患とされている。

近年の疫学研究は，白米の摂取が2型糖尿病の発症の誘因となる可能性を明らかにしている。ハーバード大学の研究グループ（Hu et al., 2012）は，白米の摂取量と糖尿病の発症を検討したメタ解析[*1]において，1日あたりの白米摂取量が1サービング（調理したコメ158 g相当）増えるごとに，糖尿病の発症率が11%上昇することを見いだした。また，白米摂取量と糖尿病発症との相関は，欧米人よりもアジア人（日本人，中国人）においてより顕著であった。

しかし，ここでも日常の運動習慣を考慮したデータを見ると話が異なってくる。国立がん研究センター，がん予防・検診研究センターでは，多目的コホート研究（JPHC研究）の一環として，45歳から77歳までの男性25666人，女性33622人を対象とした糖尿病新規発症に関する5年間の前向き研究[*2]を行った（Nanri et al., 2010：この研究は前述のメタ解析に含まれている）。その結果，女性において，白米の摂取量と糖尿病の発症率に有意な相関が認められ，1日摂取量が最小のグループ（米飯165 g/day）に比して最

[*1] **メタ解析**：同じテーマに関して行われた複数の研究結果を統合して，より規模の大きな解析を行う統計手法。Huらは白米摂取に関する7つの臨床研究を対象にメタ解析を行った。

[*2] **前向き研究**：過去に生じた事象を検討する研究を「後ろ向き研究」，今後新たに生じる事象を検討する研究を「前向き研究」とよぶ。JPHC研究では，最初に米飯摂取量を調査しておき，その後5年間の糖尿病発症を追跡調査した。

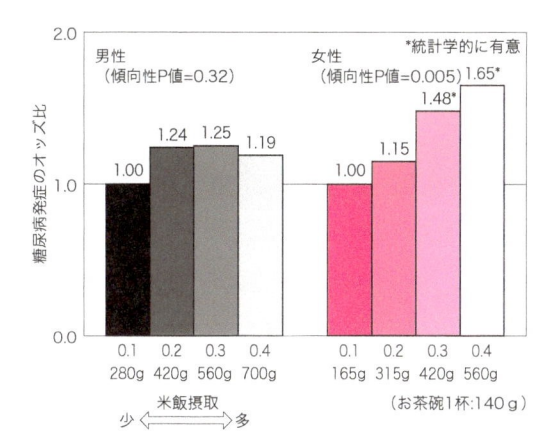

図4.1.3 米飯摂取と糖尿病発症リスク
JPHC Study website：http://epi.ncc.go.jp/jphc/outcome/2418.htmlより引用改変。

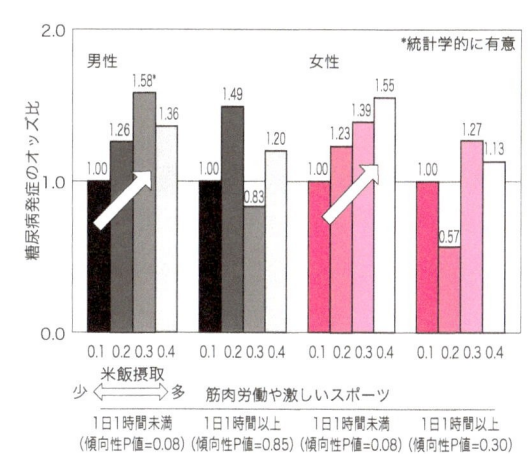

図4.1.4 筋肉労働または激しいスポーツによる米飯摂取と糖尿病発症のリスク
JPHC Study website：http://epi.ncc.go.jp/jphc/outcome/2418.htmlより引用改変。

大のグループ（560 g/day）では65％の発症リスク増加となった（図4.1.3）。しかしながら，激しいスポーツや筋肉労働に従事する時間が1日1時間以上の女性に限って検討すると，米飯摂取量との相関が認められなくなった（図4.1.4）。一方男性においては，全対象者における検討では米飯摂取量と糖尿病の発症率に有意の相関が認められなかったが（図4.1.3），激しいスポーツや筋肉労働に従事する時間が1日1時間未満の男性に限った検討では，米飯摂取量に相関した発症増加傾向が認められた（図4.1.4：P = 0.08）。

5 環境と健康，疾患の関係

コメは日本人が主食と位置づけてきた食品であり，糖尿病になりやすい食品をわざわざ日本人が主食に据えたということは考えにくいことである。JPHC研究の結果は，おそらく身体活動量の多かった時代においては，現代とは違ってコメの摂取が2型糖尿病の誘発因子とはならなかったことを示唆している。さらには摂取するコメが，現代のような徹底した精白米ではなかったということも寄与しているかもしれない。コメは糖質を主成分とする食品であるが，その精白過程において食物繊維やビタミン，ミネラルなど，糖尿病に対して予防的に作用する成分を失っている面がある。

ヒトの健康や疾患を考えるとき重要な視点は，そのヒトが置かれた環境である。「健康によいこと（もの）」「健康にわるいこと（もの）」の意義は，そのヒトの置かれた環境によって大きくもなり小さくもなってくるものである。環境と健康，疾患について考える場合，それらの関係が固定したものではなく，様々な要因によってダイナミックに変動する相対的なものとして捉えてゆくことが必要なのではないかと思われる。

【林　達也】

■参考文献

Colman, R. J. et al. (2009)：Caloric restriction delays disease onset and mortality in rhesus monkeys. *Science*, **325**, 201-204.

Holloszy, J. O. (1997)：Mortality rate and longevity of food-restricted exercising male rats: a reevaluation. *J. Appl. Physiol.*, **82**, 399-403.

Hu, E. A. et al. (2012)：White rice consumption and risk of type 2 diabetes: meta-analysis and systematic review. *BMJ*, **344**, e1454.

Louie, J. K. et al. (2011)：A novel risk factor for a novel virus: obesity and 2009 pandemic influenza A (H1N1). *Clin. Infect. Dis.*, **52**, 301-312.

Nanri, A. et al. (2010)：Rice intake and type 2 diabetes in Japanese men and women: the Japan Public Health Center-based Prospective Study. *Am. J. Clin. Nutr.*, **92**, 1468-1477.

日本肥満学会 (2011)：巻頭図表 表B. 肥満研究, **17**（臨時増刊号 肥満症診断基準2011）: ii。

Weindruch, R. et al. (1986)：The retardation of aging in mice by dietary restriction: longevity, cancer, immunity and lifetime energy intake. *J. Nutr.*, **116**, 641-654.

4.2 生活環境と脳・こころ

1 健全な精神は健全な肉体に

「健全な精神は健全な肉体に宿る」といわれているが，私たち人間の精神活動は，身体環境と密接な関係があることが知られている。身体環境を形成する重要な要因には「運動」や「食事」などの生活習慣が含まれ，これらは人間の精神活動に影響を与えることが知られている。また，私たちの精神活動は普段の知的活動・社会的環境などの要因によっても影響を受けることが知られている。ここでは，運動や食事などの私たちの生活環境や知的活動・社会的環境が，人間の精神活動，とくに認知機能に与える影響（図4.2.1）について概説する。

2 運動習慣と認知機能

先行研究では，運動習慣と認知機能との間に関連があることが指摘されている。スウェーデンで行われた若年健常成人を対象とした調査研究では，運動負荷検査の結果と認知能力との間には正の相関があることが示されている（Aberg et al., 2009）。同様の効果は，健常な壮年者や高齢者を対象とした研究でも認められている。たとえば，米国のミネソタ州で行われた調査では，適度な運動を行っていた健常な壮年者や高齢者では，それを行っていなかった人と比べて，MCI（軽度認知障害）の発症リスクが低かったと報告されている（Geda et al., 2010）。このような運動習慣と認知機能との関連の基盤となる脳内機構については，運動負荷検査の結果と空間記憶の能力，および記憶に重要とされる脳領域である海馬の体積との間に関係があることが示されている（Erickson et al., 2009）。運動と認知能力との関係がどのようなメカニズムによって媒介されているのかについてはまだ結論は出ていないが，1つの可能性として適度な運動によって海馬におけるBDNF（脳由来神経栄養因子）が誘導され，ニューロン新生[*1]が影響を受けることが考えられている（Soya et al., 2007）。しかしながら，実際にはどのような人が，どのような種類の運動を，どのくらいの頻度でどのくらいの期間行うのがよいのか，そしてそのことで認知機能のどの部分へどのような効果あるのかについては，いまだに活発に議論が進められている最中であり，明確な結論は出ていないのが現状である（Hopkins et al., 2012; Roig et al., 2013; Smith et al., 2010）。

3 食習慣と認知機能

食事の生活習慣も私たちの認知機能に影響を与えることが報告されている。これまでの研究では，食習慣と私たちの認知機能との関連について，様々な食品やサプリメントに含まれる特定の栄養素との関連が指摘されているが，近年注目されているのは，カロリー制限が高齢者における認知機能に対してよい影響を与えている可能性である。たとえば，ドイツで行われた介入研究では（Witte et al., 2009），太りすぎと判断される50名の健常高齢者を，①カロリー摂取制限（約30％の制限）を3カ月行う群，②不飽和脂肪酸の摂取（ただし脂肪の総摂取量は変化させない）を3カ月行う群，③3カ月間何も介入を行わない（通常の食生活）統制群，の3グループに分け，3カ月の介入の前後で記憶機能の検査にどのような変化が起こるのかが検証された。その結果，①カロリー摂取制限を行った群でのみ，3カ月間での有意な言語性記憶の上昇が認められ，②の不飽和脂肪酸摂取群や③の統制群では記憶成

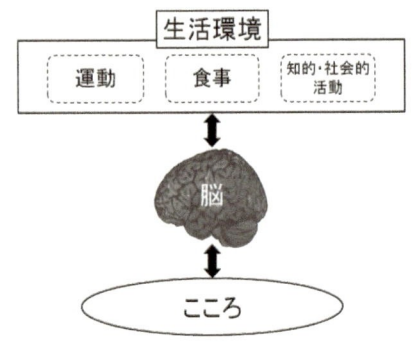

図4.2.1 生活環境と脳・こころ

[*1] ニューロン新生：神経細胞などへ将来分化する能力のある神経幹細胞から神経細胞が生成されること。従来，成体脳ではニューロン新生は生じないと考えられてきたが，近年になって成体脳でもニューロン新生が生じることが明らかになってきている。

績の変化は認められなかった。そのメカニズムはまだ明らかにはなっていないが、カロリー摂取制限によってインシュリンへの感受性が改善し、炎症性の反応が低下することによって、脳内におけるシナプス可塑性や神経伝達が刺激されたことが関係する可能性が考えられている。一方で、他の先行研究では高度不飽和脂肪酸の摂取によって認知機能が改善することも示されており（Kotani et al., 2006）、今後さらなる検証が必要である。

4 知的・社会的環境と認知機能

日常的な知的活動の習慣によっても私たちの認知機能は影響を受けることが知られている。たとえばウィルソンらによる高齢者を対象とした先行研究では、人生の中で行ってきた知的活動（読書、手紙を書く、ゲームをするなど）の頻度が、現在の認知機能の能力とどれだけ関連しているのかを検証している（Wilson et al., 2003）。その結果、高頻度の知的活動の習慣がより高い知覚能力、視空間処理能力、意味記憶（知識）能力と関連していることが示された。さらに、ライフスパンにわたって日常的な知的活動の習慣を持つことが認知機能の低下を緩やかにし、アルツハイマー病などに代表される認知症のリスクを軽減することとも関連があることが示されている（Wilson et al., 2010；Wilson et al., 2013；Wilson et al., 2007；Wilson et al., 2012）。

また、高齢者における社会的ネットワークの豊富さと、認知症発症のリスクの間には、関連があることが報告されている（Fratiglioni et al., 2000）。この研究では、独居あるいは社会的親密性が低い人と生活している高齢者は認知症の発症リスクが高いことが示された。また、婚姻関係の有無も認知症の発症リスクと関係があり、家族と生活している既婚の人と比較して、独身あるいは独居の人は認知症の発症リスクが高いことも示された。このメカニズムについてはまだ明らかになっていない点が多いが、ラットを対象とした研究において、社会的な孤独によるストレスによって、ニューロン新生に悪影響が出る可能性が考えられている（Stranahan et al., 2006）。

5 こころと環境の相互作用

私たち人間の「こころ」は、脳を媒体として日常生活環境と深く関係している。ここでは、私たちの精神活動の中でもこころの認知（情報処理）能力の側面に着目して概説したが、精神活動にはもっと複雑で多様な側面がある。今後はより広い視点で「こころ」を捉え、環境との相互作用を検証していくことが必要となるであろう。

【月浦 崇・高田明美】

■参考文献

Aberg, M. A. et al. (2009): Cardiovascular fitness is associated with cognition in young adulthood. *PNAS*, **106**, 20906-20911.
Erickson, K. I. et al. (2009): Aerobic fitness is associated with hippocampal volume in elderly humans. *Hippocampus*, **19**, 1030-1039.
Fratiglioni, L. et al. (2000): Influence of social network on occurrence of dementia : a community-based longitudinal study. *Lancet*, **355**, 1315-1319.
Geda, Y. E. et al. (2010): Physical exercise, aging, and mild cognitive impairment : a population-based study. *Arch. Neurol.*, **67**, 80-86.
Hopkins, M. E. et al. (2012): Differential effects of acute and regular physical exercise on cognition and affect. *Neuroscience*, **215**, 59-68.
Kotani, S. et al. (2006): Dietary supplementation of arachidonic and docosahexaenoic acids improves cognitive dysfunction. *Neurosci Res*, **56**, 159-164.
Roig, M. et al. (2013): The effects of cardiovascular exercise on human memory : A review with meta-analysis. *Neurosci. Biobehav. Rev.*, **37**, 1645-1666.
Smith, P. J. et al. (2010): Aerobic exercise and neurocognitive performance: a meta-analytic review of randomized controlled trials. *Psychosom. Med.*, **72**, 239-252.
Soya, H. et al. (2007): BDNF induction with mild exercise in the rat hippocampus. *Biochem. Biophys. Res. Commun.*, **358**, 961-967.
Stranahan, A. M. et al. (2006): Social isolation delays the positive effects of running on adult neurogenesis. *Nat. Neurosci.*, **9**, 526-533.
Wilson, R. S. et al. (2010): Cognitive decline in incident Alzheimer disease in a community population. *Neurology*, **74**, 951-955.
Wilson, R. S. et al. (2003): Assessment of lifetime participation in cognitively stimulating activities. *J. Clin. Exp. Neuropsychol.*, **25**, 634-642.
Wilson, R. S. et al. (2013): Life-span cognitive activity, neuropathologic burden, and cognitive aging. *Neurology*, **81**, 314-321.
Wilson, R. S. et al. (2007): Relation of cognitive activity to risk of developing Alzheimer disease. *Neurology*, **69**, 1911-1920.
Wilson, R. S. et al. (2012): Influence of late-life cognitive activity on cognitive health. *Neurology*, **78**, 1123-1129.
Witte, A. V. et al. (2009): Caloric restriction improves memory in elderly humans. PNAS, **106**, 1255-1260.

4.3 環境政策

1 環境政策が目指すもの

現在，地球温暖化問題や生物多様性の減少などの環境問題により私たちの社会経済活動の基盤が脅かされている。さらに，環境問題の中には地球温暖化問題のように将来世代に大きな影響を与えると予測されているものがある。これらの原因はエネルギー消費により発生するCO_2の排出や土地利用の変化に伴う野生生物の生息地の減少などであり，経済・社会のあり方，とくに，大量生産・大量消費・大量廃棄型の生産・消費スタイルと密接に関連している。

このため，環境問題の解決に当たっては，対処療法ではなく，経済・社会を早急に持続可能なものに変える必要性がある。その1つの目安として環境負荷と経済成長の**デカップリング**（切り離し）という考え方がある（4.4節も参照）。デカップリングを表す指標としては，CO_2排出量や廃棄物量といった環境負荷の増加率とGDP成長率の関係が取り上げられることが多い。日本では，廃棄物最終処分量は減少しているが，CO_2排出量の伸びは依然としてGDP成長率とほぼ連動している（図4.3.1）。

デカップリングを達成し，持続可能な社会を構築するために，政府全体の環境対策の指針となる第四次環境基本計画では，地球温暖化問題に対応する「低炭素社会」，廃棄物や資源問題に対応する「循環型社会」，生態系保全を進める「自然共生社会」の3つの社会の実現に向けて統合的な取組みが必要だとしている（図4.3.2）。

現在の環境政策は，これらの目的に向けて，一国内にとどまることなく，地球規模かつ長期的な時間軸を念頭に構築・実施する必要がある。

2 環境政策の体系

日本の環境政策の枠組みを定める法律が，**環境基本法**である。これは1993年にそれまでの公害対策基本法と自然環境保全法の一部を統合し，地球環境問題への対応を新しく盛り込み成立した。同法律では，環境の保全に関する基本理念を定め，環境保全を図るための様々な施策について規定している。

この法律の下に，環境対策のための様々な法律が位置づけられる。循環型社会構築や生物多様性の保全に関してはそれぞれ循環型社会形成推進基本法，生物多様性基本法が作られている。

なお，2011年の東日本大震災に伴う原子力発電所の事故を受けて，これまで環境基本法が対象としてこなかった放射性物質による大気の汚染，水質の汚濁お

図4.3.1 経済と環境負荷の関係
日本のGDP，エネルギー起源CO_2排出量，廃棄物最終処分量，天然資源投入量の推移。1990年＝1とする（環境省データより作成）。

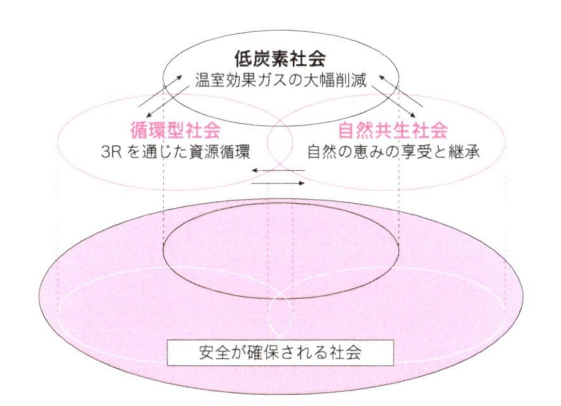

図4.3.2 持続可能な社会に向けた統合的な取組について
第四次環境基本計画（2012年4月27日閣議決定）より（環境省資料より作成）。

および土壌の汚染の防止のための措置も対象とするように2012年に法改正が行われた。

3 環境政策の様々な手法

環境政策については、問題に応じて様々な手法がとられる。代表的なものは**直接規制的手法**である。これは、高度経済成長期に深刻化した大気汚染や水質汚濁などの産業公害について、汚染物質の排出口に対して規制基準を定める、自然環境を保全するために、保護地区を定めて、土地の利用方法を規制するといった方法である。

その後、生活型公害の深刻化、化学物質による汚染問題や地球環境問題への対応のため、様々な政策手法が注目され、実施されるようになった。

具体的には、環境税や排出量取引といった**経済的手法**（4.4節参照）、目標のみを提示してその達成を義務づけ、または一定の守るべき手続きを義務づけるといった**枠組規制的手法**がある。さらに企業などが自ら守るべき目標を決め、対策を実施するという際に自主的取組手法も使われている。自主的手法については、政府が進捗状況のチェックなど一定の関与を行うケースもある。加えて、企業や個人の行動、また、製品やサービスが環境に与える影響などの情報を提供し、環境保全のための取組みを促進する情報的手法および企業の判断などに環境配慮の判断基準と手続きを組み込むといった対策により、環境配慮活動を促進する**手続的手法**も重要な政策である。実際の環境政策では、必要に応じこれらの対策を組み合わせたポリシーミックス

の形で実施されることが多い。

4 環境政策を実施する機関，団体，人と予算

環境政策の実施者としては、国、地方自治体、企業、NPO／NGO、学校・研究機関、住民等がある。国においては、環境省が公害対策・自然環境保全対策の実務と地球温暖化問題等の総合調整を担当する省として、経済産業省、国土交通省、農林水産省、文部科学省、外務省といった関係省庁と連携して対策を行っている。

地方自治体は、地域の自然的な条件や社会的な条件に応じた対策を実施し、さらに地域での各機関・団体や住民との連携を進めるといった役割がある。先進的な環境対策が行われていることも多い。企業は、環境規制を守り、環境に配慮した事業活動を行うことに加え、事業活動を通じた環境保全と良好な環境の創出が求められている。

NGO／NPOについては、環境保全活動を実施することに加え、地方自治体、企業、住民など、地域での関係者をつなぐといった役割への期待が大きくなっている。

学校・研究機関に関しては、環境教育の場に加え、地域での環境保全活動の核となり、また、環境研究・技術開発を進めるといった役割を果たしている。

住民に関しては、主体的に環境保全活動に取り組み、環境政策に積極的に参加するといった役割が求められている。

環境対策を実施するための予算については、国については環境保全経費という形でとりまとめられており、平成24年度が1兆5318億円、平成25年度が1兆9326億円となっている。

5 国際的な連携の重要性

環境を保全する取組みに関しては、地球環境問題など、一国だけの取組みでは不十分であり、各国協力して実施することで効果を発揮するものが多いため、国際的な連携の重要性が高まっている（1.3節も参照）。

地球規模で環境問題に取り組む組織としては、国際連合の下に国連環境計画（UNEP：本部ナイロビ）がある。また、重要な環境問題に関しては、国際条約が数多く定められている。地球温暖化問題に対応する気候変動枠組条約と京都議定書、オゾン層の保護に関するウィーン条約とモントリオール議定書、生物多様性

条約，ワシントン条約（絶滅のおそれのある野生動植物の種の国際取引に関する条約），有害物質の越境移動を規制するバーゼル条約などがある。それぞれの条約には事務局が置かれており，また一定期間ごとの締約国会議で条約に関する重要事項が話し合われる。

また，持続可能な発展を目指し，世界中の国々が集まって対策を話し合う会議として，1992年の地球サミット（開催地：リオデジャネイロ），2002年のヨハネスブルクサミット，2012年のリオ＋20（開催地：リオデジャネイロ）が開かれている。リオ＋20では，グリーン経済などがテーマとなり，成果文書として「我々の求める未来（The future we want）」がまとめられ，持続可能な開発目標（SDGs）を作成することなどが盛り込まれた。

地球規模での持続可能な発展に関しては，先進国と途上国の責任および役割が常に論点となる。現在の地球環境問題は産業革命以降の先進国の活動が引き起こした問題が大半であり，途上国は先進国並みの豊かさを目指した成長を求めていることから，「**共通だが差異ある責任**」[*1] という考え方が原則となっているが，今後の地球温暖化問題への対応等，具体的な問題に関しては，先進国と途上国の主張に大きな隔たりがある。

途上国では，公害，自然破壊なども大きな問題となっており，対策のための資金・技術が不足しているため，これらの支援を行う環境協力は重要な課題であり，支援のための基金への拠出や技術協力，資金協力が行われている。また，日本の企業の環境技術を生かした形での環境協力により，途上国の環境問題解決と環境ビジネスの創出の両方を目指す取組みも実施されている。

6 環境政策の具体例

環境政策の具体例として地球温暖化対策を取り上げる。CO_2 などの温室効果ガスによる気候変動に対応するために，世界の科学者が参加するIPCC（気候変動に関する政府間パネル）により得られた知識を踏まえると，2050年までに世界の排出量を半減させることが必要であり，このため，先進国では排出量を80％削減されることが必要と認識されているが，現在の世界全体の温室効果ガス排出量は急速に増加している。

国際的な対策としては，1992年に**気候変動枠組条約**[*2]が採択されたが，この条約に定められた対策の内容としては不十分として，1997年の第三回締約国会議（COP3）で京都議定書が採択された。この議定書では，先進国全体の温室効果ガス排出量について第1約束期間（2008年から2012年）の5年間平均値を1990年レベルと比べて5％削減することを内容として，各国の目標が定められており，日本は6％となっている。また，2013年以降の国際枠組みとして，2011年の第十七回締約国会議（COP17）で，①京都議定書の第二約束期間として第一約束期間の規定を2017年または2020年まで延長すること，②新しい削減対策を実施する新たな議定書または合意を2020年に実施できるよう，遅くとも2015年前に合意することが決定された。その後，2012年の第十八回締約国会議で京都議定書第二約束期間の期間を2020年までとすることが定められているが，日本は，京都議定書二約束期間は先進国にのみ削減義務を課しており，不公平かつ実効性が低いとして第二約束期間には参加しないこととしている。

また，日本の2020年時点における削減目標については，2009年に「1990年年比25％減」と表明していたが，2011年の東日本大震災と東京電力福島第一原子力発電所の事故を受けて，この目標を撤回し，2013年のCOP19において，「2005年比3.8％減」とした。

国内の温暖化対策としては，非常に多岐にわたる取組みが必要となっている。コンパクトシティ化や公共交通機関の利用促進など，都市・地域を低炭素な構造・仕組みとしていくインフラ・システムづくり，産業部門での省エネルギー対策，発電部門におけるエネルギー効率の改善や再生可能エネルギーの導入促進対策がある。運輸部門では，低燃費自動車の導入促進や鉄道，航空機などの省エネ化などの対策がある。また，オフィスや店舗，家庭では省エネ機器の導入促進，住宅・建物の断熱化，日常行動の省エネ化に向けた国民運動などの対策がある。廃棄物の焼却や埋立てに関する対策，さらには，CO_2以外の温室効果ガスの排出削減対策やCO_2の吸収源としての森林の増加・整備対策など，

[*1] **共通だが差異ある責任**：各国は，地球環境問題に対して共通責任があるが，その責任の程度の差異や各国の資金や技術等の負担能力の違いを背景として，地球環境問題解決において果たすべき役割が異なるという考え方。

[*2] **気候変動枠組条約**：正式名称は気候変動に関する国際連合枠組条約。地球温暖化対策に関する取組みを国際的に協調して行うために1992年5月に採択され，1994年3月に発効した。気候系に対して危険な人為的影響を及ぼさない水準において大気中の温室効果ガス濃度を安定化することを究極的な目的とし，締約国に温室効果ガスの排出・吸収目録の作成などを義務づけている。

きわめて広範囲にわたっている。

温暖化対策を，効率的に強化するためには，様々な政策手法を組み合わせ活用することが求められている。

7 新しい環境政策の流れ

環境政策については，これまでおもに経済活動を妨げると考えられてきた。しかし，今日では環境への配慮を経済に組み込むことにより，環境産業への投資や技術開発が進み，自然資源と自然環境の恵みを受け続けながら，経済的な成長を実現することができるといったいわゆる**緑の経済成長**の考え方が広がってきている（4.4節参照）。また，環境対策と貧困対策などの社会政策を統合するといった考え方についても注目されている。これら環境・経済・社会を合わせて向上させていく取組みについてはまだ緒についたばかりではあるが，持続可能な発展を目指す上で不可欠であり，今後の充実が求められている。

環境政策の担い手についても，これまでの直接的規制であれば国や地方公共団体が中心となっていたが，様々な対策手法が適用されることに伴い，NGO／NPOや地域住民が重要な役割を果たすことが増えてきた。たとえば，里山の管理や環境情報の提供などを，地域の実情に応じた形で行っている例や，環境対策の関係者の間でパートナーシップを構築し，太陽光発電など，再生可能エネルギーの導入促進を図っている例等がある。

これからの環境対策に求められる様々なニーズを満たしていくためには，行政，企業，NGO／NPO，学校，研究機関，住民など，様々な組織が環境と社会について目指すべき姿の議論や環境政策の形成・決定過程に参加し，協働して具体的な取組みを行うことが重要となっている。　　　　　　　　　　　　　　　　【大森恵子】

■ 参考文献
環境省（2012）：第四次環境基本計画。
盛山正仁編著（2012）：環境政策入門，武庫川女子大学出版部。

---

column　地球温暖化対策に経済的手法が活用されている理由

環境税，排出量取引，補助金といった経済インセンティブにより環境に負荷を与える物質の排出を削減するための経済的手法は，地球温暖化対策においてとくに注目され，発展してきた。日本でも2012年10月から地球温暖化対策のための税が導入された。この税は，全化石燃料に対してCO_2排出量に応じた税率（289円／CO_2 t）を石油石炭税の上乗せとして課税するものであり，3年間をかけて段階的に税率を引き上げることになっている。税収は日本の温室効果ガス排出量の9割を占めるエネルギー起源CO_2の排出抑制対策に充てられる。再生可能エネルギー導入促進に向けての支援策としては，これまでの設備に対する補助金に加え，2012年7月から，発電電力量を一定価格で買い取る固定価格買取制度（FIT）が導入された。さらに，EUなどでは温室効果ガスの排出量取引が実施されている。

なぜ，地球温暖化対策に経済的手法が活用されているのか，その理由を考えてみていただきたい。

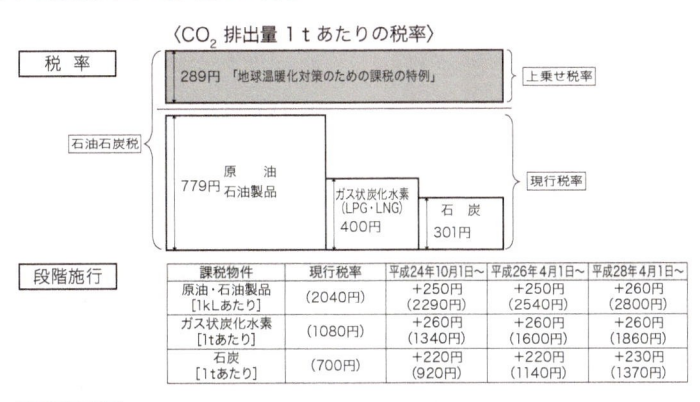

〈CO_2排出量1tあたりの税率〉

税率			
上乗せ税率	289円「地球温暖化対策のための課税の特例」		
石油石炭税〈現行税率〉	原油・石油製品 779円	ガス状炭化水素（LPG・LNG）400円	石炭 301円

段階施行

課税物件	現行税率	平成24年10月1日～	平成26年4月1日～	平成28年4月1日～
原油・石油製品 [1kLあたり]	(2040円)	+250円 (2290円)	+250円 (2540円)	+260円 (2800円)
ガス状炭化水素 [1tあたり]	(1080円)	+260円 (1340円)	+260円 (1600円)	+260円 (1860円)
石炭 [1tあたり]	(700円)	+220円 (920円)	+220円 (1140円)	+230円 (1370円)

税収　初年度：391億円／平年度：2623億円
➡ 再生可能エネルギー大幅導入，省エネ対策の抜本強化などに活用

図4.3.3　地球温暖化対策のための税について（環境省資料より）

4.4 環境と経済・経済的手法

1 環境と経済

環境問題を考える際に，経済の視点は不可欠である。経済活動が直接・間接に環境問題を引き起こしてきたのであり，環境問題を解決するためには経済活動のあり方を環境親和的なものに転換していく必要がある。環境破壊の経済メカニズムを理解した上で，環境問題解決に向けた具体的な経済的手法とその背景にあるインセンティブの考え方を紹介する。

2 環境を経済から見る際の考え方

環境と経済との関係を考える上で基礎となるおもな考え方は，以下の3つである。

■**公共財**　生産や生活に必要だが料金を払わなくても，誰もが利用できるような性質を持つ財・サービスを公共財という。地球大気や海洋資源などは国際公共財とされる。これらは，破壊されると誰もが被害を受けるともいえ，この適切な管理が関連する環境問題の解決に結びつくことになる。

■**コモンズの悲劇**　公共財は，ともすれば過剰利用されることは安易に想像される。その管理の難しさを伝えるのが「コモンズ（共有地）の悲劇」という寓話である。牧草地（共有地の例）で個々の農民が利益を追求し，牛を過剰に放牧すると，ついに牧畜が不可能になり，結果的に全員が被害を受ける。今，これと同様のことが地球規模で起こっているとも考えうる。

■**外部経済・不経済**　ある経済主体の活動が，何らの受け取りまたは支払いをすることなく，他の経済主体の活動に影響を与えるとき，外部効果が存在するといい，受け手の側から見て有利な場合は**外部経済**，不利な場合は**外部不経済**があるという。経済活動に起因する環境問題は，この外部不経済の問題と考えられる。たとえば公害は，経済主体が，汚染防止のための費用や手段を適切に講じないために起こる。それに対して，汚染防止の費用を汚染者が支払う（外部不経済の内部化を図る）ことにより，環境配慮も含めて公正な自由競争を促そうとする**汚染者負担の原則**などが提案されかなり具体化されている。ただし，市場経済において，その原則が実際に遂行されるためには解決すべき課題がある。経済的インセンティブの意義と限界を検討した上で，適切な経済的手法を講じること，さらには社会・経済システムの転換が必要となる。

3 経済的インセンティブ

市場経済が効率的に機能するためには，経済主体（企業や個人）が，十分な情報に基づいて合理的に行動しようとするインセンティブをもつ必要がある。市場経済では，そうした情報とインセンティブは，価格，利潤，賃金と所有権設定によってもたらされる。**価格**は，市場経済のシグナルであり，ある財・サービスを購入するかしないかは，このシグナルに基づいて決定される。**利潤**は，企業に個人が望むものを生産するようにインセンティブを与え，**賃金**は個人に働くインセンティブをもたらす。**所有権**の設定も，人々に投資や貯蓄だけでなく，彼らの資産を最善な方法で用いようという重要なインセンティブを与える。ただ，経済的インセンティブは，社会にとって望ましいことだけをもたらすとは限らない。インセンティブは，市場経済に効率性をもたらすとしても，他方では分配面での不平等というコストをもたらすかもしれない。経済学においては，インセンティブと平等との間には，**トレードオフ**（あちらを立てればこちらが立たずという二律背反）の関係があると考えられている。したがって，経済的インセンティブが適切に働くようにするには，何を実現する目的でそうするのか，またそれに伴う弊害にど

新「コモンズ（共有地）の悲劇」

作者註：今やコモンズは地球環境なのです

のように対処するのかを明確にしておかなければならない。

4 環境問題解決に向けた経済的手法

経済的手法にも様々なものがあり，問題や関係者などの特性に応じて検討・適用される。世界で実践されている代表的な手法に次にあげる4つがある。

■ **課徴金制度** 大気汚染物質や水質汚濁物質等の環境負荷量に応じて金銭的負担を課したり，製品・廃棄物の3R（3.3節参照）のために製品・サービスに金銭的負担を課したりする。経済主体が，その支払い額を減らすために，設備投資や製品・サービス設計の工夫・努力を行うことも期待される。

■ **補助金制度** 課徴金制度とは反対に，環境負荷低減のための行為に資金を援助する制度である。短期間で一定の効果が得られ，また経済主体の負担が少ないため，運用例も多い。しかし，補助金の財源確保や長期的には非効率になるとの指摘もあり，効果検証の課題も指摘されている。

■ **デポジット・リファンド制度** 製品にデポジット（預託金）を課して，使用後の回収協力者にデポジットを返す。回収や不法投棄防止が重要な飲料容器や有害製品等について，適用例がある。

■ **排出権取引** 汚染物質などの排出可能量を各主体に排出権として割り当て，そのための取引市場で排出権を売買する。このもっとも知られた導入事例が地球温暖化対策である（4.3節コラム参照）。

5 緑の経済成長

今日，より積極的に社会・経済システムの転換を捉える立場から，環境への配慮を経済に組み込みながら，成長を志向する**緑の経済成長**論が注目されている（4.3節参照）。緑の経済成長論では，2050年に世界全体で温室効果ガス排出量を半減（先進国では少なくとも8割削減）するためには，経済構造そのものを低炭素経済に転換する必要があるとの立場に立つ。そのためには，温室効果ガス排出量を削減しつつ成長するシナリオ，すなわち緑の経済成長が必要であり，かつ実現可能であるとする。温暖化防止に取り組む過程で新しい産業を創出し，付加価値と雇用を増やすというような，これまでとは異なる成長経路であるとされる。

緑の経済成長が成り立つ根拠として用いられるのが，経済成長してもエネルギー消費量や汚物質排出量は減少するというデカップリング論（4.3節参照）である。日本においてはまだCO_2排出量とのデカップリングには至っていないが，ドイツではここ10年，CO_2排出量だけでなくエネルギー消費量も減少しながら，日本よりも高い経済成長率を実現している。ただし，先進国におけるこのデカップリングの原因については十分に検証する必要がある。

もう1つ緑の経済成長を実現する要素として強調されるのがグリーン・イノベーションに基づく新市場・新産業の創出である。また，自動車業界に代表される既存産業のグリーン化にも注目したい。

いずれにしても，緑の経済成長論をより確かなものにしていくための様々な角度からの検討・努力が求められる。

6 新たな価値観・社会経済システムへ

私たちが追求すべきは単なる経済成長率ではない。人々の暮らし向きを改善し，善き生（well-being）を実現すること，すなわち生活の質や福祉の水準を向上させることである。昨今，その認識が世界的に広がり，強まりつつある。その前提に立って，持続可能な発展の実現を支える新たな社会経済システムを見いだす必要があり，今はその岐路にあると考えられる。

【植田和弘】

持続可能な社会とは？

■ **参考文献**

植田和弘（1996）：環境経済学，岩波書店。
土木学会環境システム委員会（1998）：環境システム－その理念と基礎手法，共立出版。
3R・低炭素社会検定実行委員会（2010）：3R・低炭素社会検定公式テキスト，ミネルヴァ書房。
植田和弘（2013）：緑のエネルギー原論，岩波書店。

column 大学と環境問題－京都大学を例に

（1）環境管理

大学は，大きな事業所でもあり，環境負荷も相当量になる。たとえば，京都大学の場合，約3万人の構成員が研究や教育，社会貢献活動に携わり，また多くの人が長時間そこで過ごしている。まさに，多種多様な資源・エネルギーを消費する一つの大きなコミュニティである。図1に示す通り多くのものが流入し，排出されていることがわかる。同時に，環境問題の解決に資する研究成果や人材育成も重要な側面といえる。

（2）環境管理と情報発信

多様な環境負荷を低減していくためには，環境管理システムの構築が求められる。一般的には，PDCAサイクルを運用する必要があり，京都大学を含め，多くの大学において，環境側面に応じて，全学的や部局ごとの取組みが進められている。また，情報集積と公開も進められており多くの大学が毎年，「環境報告書」を発行・公開している。

ウェブサイトの充実や，エコ強化期間・イベントなどが行われている大学もある。たとえば京都大学においては，全員参加型のエコキャンパス化のプラットホームとして，「京都大学環境管理情報サイト（http://www.eco.kyoto-u.ac.jp/）」を，教職員と学生の協働で運用している。この中の「エコ宣言」コーナーでは，携帯電話およびパソコンから，各自，環境配慮行動の実施状況や実施宣言ができるようになっており，個々人の行動実行による環境負荷低減効果やランキングが出てくる仕組みになっている。

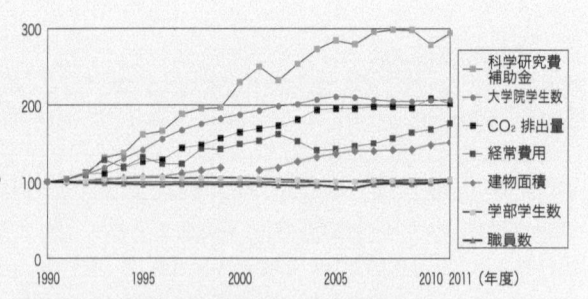

図2 京都大学の各指標の推移（1990年を100とする）

（3）省エネの取組み（京都大学の例）

重要な環境側面の1つに，エネルギー使用やCO_2排出があげられる。京都大学においては，図2に示す通り，CO_2排出量は1990年に比べてほぼ倍増している。そのほとんどはエネルギー，とくに電気の使用によるものである。増加の原因としては，床面積の増加，OA機器の増加，院生の増加などが考えられ，活発化するアクティビティに関連していることがわかる。そのような中，活動の質はできるだけ落とさず実行できる省エネや創エネの取組みを中心に，継続的な省エネが求められている。

具体的な取組みとしては，2008年から「環境賦課金制度」を導入し，省エネ投資を行ってきた。これは，部局単位で，前年度の光熱水費に一定割合をかけて費用を徴収し，それとほぼ同額を全学経費からも加えて，各部局への省エネ機器導入などを行うもので，これにより，学内の多くの機器が省エネタイプに変わった。

また，意外なものまで省エネに大変身している。京都大学のシンボルといえば，クスノキを前にした時計台。その時計台前広場が，2011年の春，きれいに整備された。その際，外灯だけでなく，時計台の文字盤と指針の照明までもが，発光ダイオード（LED）になったのだ。LEDといえば，省エネの代表選手であるが，無機質な光というイメージがある。しかし，生まれ変わった灯りには味わいがある。そこには，人知れない物語があった。

この時計，実は現在，日本で唯一，大正時代から動く現役の電気時計という。照明については，創建当時，白熱球だったものが，その後の時代の変化にあわせて，蛍光灯と無電極ランプに交換されていた。それをLED化するにあたって，関係者により丁寧な調査が行われた。その結果，改めてこの時計の歴史と重みを認識し，創建当時の灯りを再現しようということになったのである。とくにこだわったのは，色。市販のLEDでは再現できず，光源やランプ形状などについて試行錯誤を重ね，多くの人の目で確かめて完成させた。なお，消費電力は，この時計の照明は従来の約半分，時計台前広場全体では，従来の約3分の1と，大幅な省エネ。現代のエコ技術で再現した「いにしえの灯り」は，一見の価値ありだ。

このように，取組みは一定進められつつあるが，大幅な環境負荷の削減による持続可能なキャンパスの実現は容易ではない。世界的にも，サステナブルキャンパスに関する議論は高まっており，目が離せない。

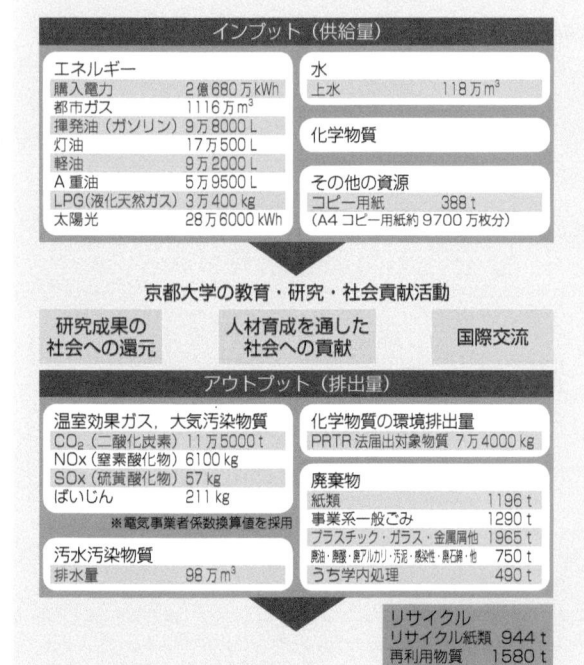

図1 京都大学のおもな環境側面（京都大学環境報告書2013）

【浅利美鈴】

第5章
アジア・アフリカの環境問題

　環境問題は，身近なところにも多く存在するが，私たち日本人が，それを深刻なものとして捉える機会は少なくなってきている。しかし，世界においては，現在進行形で地域・地球環境問題が進み，深刻化している。また，まだ衛生的な生活を営めない国や地域も多い。

　第5章では，アジア・アフリカ地域における環境問題の実態に目を向ける。具体的には，農業生産による環境負荷に関するタイやカザフスタンの事例，熱帯林の消失に関する東南アジアの事例，都市の水利用に関するベトナムやタイ，ネパール，バングラデシュ，日本の比較を紹介する。これらからは，経済成長などのかげで，環境破壊が引き起こされている構造が浮き彫りになってくる。他方で，それを食い止めるための試みが進められていることや，また，我が国が失った暮らしの知恵などが息づいていることにも目を向けたい。

写真：ボルネオ島の熱帯雨林域で進行する，アブラヤシのプランテーションの造成。種多様性が高く炭素貯留量の大きな熱帯多雨林が失われる大きな原因となっている（撮影：神崎　護，2008年5月）。

5.1

湿潤・乾燥地域の農業と環境

1 人類の農耕活動による負荷

　多くの人にとって，「農業は環境にやさしいもの」であるという漠然とした思いがあるかもしれない。しかしながら，現在経済的に発展著しいアジアやアフリカ，南米諸国の農業開発の現場では，環境に対する農業の負荷が，見過ごすことができないほどの勢いで顕在化している。人類の生存が前提である限り農業生産をやめることができないという意味においては，理論的に代替技術が可能な他の多くの環境問題と異なり，農業による環境破壊を完全に克服することはおそらくできない。私たちにできることは，農業が環境に及ぼす負のインパクトのプロセスをよく知り，その低減につとめることにとどまるであろう。ここでは，まず農業における本質的課題を，湿潤地と乾燥地を対比し明らかにした上で，アジア・アフリカ地域において実際に人類の農耕活動が環境に負の影響を及ぼしている状況を検討し，これを緩和する方向性を探っていく。

2 農業生産における生態資源の概要

　人類の農耕活動において，一般に「水」と「養分」は，両立することの少ない資源である。降水量の多い地域では，すでに土壌鉱物の風化が進行しており，後にはこれ以上養分元素を放出することのない強風化土壌が残されていることが多い。また温暖湿潤な気候条件下では，有機物の生産・分解のサイクルが速く，窒素など多量必須元素の供給源となる土壌有機物はあまり蓄積されない。一方，降水量が少なく自然景観が砂漠や草原であるような乾燥地〜半乾燥地では，土壌は無機養分に（さらに草原では土壌有機物にも）富み，その肥沃度は高いのであるが，今度は不足しがちな水資源量が農業生産の多寡を規定するようになる（FAO, 2001）。したがって，前者の湿潤地では，伝統的には植生の焼却／無機養分放出に依存した粗放な焼畑移動農耕（Nye and Greenland, 1960）が，また近代以降には化学肥料の多用を前提とした集約的畑作が展開されてきたのに対し，後者の半乾燥地では河川水あるいは地下水を利用した灌漑農業が広く展開されてきたのである（Singh et al., 1990）。前者では熱帯アジアやアフリカ，後者では旧ソ連・米国などの農業がよい例であろう。しかしながら湿潤地における農地拡大は森林を犠牲にしたものであるし，多量の施肥は下流の水系において硝酸汚染・富栄養化などの環境問題を引き起こす（Scientific American 編集部，2010：2.7節，3.8節も参照）。乾燥地においても，良質の淡水資源は世界的に底をつきかけており，その過度の利用はたとえばアラル海消失や黄河断流，米国の地下水枯渇など，深刻な環境・資源問題を顕在化させている（総合地球環境学研究所編，2009）。実は，環境に負荷をかけない農業は少ないのである。また畑作は，つねに侵食や土壌塩性化，有機物減耗に伴う土壌肥沃度の低下といった土地劣化の危険にさらされている（Lal and Stewart, 1990）。

3 湿潤地における伝統的農耕と開発

■**焼畑移動農耕**　ここでは，湿潤熱帯において長く広域において行われてきた焼畑移動農耕について考察する。焼畑移動農耕とは，主として熱帯など肥沃度の低い土壌の上で，無施肥・無農薬の低投入条件で行われる粗放な農業であり，通常2〜3年以下の耕作期とより長期の休閑期間を設定し耕地を循環利用するが，時に数年の耕作の後耕地を放棄し新たな土地を開墾することもある。耕作に際して，塩基・リンについては休閑植生（森林，叢林，草地など）を焼却することでこれらを放出させ，また窒素に関しては焼土効果により有機態窒素を無機化させて利用する。したがって満足に収穫を得るためには，休閑植生中への養分の蓄積ないしは表層土壌の肥沃度の回復（有機物の増加）を確保するだけの十分な休閑期間が不可欠である。また十分な休閑は，耕作期間中の雑草害を回避するためにも必要であるといわれている。

■**タイ国北部における少数民族による焼畑農耕の事例**　すなわち，先述した土壌養分の少ない湿潤地において，休閑植生による鉱物風化の促進／深層土壌からの養分の回収を通して，数年に一度の耕作に必要な養分を集積するシステムであるといえる。以下，このような焼畑農耕システムの特性をより定量的に理解す

a) 当該年度耕作畑・播種前　　b) 耕作畑（雨季）　　c) 休閑1年目
d) 休閑2年目　　e) 休閑4年目　　f) 休閑6年目
g) 休閑20年以上

図5.1.1　調査圃場および休閑林の景観

るために，筆者らがタイ国北部D村の少数民族カレンの焼畑耕作圃場／休閑地で行った研究を紹介する（Funakawa et al., 2006）。D村では調査を行った2001年当時，かなり規則正しい1年耕作／7年休閑を堅持する焼畑農耕が行われていた。耕作地・休閑地の景観を図5.1.1に示す。

この村で，耕作／休閑のステージが異なる27点において表層土壌を採取し，土壌試料の理化学性を測定した。土壌の理化学性に関する測定項目は多岐にわたるが，一般に互いに相当程度相関をもつ変数ごとに複数の変数群に分けることが可能である。本試料群を主成分分析で解析した結果，土壌酸性因子，土壌有機物因子，土性因子（土壌が粗粒質か細粒質か），窒素・リン・カリウム供給因子（NPK供給因子）の計4つの変数群に分けられた。このうち土壌肥沃度の動態に関係する3因子について，各試料の因子得点を休閑期間に対してプロットしたものが図5.1.2である。これによれば，土壌酸性関連因子は休閑中期に最大（もっとも強酸性），土壌有機物関連因子は休閑中期に極小となった後，いずれもしだいに回復する傾向を見せた。一方NPK供給因子は，休閑後期になっても回復傾向を見せなかった。

このような休閑期間中における土壌有機物関連因子の回復過程をより詳細に調べるため，2001～2002年に，耕作／休閑のステージが異なる6地点（図5.1.1）において，土壌有機物収支を測定した。一般に耕作後休閑3年目くらいまでは草本類が卓越するが，休閑4年目あたりから木本類が目立つようになり，休閑6～7年目で木本類の被覆により林床の草本類がほぼ消滅する。その間の土壌有機物分解速度と植物リター[*1]の供給速度を，累積の土壌有機物収支とあわせて示したものが図5.1.3である。このように，休閑初期には土壌有機物分解量が投入量に対し大きくなるが，木本類優先に遷移する休閑3～4年目には蓄積傾向に転じ，休閑6～7年目で土壌有機物は伐開・耕作前の水準に戻るものと見られる。

■**休閑期の機能**　以上の結果より，当該地域の焼畑農耕システムを長期的に安定なものとしてきた休閑期の重要性は，以下のようにまとめられる。①土壌酸性に関連する性質は，休閑後期に土壌有機物関連の性

[*1]　**植物リター**：植物遺体，つまり残渣や落葉・落枝などの有機物。

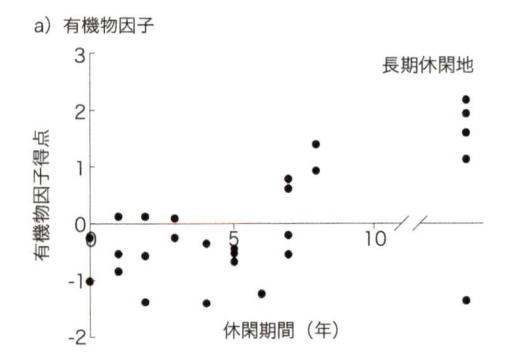

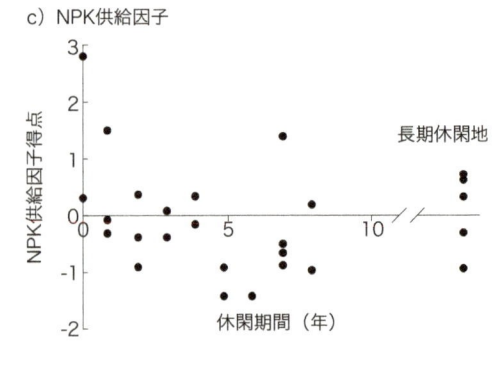

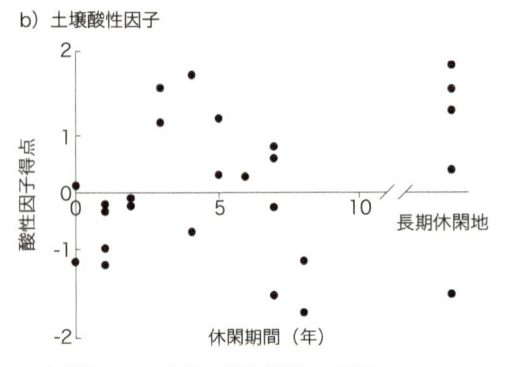

図5.1.2 休閑期間と土壌肥沃度関連因子得点の関係

a) 有機物因子
b) 土壌酸性因子
c) NPK供給因子

質が増大するのと同時に改善される。リターの投入が，深層土壌より得られた塩基類を表層土に供給するのであろう。これは養分元素のポンプアップ効果であるといえる。②耕作期間中の土壌有機炭素の減少は，6～7年間のリター投入によって補われる。収支全体の中では，休閑4年目頃の樹木植生成立に伴う初期草本植生の土壌系への完全な投入が，土壌有機物レベルを維持する上で不可欠である。③別に行った土壌微生物群集に関わる詳細な解析より，二次林成立に伴って，土壌微生物群集は「資源の速やかな消費者」から「安定した緩慢な利用者」へと遷移し，窒素の流亡損失が抑制され，生態系への有機および窒素集積が促進される。耕作期間中にいったん活発化した土壌微生物の硝化能は，休閑期間中には炭素基質利用能とともに抑制される。その結果，土壌からの硝酸イオンの流出は，休閑のごく初期においても顕著に減少する。④一方，とくに土壌によるリンやカリウムの供給能は休閑後期でも上昇しておらず，このことがバイオマス焼却を必須とする主要因の1つであると推測される。

ここまであげたような休閑期の機能が，この森林休閑システムの維持に本質的な要件であったと考えるこ とができる。このようにして農業生産は，10年前後という比較的短期間の休閑によって維持されえたのであろう。ここに，土壌からの養分供給に難がある湿潤地農業における伝統的知恵を見いだすことができる。

しかしながら近年では，一般的な傾向として，山間

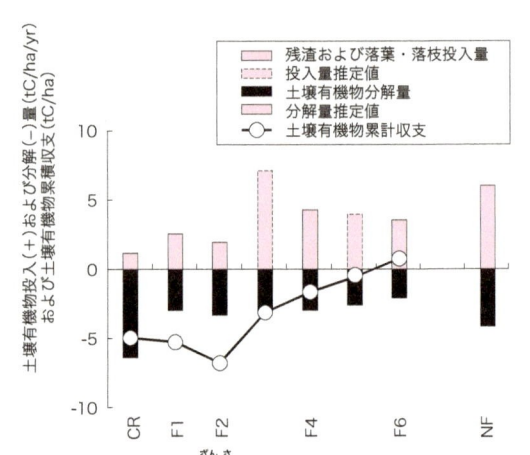

図5.1.3 土壌への植物残渣および落葉・落枝投入量，土壌有機物分解量，および土壌有機物量の累積収支

CR：耕作地，F1～F6：休閑1～6年目，NF：長期休閑林。

地における人口増や森林を資源と見なす各国政府の政策によって十分な休閑期間の確保が困難となっており、なかば選択の余地なく山間傾斜地の常畑的利用が広く行われるようになっている。前期の焼畑農耕システムにおいて休閑期が担っていた諸機能が失われ、無機養分の枯渇を伴う土壌酸性化や有機物の減耗、雑草害の激化と化学資材（化学肥料、農薬）の投入、傾斜地における土壌侵食の激化が常態となっている。これらの変容が、炭酸ガスのシンクとしての土壌生態系の機能を劣化させ、また下流水系への栄養塩の流出を顕在化させている。ここに、現在まさに農業と環境の微妙なバランスが崩れつつある現場を見ることができるのである。

4 乾燥地における灌漑農業と水利用

■**土壌塩性化**　今日灌漑農業は、全世界の食糧および繊維生産の36%を供給するまでになっており、今後も人口増に伴いより限界的な土地に拡大してゆくと見込まれている。乾燥地農業において灌漑水の供給は必須であるが、まさにその灌漑によって引き起こされる脅威が土壌塩性化である。植物は、根が接する土壌溶液の塩分濃度が自身の細胞内の塩分濃度を上回る状況下では吸水できず枯死してしまう。もともと乾燥地・半乾燥地のとくに下層土壌中には多量の可溶性塩が洗脱されずに残存していることが多いのであるが、ここで十分な排水が確保できないような条件で灌漑を行うと、いったん下層まで浸透した灌漑水が塩を伴って再度表層土まで上昇し、蒸発散の際に塩を表層に置き去りにすることで、土壌の二次塩性化が強度に進行する契機となる。サボルチ（Szabolcs, 1986）によれば、世界の塩性土壌は9億5500万haに達し、そのうち2億1200万haが北・中央ユーラシアに分布するとされている。ミドルトンらの報告（Middleton and Thomas, 1997）では、世界で10億3000万ha存在する塩性土壌のうち、7700万haは人間活動に起因する二次塩性土壌であるとされている。

中央ユーラシアの旧ソ連側では、1960年代以降、とくに南部地域において政策的に大規模灌漑農業が展開されてきた。河川上流部や比較的高位にある土地では綿花作中心の、また河川下流域や沖積地では水稲作中心の灌漑農業システムが主流であった（図5.1.4a, b）。1980年には中央ユーラシアの灌漑農地総面積は786万haに達しており、ここでも土壌の二次塩性化が深刻化していると報告されている（図5.1.4c）。また河川上・中流域における灌漑農業の展開が、下流生態系への悪影響をもたらしたこと（たとえばアラル海消滅の危機など）も問題視されている（図5.1.4d）。

■**カザフスタン国南部の事例**　筆者らは、灌漑農業開発に伴う土壌の二次塩性化の潜在的リスクを広域的に解析するために、中央ユーラシアの異なる地域（カザフスタン・ウズベキスタン）において、とくに深層土壌中の塩濃度に留意して調査を行った（Funakawa and Kosaki, 2007）。その結果1〜2m深土壌中の塩含量に関して、以下のような明瞭な地域的傾向が見られた（図5.1.5）。①イリ川流域では、可溶性陽イオン含量は低い傾向にあった。②フェルガナ地域において可溶性陽イオン含量およびナトリウム吸着比（SAR）が比較的低いのに対して、シル・ダリア川下流域ではこれらはいずれも増大した。地球化学的スケールで、ナトリウムや塩素というもっとも可動性の高いイオンは、上流部から除かれ下流域に濃縮されていると考えられる。③カザフスタン北部においては、深層土における可溶性陽イオンは通常高く、ナトリウムの割合も高い。これらの塩類は、この地域を広く覆っている湖沼成堆積物に由来するものと考えられた。

次に、シル・ダリア川下流域の水稲耕作農場において、土壌塩性化リスクの農場内変異を調査した結果を紹介する（Sugimori et al., 2008）。水稲作農場では、通常4〜8年の輪作体系がとられており、水稲作付けの頻度はそのうち2分の1程度で、残りの期間は地下水涵養による麦、アルファルファなどの畑作である。たとえば四年輪作であれば水稲-水稲-畑作-畑作、八

a) ウズベキスタン・フェルガナ盆地の綿花栽培
b) カザフスタン・クジルオルダ州の水稲栽培
c) 塩害のため放棄された水田
d) 干上がった旧アラル海湖底

図5.1.4　砂漠地帯における生産活動

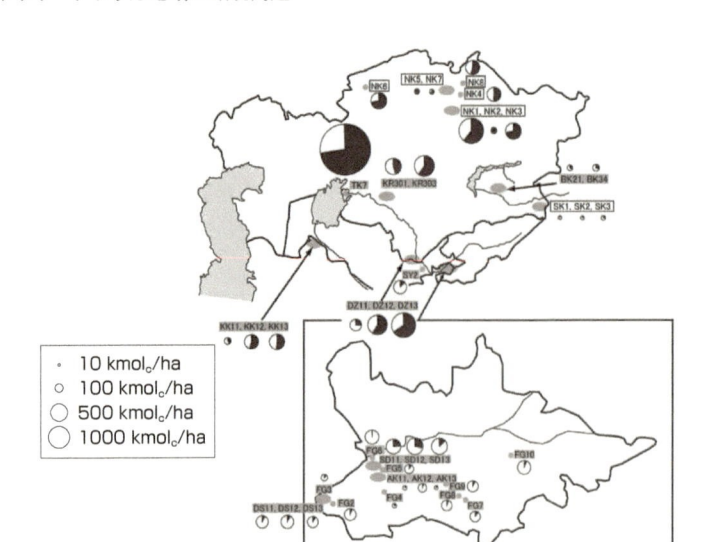

図5.1.5 深層土（100〜200 cm深）に蓄積された水溶性陽イオン量
円の大きさは集積塩濃度を，円中の暗色部はそのうち Na 塩の占める割合を示す．

年輪作であれば水稲-水稲-水稲-休閑-水稲-畑作-畑作-畑作，などの輪作体系がとられる．一般的には畑作期間が塩性化進行の，また水稲作期間が除塩の卓越するステージであるといえる（図5.1.6）．本研究では，クジルオルダ市（シル・ダリア川下流域）近郊の2つの水稲作農場（SG, SM 農場）において，農場内地形と土壌の塩性度の関係を検討した．

詳細な地形測量の結果，いずれの農場も緩やかな傾斜地と平坦地，および凹地からなっていることがわかった（図5.1.7 上段）．表層土壌中の塩濃度について示した図5.1.7 中・下段のように，局地的な凹地を除いては，多くの水稲作付け圃場において，灌漑期間中に塩が洗脱除去されていた．それでも稲の収量は，とくに灌漑網の下流において，残留塩，深い冠水，不十分な排水能などによって悪影響を受けていた．一方畑作期における塩集積は，畑作期間が長くなるにつれて，また灌漑網下流において地下水位が浅くなるにつれて増大し，作物生育に悪影響を及ぼした．

このように，当該地域の，とくに河川中・下流域で広く行われている水稲作中心の灌漑農業においては，

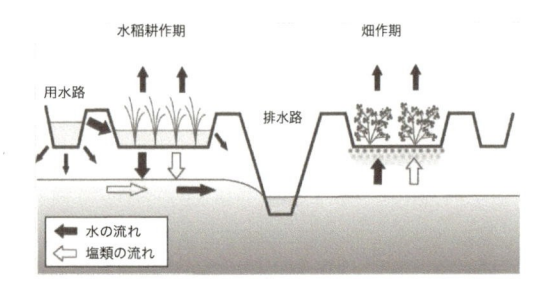

図5.1.6 水稲耕作を含む灌漑農地における水・塩動態の概念図

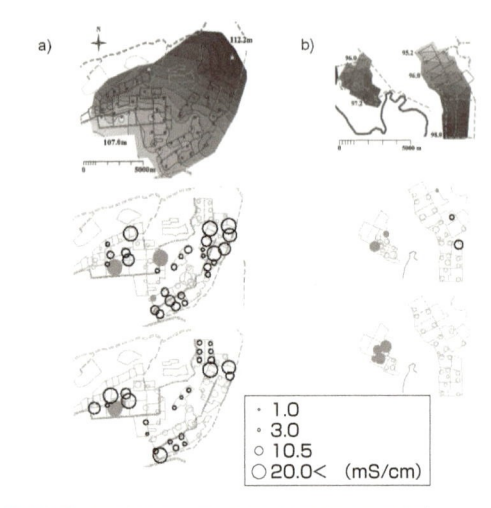

図5.1.7 調査農場の地形と表層土壌における塩集積
a) はSG農場, b) はSM農場で，それぞれ上段より，地形，2002（SG）・2003（SM）年度，2004年度の結果．濃い中抜き円は畑作耕地，薄い中抜き円は水稲耕作耕地，灰色の塗りつぶし円は耕作放棄地を示す．

まさに多量の灌漑水を使用してきたがゆえに地域の地下水位が上昇し，畑作期間の土壌塩性化が加速されると同時に，排水性の低下から湛水期の除塩が機能しなくなるという状況が現れつつある。このような状況は，巨視的には河川下流域でより頻繁に，また農場内では灌漑水網下流域や平坦地，局地的凹地において顕著に観察された。今後水稲作付け中心の立地と畑作物中心の作付けの立地を使い分けるような，地形条件に応じた耕地の配置を考えていく必要があると思われる。またさらに広域的に二次塩性化のリスクを眺めた場合，灌漑農業を持続的に管理するためには，少なくとも河川下流域における開発は再考すべきであるといえる。シル・ダリア川下流域やカザフスタン北部では，イリ川流域やフェルガナ盆地といった扇状地と比べて，土壌の二次塩性化のリスクが高いことに注意する必要がある。

なおこれらの内容は，先述の半乾燥帯天水畑作に関する研究とあわせて，総説として詳しくまとめられている（舟川ほか，2008）。

5 人類の農耕活動によって引き起こされた環境問題

近代以前には，農業に由来する環境破壊は，あったとしても地域的なものであった。人びとは限られた範囲で自然を改変し，たとえば焼畑移動農耕や灌漑農業などを行って食糧を得ていたのである。しかしながら，農業に石油エネルギーを投入できるようになった近代以降，湿潤地における粗放な焼畑農耕は化学肥料を多用する商業的な近代農業あるいはプランテーションに取って代わられ，森林破壊や下流水系の汚染は，広域にわたる環境問題として認識されるようになった。そのような事情は乾燥地における灌漑農業においても同じである。たとえば旧ソ連における大規模な灌漑開発が，農耕不適地における土壌塩性化を加速させ，同時に下流水系の環境を大きく改変したのである。

このように近代以降の農業による環境破壊は，もともと湿潤地あるいは乾燥地が内包していた農耕活動におけるある種の限界点（養分元素および水資源の稀少性）を，石油エネルギーの力によって乗り越えようとしたところから生じているといえる。過去の生産形態で現在の人口を養うのはおそらく不可能なのであるが，少なくとも持続的に農耕を営むことが困難な地域への近代農業の拡大に関して，それほど楽観的になることは許されないであろう。近代以降における農耕拡大が生んだ歪みを，たとえば生態学的なプロセスや地理的な適性の観点から再検討した上で，その野放図な拡大を慎み，今後ますます稀少となる森林や水，生物多様性といった生態環境資源との共存を図ることが，今後の人類の生存には欠かせない要素となるであろう。

【舟川晋也】

■参考文献

FAO (2001): *Lecture Notes on the Major Soils of the World*, World Soil Resources Reports 94, Driessen, P. M. et al. (eds), FAO.

Funakawa, S. et al. (2006): The main functions of the fallow phase in shifting cultivation by the Karen people in northern Thailand: a quantitative analysis of soil organic matter dynamics. *Tropics*, **15**, 1-27.

Funakawa, S. and Kosaki, T. (2007): Potential risk of soil salinization in different regions of Central Asia with special reference to salt reserve in deep layers of soils. *Soil Sci. Plant Nutr.*, **53**, 634-649.

舟川晋也ほか（2008）：1．カザフスタンにおける最新土壌研究－乾燥地・半乾燥地における持続的土地利用とは何か？－，［講座］アジアにおける多様な土壌と我が国ペドロジストによる研究の最前線。日本土壌肥料学雑誌，**79**, 399-407。

Lal, R. and Stewart, B.A. (1990): *Soil Degradation*, Advances in Soil Science, Vol. 11, Springer-Verlag.

Middleton, N. and Thomas, D. (1997): Saline soils in the drylands: Extent of the problem and prospects for utilization. in *World Atlas of Desertification*, 2nd ed., UNEP, pp.144-148.

Nye, P. H. and Greenland, D. J. (1960): *The Soil under Shifting Cultivation*, CBS Tech. Commun. No. 51, Harpenden, pp.1-12.

Scientific American編集部（2010）：臨界点に迫る地球。日経サイエンス2010年7月号，pp.73-87。

Singh, R. P. et al. (1990): *Dryland Agriculture: Strategies for Sustainability*, Advances in Soil Science, Vol. 13, Springer-Verlag.

総合地球環境学研究所編（2009）：水と人の未来可能性－しのびよる水危機，昭和堂。

Sugimori, Y. et al. (2008): Dynamics of soil salinity in irrigated fields and its effects on paddy-based rotation system in southern Kazakhstan. *Land Degrad. Dev.*, **19**, 305-320

Szabolcs, I. (1986): *Agronomic and Ecological Impact of Irrigation on Soil and Water Salinity*, Advances in Soil Science, Vol 4, Springer-Verlag, pp.189-218.

5.2 熱帯林とその消失

1 熱帯林の急激な減少

地球上の森林の被覆面積は，人類の活動域の拡大に伴い，現在までに当初の53％に減少したと見積もられている。なかでも手つかずの原生林は，当初の21％が残存しているにすぎないという報告もある[*1]。産業革命以降の人類の活動の増大に伴い，森林面積はさらに減少し，20世紀に入って熱帯林が開発の対象になったことで森林消失速度はさらに加速した。第二次大戦後に独立を果たした旧植民地各国では，木材資源の輸出と国内の木材産業の育成が重要な経済発展の一段階として位置づけられた。それに引き続き，農業振興が次の段階と位置づけられて，森林地から農地への転換が加速した（Gibbs et al., 2010）。こうして熱帯林の急激な減少は，世界的な注目を浴びる結果となった。おもに東南アジアを例にとり，この急速な熱帯林減少のメカニズムと，それがもたらしたもの，そして，森林修復に向けた努力を見てみよう。

2 東南アジアの森林減少とそのメカニズム

第二次大戦後の熱帯林減少の大きな原因としてよくあげられるのは，木材生産のための過剰な森林伐採である（3.9節も参照）。たとえば，日本が大量に**熱帯材丸太**を輸入しはじめた1960年代からの主要相手国は，1960年代のフィリピン，1970年代のインドネシアとマレーシア・サバ州，1980年代のマレーシア・サラワク州と変遷を重ねてきたが，これら各国では急速な森林消失と劣化が，この時期に引き起こされた。フィリピンを例にあげれば，非持続的な伐採のために，その森林被覆は1990年には国土面積の20％程度にまで減少した（FAO, 2010）。

ただし，こうした直接的な森林伐採だけが森林消失を招いたのではない。木材生産性の低い森林から，農地への土地利用転換の影響も大きかった。1960年代

[*1] http://www.wri.org/resource/state-worlds-forests

から1990年代にかけて森林面積を半減させたタイを例に，そのメカニズムを説明しよう（図5.2.1）。1960年代以降，タイ政府は換金作物栽培の拡大を直接・間接に支援した。その中で，とくに水利条件の悪い東北タイでは，繊維作物のケナフ，飼料作物のキャッサバなど，様々な作物が積極的に導入され，それまで水田耕作のできなかった水利の悪い斜面が農地化されていった。東北タイの森林の多くは木材生産林としての重要性が低かったので，このような**農地への転換**が主要な森林消失の原因になったといえる。

戦後，東南アジアのどの国でも，森林地を管理するための森林法が整備され，森林として利用すべき領域は森林局などの政府機関によって指定されてきた。このことはタイも例外ではなかったが，それにもかかわらず，農地化によって森林が侵食されていった。このような森林保全制度がうまく機能しなかった原因を簡単に見てみよう。タイでは，1960年代初めに残存していた国土の50％を覆う森林をほぼそのまま**永久林**として地図上に記載し，これを国が保有すべき森林被覆面積の目標値とした。だが，この永久林をより堅牢で実態の伴う**指定林**（National Reserved Forest）として認定するには，様々な現場作業が必要であった。こうした現場作業も1960年代以降加速したが，それと同時平行して急速な農地拡大が起こり，結果的に指定林内部に多くの農地を含む形で，認定が進められた。森林地内や指定林内の農地を利用する農民は，開拓した農地の利用権あるいは所有権を主張し，広く運動を展開した。結果的に，政府はその主張を無視することができなくなり，指定林内に存在する多くの農地利用が土地行政によって追認されていった。これは農業発

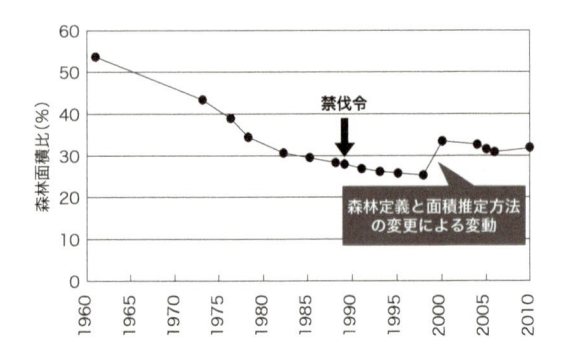

図5.2.1 タイの森林面積の推移
タイ王室森林局資料とFAO (2010) をもとに作成。

展と保全林指定が同時期に並行して進んでいったために，森林保全制度をもちながらも，政府や行政が森林の急速な減少にストップをかけることができなかった要因といえる（倉島, 2007）。

このような構図は，東南アジアの各国が共通してもつ問題であるが，さらに国ごとに個別の事情も存在する。インドネシアでは，**トランスイミグラシー政策**とよばれる，人口稠密なジャワ島やバリ島から，カリマンタン諸州やスマトラ島諸州への農民の入植政策が大規模に行われ（林田, 2006），森林減少の大きな要因となった。

また，近年ではバイオエネルギー原料の需要拡大に伴って，**アブラヤシ**のプランテーションが拡大しつつありインドネシア，マレーシアでの森林消失の重要な原因となっている（Kho and Wilcove, 2008）。

3　熱帯林減少がもたらしたもの

森林がもつ機能は，木材生産だけにとどまらない。国土保全や防災の機能，水資源確保や地域の気象に与える影響，生物多様性の保全機能，炭素の貯留プールとしての機能など，多面的な機能をもっている。森林消失は，国家レベルあるいは地球レベルでこれらの機能を低下させ，その結果としてさまざまな問題を引き起こしている（3.9節参照）。

■ **防災と水資源**　森林被覆は，降水時の土壌侵食量を減らし，土壌自体の保水力の維持に貢献する。森林消失は，この機能を劣化させて，降水時の急速な水の流出や，無降水時期の安定的な水供給の機能を低下させてしまう。このため，土石流や斜面崩壊が増加したり，水資源の安定供給が難しくなる。タイでは近年土石流による被害や洪水頻度の増加が大きな社会問題となり，森林保全の必要性についての国民的な理解もかなり進んできた。沿岸域でのマングローブ林の消失が，高波被害や津波被害をより甚大なものにしていることが，約30万人の死者を出したインド洋大津波や，13万人以上の死者を出したミャンマーでのサイクロン・ナルギスの高波災害によって明らかになった。

■ **生物多様性**　熱帯林，とくに熱帯多雨林は陸上で生物多様性がもっとも高い生態系として知られている。生物は均質に分布しているのではなく，ごく狭い地理的な範囲に分布域が限定される，固有性の高い種類も多い。熱帯林の面積の減少は固有性の高い種類にとっては，種自体の絶滅に結びつく可能性がきわめて高い。このような生物多様性の減少は，地球上の遺伝子資源の直接的な減少に結びつくとともに，生物相互間の作用を通じて他の生物種に負の影響を与え，ひいては森林のもつ様々な機能を損なう可能性がある（神崎・山田, 2010）。生物多様性が危機にさらされているホットスポットとして，東南アジアのほぼ全域が指定されている（図5.2.2）。

■ **炭素貯留**　地球温暖化の原因となるCO_2濃度の

図5.2.2　東南アジア周辺の生物多様性のホットスポット
コンサーベーションインターナショナル提供。

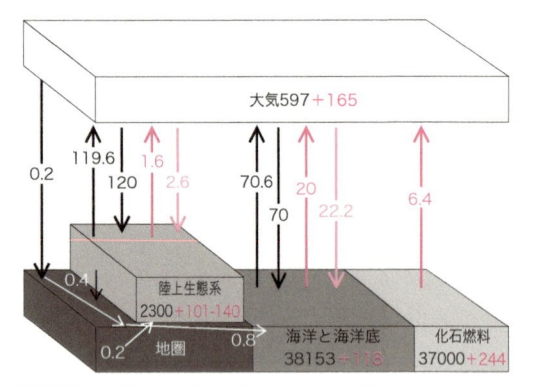

図5.2.3 産業革命時の炭素貯留量（ボックス内黒字）とそれ以降の人為的に生じた変動量（ボックス内赤字）
1990年代の年間フロー（矢印）のうち赤矢印は人為によって生じたフローを示す。貯留量と年間フローの単位は炭素Gt。IPCC（2007）のデータから作成。

上昇は，おもに産業革命以降の化石燃料の燃焼によって放出された炭素で，その放出量は244 Gt（ギガトン：10億t）と見積もられている。しかし，森林の消失に伴う，樹木バイオマスの消失と土壌中有機物や泥炭の分解によって放出された炭素も膨大で，同じ期間の放出量が約140 Gtと見積もられている。植生の回復により101 Gtが同時期に吸収されているので，差し引き39 Gtが森林消失に伴う純炭素放出量と考えられる（図5.2.3）。産業革命以降のCO_2濃度上昇分の20%程度は森林消失が原因と言える。ただし，森林消失由来の炭素放出の比率については，15%から35%までさまざまな推定値が報告されている（Foley et al., 2005など）。20世紀以降の森林消失は，ほとんど熱帯域で進行しているため，熱帯林消失の抑止が温暖化緩和のためにとるべき重要なオプションとなっている。さらに，インドネシアやマレーシアの河口域に分布する泥炭湿地林は，大量の炭素貯留プールとして知られているが，森林消失や農地開発と泥炭火災によって，大量の炭素を排出している可能性が指摘されている（大崎・岩熊，2008）。

4　森林保全と修復に向けての努力

1992年にITTO（国際熱帯木材機関）によって持続的な森林管理のための基準・指標が発表され，さらに，1992年のブラジルのリオ・デ・ジャネイロで開かれた国連環境開発会議において森林原則声明が発表され，国際的な森林保全のイニシアティブが形成されてきた。持続的森林管理のために留意すべき7つの要素が国際的に確認されている。
①森林資源の面積
②生物多様性
③森林の健全性と活力
④森林資源の生産機能
⑤森林資源の土壌や気候の保護機能
⑥社会・経済的機能
⑦法的，政策的，組織的枠組み

現在取り組まれているさまざまな森林保全策は，これら7つの要素に配慮しながら進めることが強く求められている。

■**林業のリノベーション**　本来木材資源は再生可能資源であり，近代林業の根底には，未来永劫木材を生産できる永続林という発想が根底にあった。東南アジアの林業の主流は，天然林の中から一定の太さ以上の有用樹種を伐採し，天然更新によって資源量の回復を待って，次の伐採を行う天然林**択伐施業**である。しかし，資源量の回復には少なくとも20年から30年がかかるため，伐採後の森林は農地化のターゲットになりやすかった。また伐採自体が資源量の回復に十分に配慮せずに行われ，森林の劣化が生じてしまうことも多い。伐採が民間企業への委託契約や伐採権の短期間の譲渡（**コンセッション方式**）で行われた場合，企業が長期的持続性には配慮しない例も多い。伐採下限サイズが守られない，有用樹種伐採時に周辺樹木を攪乱してしまう，樹木搬出の重機が林内の樹木と土壌を攪乱してしまうなど，従来の伐採方法にはさまざまな問題点があった。**低インパクト伐採**は，これらの攪乱を軽減するための伐採方法で，

①伐採前の森林の毎木調査と地形測量により，伐採区の完全な地図を作製
②地図に基づいて伐採木と保存木を選定し，伐倒方向と伐採後の丸太の搬出経路を事前に設計
③伐採後の丸太搬出用重機の改良
④熟練作業員の育成
⑤伐採後の搬出路や林道の閉鎖と樹木植栽

などの対策と，森林の回復速度にあわせた年間許容伐採量を順守した長期的管理計画をパッケージにしたものである（Sist et al., 1998）。1990年代から熱帯林での施業にも導入されはじめた。

このような低インパクト伐採を導入しても，有用樹種が十分再生してこない場合も多い。有用樹種の実生や稚樹の光要求性が高い場合や，種子の供給が不十分

な場合には，伐採後の天然林の一部に補助的に有用樹種が植栽（**エンリッチメント植栽**）される。インドネシアでは2000年から伐採後の天然林に20～25 m間隔で有用樹種を列状に植栽する**集約的植栽**が一部で導入され，有用樹種の蓄積量の低下を積極的に防ぐ対応がとられるようになりつつある（神崎ほか，2012）。

林業には，**生物多様性**への配慮も求められている。ボルネオ島の択伐施業の行なわれている天然林には，オランウータンが多数生息していることが示すように，人間の手の加わっていない原生林だけでなく，林業利用されている森林も野生動植物にとって重要な分布域となっている。保全価値の高い森林や動植物を保護するために保護区域を施業区域の中に設定すること，生物多様性の継続的なモニタリングの実施，そして多様性への影響をいち早く検出して，それに対応して施業方法を適応的に改善することが求められている。

熱帯地域の択伐天然林は，先住民（多くの場合少数民族）の生活域と重なることも多い。1つの森林管理主体が管理する面積は通常10万ha以上に及び，先住民の生業である焼畑耕作や非木材林産物（ラタン，樹脂類，香木類，動物）の採取に甚大な影響を与える。このため，先住民や地域社会との調整や補償が必要となる。さらに，企業の社会的責任を果たすことが求められるようになり，インドネシアでは伐採企業や植林企業が，森林村開発プログラムを実施することが定められている。このプログラムには教育，インフラのサポートや，様々な生業支援や技術援助が含まれている。このように，地域社会との持続的共存が，林業自体の持続性の担保に必要不可欠という認識が広まりつつある。

■ **様々な植林活動**　東南アジアでも，フィリピン，タイ，ベトナムでは森林被覆が国土面積の20％台まで減少したあと，植林や保護区の設定，共同体林業の導入などにより，森林は増加傾向にある。タイやインドネシアでは，パルプ生産用のユーカリやアカシアの植林地が，ベトナムでは，山地斜面の焼畑跡地などに，パラゴムノキ，シナモンやアンソクコウノキのような樹木作物が植栽されて，森林面積の拡大に貢献している。これら植林地のほとんどは，単一樹種からなる多様性の低い林であるため，多種混交の植林地造成による，多様性の回復も試みられている。

■ **森林認証制度**　木材生産の現場でどのように持続性に配慮した生産活動を行っていても，消費者がその状況を知ることができず，価格と製品の品質だけが購入の際の判断材料となる。森林管理主体の持続的な林業活動を認証して，その情報を消費者へと伝達するための環境ラベリング制度として森林認証制度が1993年からスタートし，熱帯林においても普及しはじめた。熱帯林をカバーする世界標準の認証制度として，森林管理協議会（FSC）の認証がある。適切な持続的森林管理に対する森林管理の認証（FM認証）と，森林管理の認証を受けた森林からの木材・木材製品が非認証材と混在することなく加工・流通されていることに対する加工・流通の認証（CoC認証）の2種類の認証制度があり，消費者は価格・品質以外に，森林管理の持続性が担保されているかどうかという点を選択基準に用いることが可能となっている。日本市場での森林認証制度の認知度は低いが，認証材を使用した合板の輸入が2008年から本格的にはじまっている（図5.2.4）。

■ **エコツーリズムと遺伝子資源の活用**　熱帯林と生物多様性保全のためには，熱帯林を利用せずに保護することがもっとも望ましい。しかし，国立公園や野生生物保護区として法的な保護の枠組みをかけても，地域住民の協力が得られなければ，実効的な保護に結びつくとは限らない。また，保護区の運営に必要な資金も十分調達できるとは限らない。自然景観，生物多様性，伝統的知識などを売り物にしたエコツーリズムは，自然保護と地域全体の活性化を同時に達成しようとする試みで，たとえばマレーシア・サバ州では，キナバル山やオランウータン，サバ州の先住民の人々の伝統的文化と知識を観光資源化して成功を収めている。

コスタリカは，森林被覆が極端に減少した後，国立公園をはじめとした保護区設定を進め，エコツーリズ

図5.2.4　森林管理評議会（FSC）の認証製品であることを示すロゴマークのついたインドネシアからの輸入合板
トーヨーマテリア（株）提供。

ムを推し進めるとともに，国立生物多様性研究所（INBio）を1989年に設立した。INBioは遺伝子資源探索を実施，その情報を製薬，医学，食品，化粧品産業へ提供して利益を得て，その利益を多様性モニタリングや保護活動，生物多様性教育やトレーニングの経費として利用している。

■**国際的な枠組み**　熱帯林の消失と劣化がもたらす影響は温暖化のように地球規模のものであり，国際的な枠組みの中での解決の努力も積み重ねられている。気候変動枠組条約および京都議定書で定められた温室効果ガスの排出抑制の仕組みの1つとして設定された**植林再植林クリーン開発メカニズム**（AR-CDM）は，排出抑制を課せられた出資国が，排出抑制を課せられていない国での植林事業を行い，固定された炭素のうち植林による追加的効果（植林しない場合との差分）を，排出量削減量としてオフセットできる仕組みである。2013年末までの国連への登録プロジェクト件数は52件となっている[*2]。

熱帯林消失による炭素排出を減らすことで，温暖化緩和を目指すのが，**途上国における森林減少と森林劣化からの排出削減**（REDD）とよばれているイニシアティブである。さらにREDDに森林保全，持続可能な森林管理，森林炭素蓄積の増強を組み込んだのがREDDプラス（REDD+）とよばれる考え方である。REDD+の国際的に統一された枠組みはいまだ形成されていないが，森林減少と劣化を防ぎ，現存する森林の持続的な管理や炭素蓄積量の増加を目指す様々な方策を，先進国が資金援助することで，熱帯林保全のための途上国の負担を軽減しようとする仕組みである。国連機関主導のプロジェクトや各国独自の取組みが進んでいる。日本では環境省，経済産業省，JICAなどが熱帯各国でREDD+の検証プロジェクトを進めつつある。今後熱帯林保全の重要な国際的な枠組みとなっていくだろう。

【神崎　護】

■**参考文献**

FAO (2010): Global Forest Resources Assessment 2010, FAO. http://www.fao.org/forestry/fra/fra2010/en/
Foley et al. (2005): Global consequences of land use. *Science*, **309**, 570-574.
Gibbs, H. K. et al. (2010): Tropical forests were the primary sources of new agricultural land in the 1980s and 1990s. *PNAS*, **107**, 16732-16737.
IPCC (2007): IPCC第四次評価報告書。
林田秀樹 (2006): インドネシアにおける移住政策と地方開発。社会科学，**76**, 23-47。
神崎　護・山田明徳 (2010): 第5章　生存基盤としての生物多様性。地球圏・生命圏・人間圏（杉原　薫ほか編），京都大学学術出版会。
神崎　護ほか (2012): 第4章 生存基盤としての熱帯多雨林—択伐天然林における木材生産。地球圏・生命圏の潜在力—熱帯地域社会の生存基盤（柳澤雅之ほか編），京都大学学術出版会。
Koh, L. P. and Wilcove, D. S. (2008): Is oil palm agriculture really destroying tropical biodiversity? *Conservation Letters*, **1**, 60-64.
倉島孝行 (2007): タイの森林消失，明石書店。
大崎　満・岩熊敏夫 (2008): ボルネオ—燃える大地から水の森へ，岩波書店。
Sist, P., et al. (1998): *Reduced-Impact Logging Guidelines for Lowland and Hill Dipterocarp Forest in Indonesia*, CIFOR.

---

*2　http://cdm.unfccc.int/Projects/projsearch.html

column ミャンマーのチーク林とチーク林業

インド，ミャンマー，タイ，ラオスに至る熱帯低地（図5.2.5）に分布するチークは，水に濡れても耐久性が高く，船材，建材，家具材として，きわめて高価で取引される。インドやタイではすでに天然林内の伐採可能なチークはほぼ姿を消してしまったが，ミャンマーは現在でも天然林からチークを大量に生産し続けることのできる唯一の国である。近年ミャンマーはその門戸を開きつつあるが，かつては独自の社会主義路線と軍事独裁政権のもとで，半鎖国状態にあり，海外からの投資や貿易量も少なかった。

しかし，この状況は，チーク林業に関してはむしろ幸いしたかもしれない。2000年にはじめてミャンマーのチーク林の調査に入った当時，チェーンソーの普及も進んでおらず，伐採後のチークの集材も象によって行われていた（図5.2.6）。林道もきわめて道幅が狭く，林地に対する攪乱はきわめて小さい。伐採後数年経過すると，林道の存在自体も外部からはわからなくなるほどだ。森林は細かくコンパートメントとよばれる区画に分けられ，境界を示す杭がそこかしこに打ってある。林業局スタッフはこの森林を隅から隅まで踏査して，伐採可能なチークを見つけて，その分布と量を把握し，次の伐採木を決めていく。伐採木は最初に根元近くの樹皮と形成層を全周にわたって削られ（これを環状剥皮，**ガードリング**とよぶ）て，巻き枯らしされる。チークは立ち枯れ状態で，3年間林内で放置される。この間に，大枝以外は落ちて，木全体が自然乾燥する。3年後に，巻き枯らしした木を伐採して搬出する。これが伝統的なチークの伐採方法である。枝は落ちて伐採時の攪乱が抑えられ，木材は乾燥して水位の低い河川でも運搬が可能になる。また木材自体の自然乾燥は，製材する前に絶対必要なプロセスである。伐採搬出作業は森林局ではなく，ミャンマー木材公社が行う。資源管理をする森林局と，伐採搬出を行う公社が独立して作業をすることで，資源管理の自律性が担保されたようである。

このようなガードリング法を適用した伐採方法は，2000年から直接チークを伐採するグリーンフェリングとよばれる方法へ転換されていった。イギリス統治時代の19世紀半ばから続いた，伝統的なチーク伐採とチーク林の管理は，今後起こるであろう外国資本の流入と林業技術の急速な近代化で，変わろうとしている。今後も，チーク林が持続的に維持管理されうるのかどうか，心配の種はつきない。しかし，森林局や環境保全局の友人からは，チークの丸太輸出を2014年から徐々に禁止し，国内での木材産業の育成をはかることや，チーク保護林の設定計画などを聞くことができた。世界で，もはやミャンマーにしか存在しない天然チーク林とチーク林業が，今後も残っていくことを祈りたい。

図5.2.5 ミャンマー中央部のチークなどの有用樹種が択伐されてきた熱帯落葉林
2002年，ミャンマー，バゴ山地にて著者撮影。

図5.2.6 ミャンマーのバゴ山での，象を使った伐採木の搬出作業の様子
林内から林道まで木材を運び上げ，ここからはトラックで輸送する。2002年，ミャンマー，バゴ山地にて著者撮影。

5.3 水利用環境

アジアの人々の生活から学ぶ

1 非衛生な生活の改善

国連ミレニアム開発目標 MDGs（United Nations, 2013）で掲げる8つの目標の7番目は環境の持続可能性の確保であり，その具体的ターゲットとして2015年までに安全な飲料水（safe drinking water）と衛生的なトイレ（basic sanitation）を継続的に利用できない人々の割合を2015年に1990年の半分にすることが掲げられている。1990年の途上国の現状は，安全な飲料水を飲めない人が29％，衛生的なトイレを利用できない人（共同／非衛生トイレ，野外排便）が59％あり，その状況はMDGsに向け改善されてきているが（図5.3.1），依然多くの人が非衛生な環境で生活している。

筆者らは，この問題の解決を目指し，アジアのいくつかの国々でその現況について調査・研究を実施してきた。本項ではその例を紹介することで，そのような状況の中，人々がどのように生活しているのかを考える機会を与えたい。

2 水利用と水源

現在，我が国の水道の普及率[*1]は97％に達しており，ほぼ取得に困難はない。しかし，途上国の多くでは飲料・生活用の確保が重要な課題であり，地域に則した水源を飲料・生活用に使用している。表5.3.1には，筆者らの調査した地域の主要水源を我が国と比較して示した。我が国は水道を基本とし，ボトル水を飲用に補完利用するのが一般的であるが，途上国では様々な水を利用している。たとえばベトナム4番目の都市であるダナンでの調査（今田，2013）では95％が水道水（水源は河川）を利用していたが，その他，地下水（各家庭でポンプアップし複数の蛇口で利用），ボトル水，再利用水も水源としていた。水道水のみが42％でもっとも多いが，水道水と地下水，水道水とボトル水の組み合わせも22，20％と少なくない。地下水は合計38％の家庭で利用していた。ベトナムのハノイ都市部（Anh et al., 2013）やフエも同様な傾向であった。なお途上国の多くの都市部では20L程度のボトル水を宅配するシステムができている。

これに対し，タイ東北部で農村地域を多く含むコンケン（Fujii et al., 2008）は，公共水道の普及が一部に限られ，多くは未整備で村落レベルでの水供給システム（村落水道）を利用する。村落水道は見かけ上は

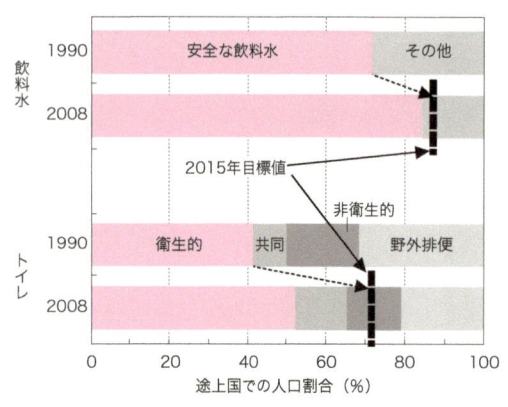

図5.3.1 国連ミレニアム開発目標ターゲット7C（2015年までに安全な飲料水と衛生的なトイレを継続的に利用できない人々の割合を1990年の半分にする）の実情と目標

表5.3.1 各都市での生活用水源（使用率比較）

	公共水道	ボトル水	地下水	雨水	再利用水	河川・池	その他
ベトナム・ハノイ都市部	◎	○	△				
ベトナム・ハノイ郊外（Lai Xa）		△	◎	○			
ベトナム・ダナン	◎	○	○	△	△		
ベトナム・フエ	◎	○	○	△		△	
タイ・コンケン	○	○	△	◎	△	△	*
ネパール・カトマンズ	◎	○	◎	○			**
バングラデシュ・クルナ（スラム）			◎	△		△	
日本（一般）	◎	○	△				
神戸（震災断水Ⅲ期）	×	○	○			△	***

使用率：◎（>50％），○（10〜50％），△（1〜10％）
＊（○村落水道），＊＊（○給水車，○売り子，○湧水），
＊＊＊（○給水車）

筆者らの調査結果より，一部は公表（Fujii et al., 2008; Anh et al., 2013; 今田，2013; Pasakhala et al., 2012; 古寺ほか，2013; 藤井・山田，1999）。

[*1] 厚生労働省：水道普及率の推移
http://www.mhlw.go.jp/topics/bukyoku/kenkou/suido/database/kihon/suii.html

通常の水道と変わりはないが，未処理で供給されているものが54％と高い。同地の飲用水源としては雨水が重要で，77％が雨水のみ，7％が他の水源と併用して利用している。これに次ぐ水源はボトル水であり，13％はそれのみ，4％が雨水と併用している。雨水は，屋根に降った雨水を大きな水瓶（図5.3.2）に収集・保管し，飲用水源として利用している。ハノイ郊外の水道未普及地域でも，同様に雨水を飲食用に貯留し，ボトル水で補完している。一方，生活用水では，コンケンでは，村落水道（71％）と公共水道（15％）が，ハノイ郊外では井戸水（地下水）が使用されており，ともに飲用水源との使い分けが明確である。

水道が普及している地域でもその供給不足で他の水源に大きく依存するケースがある。カトマンズ（Pasakhala, et al., 2012）では都市部を中心に公共水道が整備されている。しかし，ここ十数年での急速な人口流入などで，基本インフラが大幅供給不足となり，通電時間が1日の半分以下である。水道も毎日1時間以上の通水はよい方で，大半が週に2時間2回程度であり，5～7日に1回2時間程度も珍しくない。この結果，水道普及地区でもそれ以外の水源が必要となり，地下水，湧水，給水車（料金を払う），売り子などの方法で取得している。雨水は伝統的に不衛生とする考え方があり，飲用使用は少ない（住民の2％）が，洗濯（31％）や風呂（16％）などに用いられている。震災断水時の神戸も例も示すが，水道水源がまったく使えない以外，カトマンズとよく似ている。

クルナ・スラム地区では，地区内には井戸水しか水源がないが，住民は井戸を飲食用とそれ以外とに使い分けていた（古寺ほか，2013）。

我が国では井戸水や湧水を清澄な水とイメージするが，大陸の途上国では有機・無機汚染が著しく，飲用に向かない場所が多く，生活雑用水として利用している地域が多い。

3 水使用量

一方，水量も地域によって大きく異なる。図5.3.3に1人あたりの日水利用量を示す。本水量は，水道はメーターから，他はアンケート（容器容量と回数から計算）に基づき得た。ハノイ，コンケン，ダナンの3都市は，120～140 Lと似た値であるが，クルナのスラムは78 Lと明らかに低く，水事情がよくない。カトマンズはさらに深刻で平均ですら38 Lと，人間の1日の基礎的要求量（Gleick, 1996）とされる50 Lにも達していない。この水量は，阪神大震災時，電気が復旧し給水車による救援が整った後の断水期間（第3期）の被災者の確保水量平均43 L（藤井・山田，1999）より少なく，きわめて深刻である。図5.3.3の値は平均値で，実際には各種の要因が影響して大きく変動する。たとえばカトマンズでは低所得者が29 Lであるのに対し，高所得は52 L，水道のみ利用者は23 Lに対し，その他の水源ももつものは45 Lと異なっていた。また乾季雨季も影響し，ダナンでは乾季に利用が増える傾向にあった。なお東京の家庭の1人あたり平均日使用水量[*2]は，243 Lでこれら地域よりも明確に多い。

図5.3.2 各種雨水貯留槽
(a) ステンレス製（ハノイ）
(b) コンクリート製（ハノイ）
(c) 水瓶（コンケン）

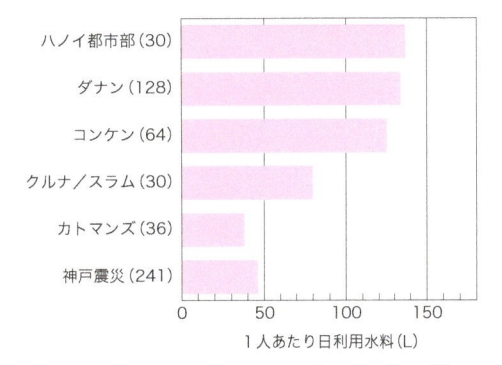

図5.3.3 各地域の水使用量平均の比較（調査データ数）
Fujii et al., 2008; Anh et al., 2013; 今田, 2013; Pasakhala et al., 2012; 古寺ほか，2013; 藤井・山田，1999。

＊2 東京都水道局
http://www.waterworks.metro.tokyo.jp/index.html

4 利水目的別使用量

図5.3.4に用途別水量調査を行った3都市の結果を比較する。散水・洗車はダナン以外ではほぼない。これらは環境水（池等）を用いるため，図は各家庭内で用いた部分（水道・地下水など）のみを示している。1人1日の飲料水量は2L前後で大差はないが，調理とトイレに用いる水量はダナンとそれ以外とで倍以上の差となっている。クルナ（スラム）とカトマンズは類似の傾向はあるが，風呂は異なる。なお風呂はシャワー・体拭きなどを含めた行為を総称し，我が国のように湯船につかるものだけではない。実際もっとも多いダナンですら，湯船利用（他との併用）は2％で，シャワーが53％，たらいが24％，シャワーとたらい併用が21％である。カトマンズは5.5Lでこれは洗面器1杯程度で，かれらは数日おきに体を洗い拭く形で節水している。ちなみに日本（東京）での風呂での水使用量は1日69Lである[*2]。

クルナがカトマンズを下回るものにトイレがある。クルナでは容量1.8Lの容器を用いているが，洗尻と便を流すのには1杯分では足りない。汲み直す煩わしさから，28人中12人が公共トイレでは便を流さないと答えていた。

なお，これらは家庭内での水利用のみで，屋外分は含まない。たとえばクルナでは洗濯は，共有井戸場の混雑のため徒歩10分の距離にある池で行うと13％が回答している。

5 生活雑排水

水は使えば廃水となり，それを各家庭から排除する必要がある。水利用で飲料とそれ以外とで水源が区別されるように，排水でも屎尿（トイレ排水，black water）とそれ以外（生活雑排水，gray water）とをほとんどが区別している。生活雑排水は，コンケン（Fujii et al., 2008）の場合，地下浸透が85％，排水（下水）路が13％（下水処理場に接続するものは14％），河川に直接放流が1.3％であった。一方，ダナン（今田，2013）では，排水（下水）路が75％，腐敗槽（septic tank）が11％，土壌浸透を含めた環境への直接放流が13％である。ベトナム郊外の農村（原田ほか，2010）の場合，30％が排水路，15％が灌漑水路，45％が池，10％が庭への排水である。その放流先は，その町の水路構造が影響しており，排水路網がある場合は排水路に，ない場合は身近な場所に流出させている。ダナンの結果（今田，2013）も，排水網の整っている都市中心部では排水路への流出が100％であるが，郊外部では40％となり，環境への放出が増える。以上示したように，途上国では，下水道普及地域以外では，雑排水はほぼ無処理で身近な環境に排出されている。

6 トイレ

トイレについては，コンケン，ハノイ，ダナンの3地域でアンケートを実施した（図5.3.5）。コンケン（Fujii et al., 2008）では，全調査家庭とも水洗トイレであった。ただし，我が国のような水槽をもつタイプ（水槽式）は一軒のみで，他はひしゃくなどで自ら流すタイプであった（手洗式：図5.3.6）。一方，ダナン（Anh, et al., 2012）では両者が半々であった（対象は，腐敗槽設置家庭のみのために水洗トイレ以外はない）。なお，別のダナン調査（今田，2013）で水洗トイレの割合は70％であり，それ以外も存在する。

これら2地域と対照的な場所は，ベトナム北部地域のハノイ（全域：原田ら，2010）であり，貯留式，し尿分離トイレも利用されている。その他は，直接放流，共同トイレ，野外（野糞）を示す。これら3都市以外では定量的な結果をもたないが，少なくともクルナ（スラム）では460軒中110軒しか自宅にトイレをもたないため，共同利用か野外となる。

研究対象とした地域は，ほとんど下水道が普及しておらず，トイレからの汚水の管理が水環境保全上必要

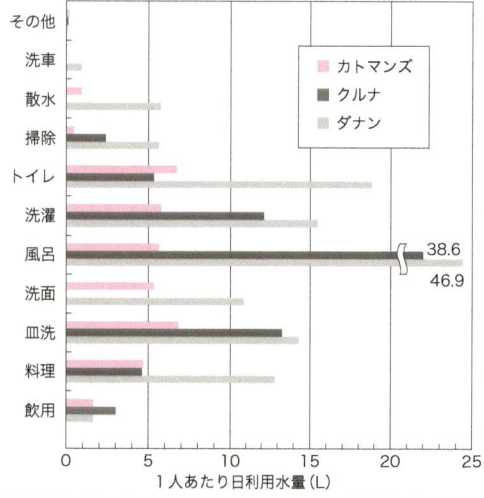

図5.3.4 用途別，水使用量の比較（今田，2013; Pasakhala et al., 2012; 古寺ほか，2013）

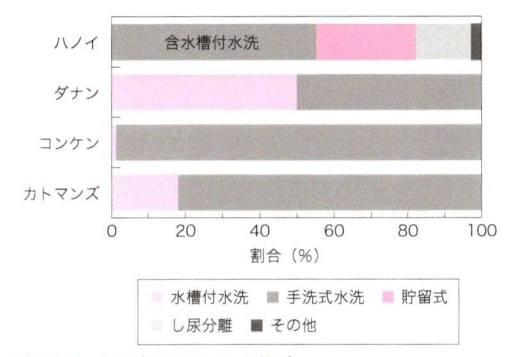

図5.3.5 各都市でのトイレの比較

(a) 手洗式水洗トイレ（コンケン）

(b) し尿分離トイレ（ハノイ農村部）

(c) 河上直接排出トイレ（カトマンズ・スラム）

図5.3.6 各種のトイレ

である。コンケン（Fujii et al., 2008）ではトイレ排水は腐敗槽（11/45）か浸透処理（34/45）されている。ダナン（今田, 2013）では80％が腐敗槽に接続され，その流出水は16％が下水道と接続されている。ハノイ（原田ほか, 2010）の水洗トイレ（96：回答件数，以下同じ）では，腐敗槽（69），メタン発酵槽（11），貯留タンク（16）に接続しそれぞれ，4, 11, 12件が農業に利用していた。一方，貯留式（46）では農業利用が44件で，2件は廃棄されていた。し尿分離型（27）では，糞はすべて，尿も13件で農業利用されていた。ハノイでは糞便を農業利用する習慣が残っている。

腐敗槽は途上国でよく用いられているトイレ廃水処理システムで，図5.3.7に示すような構造で糞尿の固形分を沈殿により除去し，環境への有機物汚染を低減させる効果を持つ。その処理効果を持続させるためには，汚泥の定期的引抜きが必要である。コンケン（Fujii et al., 2008）では，頻度は平均2.7回/yrと原則汚泥は引抜かれていたが，ベトナムのダナン（Anh, et al., 2012）では，引抜きまでの期間は平均で8.5年であり，家の改築や問題発生以外ではほとんどなされていない。ハノイ（Anh et al., 2013）も同様で，腐敗槽が除去装置として機能していない。腐敗槽からの流出水は，そのままで地下浸透で排出され，環境へほぼ直接負荷される。目には見えないものの定期的な汚泥引抜きなどの腐敗槽管理が，当面の環境対策としては重要である。

7 水環境衛生改善対策

これらいくつかの都市の比較で，見えてくることが

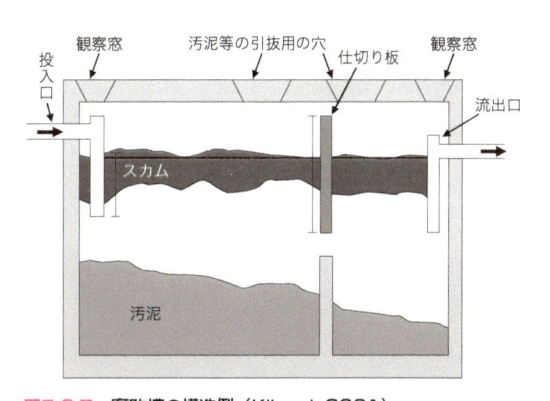

図5.3.7 腐敗槽の構造例（Klingel, 2001）
スカム：汚泥が槽内で発生するガスを抱えて分厚いマット状になり水面を覆ったもの

ある。クルナ，カトマンズとも深刻な水不足であるが，伝統的にその習慣がないなど様々な理由で雨水を利用することは多くない。10 m^2 の屋根から 10 mm の降雨で計算上 100 L の水を獲得でき，彼らにとって重要な水源となりうるはずである。一方，比較的水の豊かな都市ハノイなどの場合でも我が国との水消費量の大きな差があるが，その原因に水をためて使う（図5.3.2，図5.3.8）習慣を残している点が大きい。我が国でもかつては洗面や炊事では水をためて使っていた。途上国に学ぶべき習慣と考える。

一方，汚水問題では，生活雑排水が無処理で放流されていることはともかく，し尿がほとんど処理されず，環境に排出されていることは重要問題である。このため，下水道の普及が，ハノイやホーチミンなどの大都市では進められているが，面的な整備が不十分なため，下水処理場が整備されても，十分な効果が現れるかは疑問である。図5.3.9にイメージ図を示すが，基本的に排水路に下水遮集管を敷設するだけで，普及率が100％となっても100％の下水回収が可能かは大いに疑問である。施策的には目に見える形での下水処理場建設に向かうが，実際には現在の腐敗槽および同汚泥の管理徹底などが有効と考えられる。途上国の問題では，先進国の技術の単純移入ではなく，地域の事情に則した対策が必要である。　　　　【藤井滋穂】

図5.3.8　水の節水方法（コンケン）

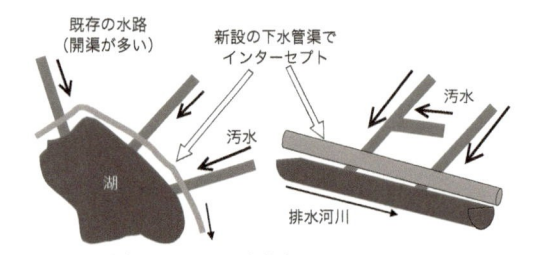

図5.3.9　途上国での下水の収集方法
既存の排水路網を利用し，汚水をできる限り集められるように遮集管を敷設することで面整備を代替する。

■参考文献

Anh, P. N. et al. (2012) : Effects of septic tank management on septage composition: a case study in Da Nang, Vietnam. *Journal of Science and Technology*, Special Issue for IFGTM 2012, 138-144.

Anh, P. N. et al. (2013) : Investigation of water use and discharge characteristics in Hanoi, Vietnam. 日本水環境学会年会講演集, **47**, 75.

藤井滋穂・山田　淳 (1999)：災害による長期断水時の水確保の実態とその影響要因. 日本水環境学会誌, **22** (7), 587-594。

Fujii, S. et al. (2008) : Water use practice in the northeastern Thailand, an upstream area of Mekong river. *Advances in Asian Environ. Eng.*, **7** (1), 83-88.

古寺倫也ほか (2013)：バングラデシュ国クルナ市スラム地区における水衛生環境調査. 日本水環境学会年会講演集, **47**, 535。

Gleick, P.H. (1996) : Basic water requirement for human activities: Meeting basic needs. *Water International*, **21**, 83-92.

原田英典ほか (2010)：ハノイ市における汚水管理・農業・畜産に注目したリンフロー分析. 環境工学研究論文集, **47**, 465-474。

今田啓介 (2013)：ベトナム国ダナン市における生活用水の利用実態調査とその構造分析. 京都大学大学院地球環境学舎環境マネジメント専攻修士論文。

Klingel, F. (2001) *Septage Management Study, Nam Dinh Urban Development Project*, Swiss Federal Institute for Environmental Science & Technology, Duebendorf.

Pasakhala, B. et al. (2012)　: Residential water consumption pattern in Kathmandu valley, Nepal. 環境工学研究フォーラム講演集, **49**, 127-129.

The United Nations　(2013)： The Millennium Development Goals Report 2013. http://www.un.org/millenniumgoals/pdf/ report-2013/mdg-report-2013-english.pdf

索　　引

■ 欧　文

AR-CDM ……………………… 126
Bq ……………………………… 79
CFCs …………………………… 18
CH$_4$ ……………………… 17, 45, 47
CO$_2$
　… 16, 26, 28, 42, 45, 47, 52, 85, 108, 123
COP …………………………… 16, 110
DDT …………………………… 75
DNA ………………………… 34, 75
GWP …………………………… 16
HCFCs ………………………… 18
hPa …………………………… 42
ICM …………………………… 98
ICRP …………………………… 78
IPCC ……………………… 16, 49, 110
K（絶対温度）………………… 43
N$_2$O ……………………… 17, 45, 47
NOx …………………………… 18
NPK 供給因子 ………………… 117
PCB …………………………… 75
POPs …………………………… 75
ppm ………………………… 26, 42
P-T 境界 ……………………… 34
REDD ………………………… 126
SCP …………………………… 62
SDGs ………………………… 110
SOx …………………………… 18
SPM …………………………… 19
Sv ……………………………… 78
UNCED ……………………… 20, 75
UNEP ……………………… 62, 109
UNSCEAR …………………… 78
VOC …………………………… 19

■ ア　行

アブラヤシ …………………… 123
アルベド ……………………… 45

イタイイタイ病 ……………… 13
1 気圧 ………………………… 42
一次エネルギー ……………… 64
一次原始大気 ………………… 30
一循環湖 ……………………… 54
一酸化二窒素（N$_2$O） … 17, 45, 47
一般廃棄物 ………………… 72, 100

遺伝子資源 …………………… 125
医療被ばく …………………… 80

ウィーン条約 ……………… 18, 109
ウィーンの法則 ……………… 44
雨水 …………………………… 129
宇宙線（宇宙放射線） …… 37, 39, 78
宇宙デブリ …………………… 39
宇宙天気 ……………………… 38
埋立処分 ……………………… 74
運動習慣 ……………………… 106

永久林 ………………………… 122
栄養塩 ………………………… 52
エコツーリズム ……………… 125
エコロジカルフットプリント … 15
エネルギー …………………… 64
エネルギー変換 ……………… 67
エネルギー保存の法則 ……… 65
塩害 …………………………… 87
エンリッチメント植栽 ……… 125

屋上緑化 ……………………… 85
汚染者負担の原則 …………… 112
オゾン ……………………… 18, 45
オゾン層 ……………………… 18
オゾンホール ………………… 18
温室効果 ……………………… 45
温室効果ガス ……… 16, 26, 42, 45, 89
温室地球 ……………………… 30
温帯湖 ………………………… 54
温度減率 ……………………… 43
温度躍層 ……………………… 54

■ カ　行

海水 ………………………… 27, 30, 52
外部経済 ……………………… 112
外部被ばく …………………… 78
外部不経済 …………………… 112
海洋 ………………………… 27, 52
海洋鉄肥沃化 ………………… 53
海洋島 ………………………… 56
海流 …………………………… 32
化学肥料 …………………… 87, 119
化学物質 ……………………… 75
核実験 ………………………… 81
可採年数 ……………………… 70
火星 …………………………… 26

化石燃料 ……………………… 70
課徴金制度 …………………… 113
カドミウム …………………… 12
ガードリング ………………… 127
カリウム …………………… 52, 82, 87
カルシウム ………………… 52, 88
灌漑農業 …………………… 87, 119
環境学 ………………………… 1
環境基本法 …………………… 108
環境税 ………………………… 111
環境政策 ……………………… 108
環境問題 …………………… 1, 12
乾燥地 ………………………… 119
間伐 …………………………… 92
間氷期 ……………………… 4, 33
カンブリア紀 ……………… 5, 34

気圧 …………………………… 42
気候変動 ……………………… 31
　　——に関する政府間パネル（IPCC）
　　………………………… 16, 49, 110
気候変動枠組み条約 ……… 16, 110
北山杉 ………………………… 95
休閑期 ………………………… 117
急性毒性 ……………………… 75
共通だが差異ある責任 ……… 110
京都議定書 ………………… 8, 16, 110
京都市 ……………………… 8, 95, 100
京都大学 ……………… 4, 100, 114
均質圏 ………………………… 43
金星 …………………………… 26

暗い太陽のパラドックス …… 36
クリーンディーゼル自動車 … 69

経済的手法 …………………… 109
ケスラーシンドローム ……… 39
ケルビン（K）………………… 43
原子力災害 …………………… 81
原油価格 ……………………… 64

公害 …………………………… 12
光化学オキシダント ………… 19
公共財 ………………………… 112
光合成 ……………………… 52, 86
公転軌道 ……………………… 33
鉱物資源 ……………………… 70
枯渇性資源 …………………… 70
黒点 …………………………… 36

134 索 引

国連環境開発会議（UNCED）… 20, 75
国連環境計画（UNEP）…… 16, 62, 109
コジェネレーション……………… 68
ごみ………………………… 9, 14, 72
コモンズの悲劇………………… 112
固有種…………………………… 57
固有属…………………………… 57
コールドプルーム………………… 25
コンセッション方式……………… 124
コンバインドサイクル…………… 68

■ サ 行

災害廃棄物……………………… 100
歳差運動………………………… 33
再使用…………………………… 71
再生エネルギー………………… 64
再生可能資源…………………… 70
再生利用………………………… 71
殺虫剤…………………………… 89
里山イニシアティブ……………… 95
里山林…………………………… 94
砂漠…………………………… 20, 119
砂漠化対処条約………………… 20
3R 政策………………………… 71
産業革命………………………… 14
産業廃棄物……………………… 72
酸性雨…………………………… 18
サンゴ礁………………………… 34
酸素……………………………… 34
残留性有機汚染物質（POPs）…… 76

紫外線………………………… 18, 38
磁気圏…………………………… 38
地震……………………………… 22
自然放射線量…………………… 79
持続可能社会…………………… 6
持続可能性……………………… 62
持続可能な消費と生産（SCP）… 62
持続可能な発展………………… 62
湿潤地………………………… 116
指定林………………………… 122
シーベルト（Sv）………………… 78
始末……………………………… 10
自由摂食……………………… 102
従属栄養生物…………………… 86
集約的植栽…………………… 125
シュテファン・ボルツマンの法則… 44
寿命…………………………… 102
狩猟…………………………… 59
循環資源………………………… 73
焼却処理………………………… 74
硝酸イオン……………………… 89
小惑星…………………………… 37
職業被ばく……………………… 80
食習慣………………………… 106
植物プランクトン……… 52, 54, 86
植物リター…………………… 117

植林…………………………… 93, 125
除草剤…………………………… 89
人口……………………………… 14
人工林…………………………… 93
新生代…………………………… 4
森林………………………… 8, 87, 92, 122
森林認証制度………………… 125
水銀………………………… 12, 13, 76
水蒸気…………………… 26, 45, 48
水道…………………………… 128
ステークホルダー……………… 82
ストロマトライト…………… 30, 34
スノーボールアース………… 31, 50
スーパープルーム……………… 25
スーパーフレア………………… 41

青海チベット高原……………… 4, 58
生活雑排水…………………… 130
静止軌道………………………… 38
成層…………………………… 54
成層圏…………………………… 44
生物生産………………………… 52
生物多様性……… 5, 19, 108, 123, 125
生物地球化学サイクル……… 54, 109
生物の多様性に関する条約…… 20, 109
生物変換処理…………………… 74
赤外線……………………… 44, 48
石油……………………………… 65
セシウム………………………… 82
絶滅……………………………… 4, 34
先住民………………………… 125

■ タ 行

ダイオキシン…………………… 75
大気汚染………………………… 19
第二水俣病……………………… 12
太陽…………………………… 36
太陽圏…………………………… 38
太陽光……………………… 36, 70
太陽フレア………………… 38, 41
第四紀………………………… 4, 33
対流圏…………………………… 43
大量絶滅……………………… 4, 34
択伐施業……………………… 124
断層……………………………… 22

地殻……………………………… 23
地球…………………………… 26
地球温暖化………… 42, 47, 108, 123
地球温暖化係数（GWP）……… 16
地球サミット……………… 16, 110
地球大気の温度構造…………… 43
地球大気の組成………………… 42
地球低軌道……………………… 38
チーク林……………………… 127
窒素…………………… 52, 55, 87, 91, 118
  ——の循環…………………… 91

窒素化学肥料…………………… 88
超大陸…………………………… 29
直接規制的手法………………… 109

月………………………………… 37
津波……………………………… 99

低インパクト伐採……………… 124
デカップリング……… 62, 108, 113
鉄……………………………… 52
手続的手法……………………… 109
デブリ…………………………… 39
デポジット・リファンド制度…… 113
典型 7 公害……………………… 12
電離圏…………………………… 38

トイレ………………………… 130
東京電力福島第一原子力発電所事故
  ………………………… 81, 110
動物地理区……………………… 56
独立栄養生物…………………… 86
都市……………………………… 14
土壌塩性化…………………… 119
土壌消毒剤……………………… 89
土壌の酸性化…………………… 88
突然変異原性…………………… 75
トランスイミグラシー政策…… 123

■ ナ 行

内部被ばく……………………… 78

二酸化炭素（CO_2）
  … 16, 26, 28, 42, 45, 47, 52, 85, 108, 123
二次エネルギー………………… 64
二次原始大気…………………… 30
二循環湖………………………… 54
日本列島………………………… 24
ニューロン新生………………… 106
認知機能……………………… 106
認知症………………………… 107

熱機関…………………………… 66
熱効率…………………………… 66
熱帯材丸太…………………… 122
熱帯林………………………… 122
熱力学第一法則………………… 65
熱力学第二法則………………… 66

農業………………………… 86, 116
農薬…………………………… 89

■ ハ 行

バイオマス……………………… 70
廃棄物……………………… 72, 76
排出権取引…………………… 113
ハイブリッドシステム………… 68

ハイブリッド自動車	69
白亜紀	4, 31
白斑	37
パスツール点	34
発がん性	75
発生回避	71
ハーバー・ボッシュ法	88
ハーマン・ディリーの3原則	62
東日本大震災	99, 110
非枯渇性資源	70
非再生エネルギー	64
ヒ素	55
ビッグバン	40
ビッグリップ	40
ヒートアイランド現象	84
被ばく	78
氷期	4, 33
氷床	31
氷室地球	30
微量金属	53
琵琶湖	55
フィードバック効果	49
富栄養化	54
ふっ素化ガス類	17
腐敗槽	130
不要物	73
プランクの法則	44
プルームテクトニクス	25
フレア	38, 41
プレート	22, 29
プレートテクトニクス	23, 28
フロン類	18
平安京	92
壁面緑化	85
ヘクトパスカル (hPa)	42
ベクレル (Bq)	79
放射収支	46
放射性降下物	81
放射線	78
放射線教育	82
放射平衡温度	44
補助エネルギー	90
補助金制度	113
ポストハーベスト農薬	87
ホットスポット	25
ホットプルーム	25

■ マ 行

マウンダー極小期	37
薪	94
マグマオーシャン	30
マーチンの鉄仮説	52
慢性毒性	75
マントル	22, 29
水	27, 52, 54, 116, 119, 128
水利用	119, 128
緑の革命	88
緑の経済成長	111, 113
水俣条約	13
水俣病	12, 76
ミランコヴィッチサイクル	33, 36
無害化	74
メタローム	53
メタン (CH_4)	17, 45, 47
木炭	94
もったいない	8, 10
森里海連環学	98
モンスーン	32
モントリオール議定書	18, 109

■ ヤ 行

焼畑移動農耕	116
野生動物管理	59
有効放射源高度	47
湧昇	28
養浜	96
四日市ぜんそく	12
四大公害	12

■ ラ 行

ラドン	79
藍藻	30
リオ+20	110
陸水	27
リサイクル	14, 71
離心率	33
リスクコミュニケーション	82
リユース	9, 14, 71
リン	52, 55, 87
林業	92, 127
レッドフィールド比	52, 54
レフュージア	57

■ ワ 行

枠組規制的手法	109
ワシントン条約	58, 110

執筆者紹介 (五十音順)

浅利美鈴
1977年 京都府に生まれる
2004年 京都大学大学院工学研究科博士課程修了
現　在 京都大学環境科学センター・助教
　　　 博士（工学）

磯部洋明
1977年 神奈川県に生まれる．岡山県育ち
2005年 京都大学大学院理学研究科博士課程修了
現　在 京都大学宇宙総合学研究ユニット・特定准教授
　　　 博士（理学）

植田和弘
京都大学大学院経済学研究科・教授
博士（経済学），工学博士
おもな著書に『緑のエネルギー原論』『環境経済学』（いずれも岩波書店）

尾池和夫
1940年 東京都に生まれる．高知県育ち
1963年 京都大学理学部卒業
　　　 京都大学大学院理学研究科・教授，
　　　 京都大学総長などを経て
現　在 京都造形芸術大学学長，京都大学名誉教授
　　　 理学博士

大森恵子
1990年 京都大学経済学部卒業
同　年 環境庁（現・環境省）入庁
現　在 京都大学経済研究所先端政策分析研究センター・教授

門川大作
1950年 京都府に生まれる
1969年 京都市立堀川高等学校卒業
1974年 立命館大学二部法学部卒業
　　　 京都市教育委員会・教育長などを経て
現　在 京都市長

川那辺洋
1966年 滋賀県に生まれる
1995年 京都大学大学院工学研究科博士課程単位認定退学
現　在 京都大学大学院エネルギー科学研究科・准教授
　　　 工学博士

神崎護
1957年 福岡県に生まれる
1985年 大阪市立大学理学研究科後期博士課程修了
現　在 京都大学大学院農学研究科・教授
　　　 理学博士

酒井伸一
1955年 兵庫県に生まれる
1984年 京都大学大学院工学研究科博士課程修了
現　在 京都大学環境科学センター・教授
　　　 工学博士

酒井治孝
1953年 福岡県に生まれる
1984年 九州大学大学院理学研究科博士課程修了
現　在 京都大学大学院理学研究科・教授
　　　 理学博士

柴田昌三
1959年 京都府に生まれる
1988年 京都大学大学院農学研究科博士課程修了
現　在 京都大学大学院地球環境学堂・教授
　　　 農学博士

宗林由樹
1962年 大阪府に生まれる
1986年 京都大学大学院理学研究科修士課程化学専攻修了
現　在 京都大学化学研究所・教授
　　　 理学博士

執筆者紹介

高田 明美（たかだ あけみ）
京都大学大学院医学研究科博士課程単位修得及び研究指導認定
現　在　京都大学大学院人間・環境学研究科
　　　　・技術補佐員
　　　　公衆衛生修士（MPH）

高月 紘（たかつき ひろし）
1941年　京都府に生まれる
1970年　京都大学大学院工学研究科博士課程修了
　　　　京都大学環境保全センター・教授などを経て
現　在　京エコロジーセンター館長，京都大学名誉教授
　　　　工学博士
　　　　ペンネーム：ハイムーン（High Moon）

月浦 崇（つきうら たかし）
東北大学大学院医学系研究科博士課程修了
現　在　京都大学大学院人間・環境学研究科・准教授
　　　　博士（障害科学）

角山 雄一（つのやま ゆういち）
1968年　兵庫県に生まれる．千葉県育ち
1997年　京都大学大学院人間・環境学研究科博士後期課程修了
現　在　京都大学放射性同位元素総合センター・助教
　　　　博士（人間・環境学）

内藤 正明（ないとう まさあき）
1939年　大阪府に生まれる
1962年　京都大学工学部卒業
　　　　京都大学大学院地球環境学堂・教授
　　　　などを経て
現　在　滋賀県琵琶湖環境科学研究センター長，京都大学名誉教授
　　　　工学博士

林 達也（はやし たつや）
1960年　京都府に生まれる
1994年　京都大学大学院医学研究科博士課程修了
現　在　京都大学大学院人間・環境学研究科・教授
　　　　博士（医学）

藤井 滋穂（ふじい しげお）
1955年　愛知県に生まれる
1980年　京都大学大学院工学研究科修士課程修了
現　在　京都大学大学院地球環境学堂・教授
　　　　工学博士

舟川 晋也（ふなかわ しんや）
1964年　東京都に生まれる
1992年　京都大学大学院農学研究科博士課程指導認定退学
現　在　京都大学大学院地球環境学堂，農学研究科
　　　　・教授
　　　　博士（農学）

間藤 徹（まとう とおる）
1954年　広島県に生まれる
1982年　京都大学大学院農学研究科博士課程修了
現　在　京都大学大学院農学研究科・教授
　　　　農学博士

向川 均（むこうがわ ひとし）
1960年　京都府に生まれる
1988年　京都大学大学院理学研究科博士後期課程修了
　　　　気象庁職員，北海道大学・助教授
　　　　などを経て
現　在　京都大学防災研究所・教授
　　　　理学博士

本川 雅治（もとかわ まさはる）
1970年　オーストラリア・シドニーに生まれる
1997年　京都大学大学院理学研究科博士課程中途退学
現　在　京都大学総合博物館・准教授
　　　　博士（理学）

環 境 学
―21世紀の教養―

定価はカバーに表示

2014年4月20日　初版第1刷
2025年4月5日　　　第4刷

編　集　京都大学で環境学を
　　　　考える研究者たち

発行者　朝　倉　誠　造

発行所　株式会社　朝　倉　書　店

東京都新宿区新小川町6-29
郵便番号　　162-8707
電　話　03(3260)0141
Ｆ Ａ Ｘ　03(3260)0180
https://www.asakura.co.jp

〈検印省略〉

© 2014〈無断複写・転載を禁ず〉　　印刷・製本　ウイル・コーポレーション

ISBN 978-4-254-18048-0　C 3040　　　　　　　　　　Printed in Japan

JCOPY　<出版者著作権管理機構　委託出版物>

本書の無断複写は著作権法上での例外を除き禁じられています．複写される場合は，
そのつど事前に，出版者著作権管理機構（電話 03-5244-5088, FAX 03-5244-5089,
e-mail: info@jcopy.or.jp）の許諾を得てください．